Martin Müller, Sara Siakala
Nachhaltiges Lieferkettenmanagement

Martin Müller, Sara Siakala

Nachhaltiges Lieferketten-management

Von der Strategie zur Umsetzung

DE GRUYTER
OLDENBOURG

ISBN 978-3-11-064843-0
e-ISBN (PDF) 978-3-11-065262-8
e-ISBN (EPUB) 978-3-11-064869-0

Library of Congress Control Number: 2019951714

Bibliografische Information der Deutschen Nationalbibliothek
Die Deutsche Nationalbibliothek verzeichnet diese Publikation in der Deutschen
Nationalbibliografie; detaillierte bibliografische Daten sind im Internet über
http://dnb.dnb.de abrufbar.

© 2020 Walter de Gruyter GmbH, Berlin/Boston
Umschlaggestaltung: Designed by Layerace / Freepik
Satz: le-tex publishing services GmbH, Leipzig
Druck und Bindung: CPI books GmbH, Leck

www.degruyter.com

Vorwort

Die Gestaltung nachhaltiger Lieferketten ist in den letzten Jahren verstärkt in den Fokus politischer, wissenschaftlicher, unternehmerischer und zivilgesellschaftlicher Auseinandersetzung gerückt. Durch die Sicherstellung hoher sozial-ökologischer Standards in der Lieferkette können Unternehmen einen wichtigen Beitrag zu einer nachhaltigen globalen Entwicklung leisten. Die Gestaltung nachhaltiger Lieferketten repräsentiert allerdings eine ebenso wichtige wie komplexe Aufgabe. Unternehmen sind heutzutage oftmals eingebettet in fragmentierte und global verstreute Lieferantennetzwerke, so dass der Aufbau eines nachhaltigen Lieferkettenmanagements eine große Herausforderung darstellt. Mit dieser Publikation möchten wir aufzeigen, wie ein effektives und gleichzeitig effizientes nachhaltiges Lieferkettenmanagement im Unternehmen etabliert werden kann. Angefangen bei der Entwicklung einer Strategie bis hin zur konkreten Umsetzung legen wir dar, welche Aspekte hierbei von zentraler Bedeutung sind. Unsere Ausführungen basieren auf einer Vielzahl wissenschaftlicher und praxisorientierter Publikationen sowie Interviews mit Experten aus der Wirtschaft, Wissenschaft und NGOs. Die theoretische Basis und praktische Handlungsanleitungen werden durch zahlreiche Beispiele aus der Praxis von Vorreitern auf dem Gebiet des nachhaltigen Lieferkettenmanagements ergänzt.

Für die Bereitschaft der Experten, sich die Zeit zu nehmen, ihr Wissen mit uns zu teilen und uns entsprechende Unterlagen sowie Grafiken zur Verfügung zu stellen, möchten wir uns vielmals bedanken! Folgenden Personen möchten wir für ihre Unterstützung herzlich danken: Jarrett Bens (Responsible Business Alliance), Nanda Bergstein (Tchibo), Johannes Blankenbach (Business & Human Rights Resource Centre), Maja Erbs (Merck), Laura Franken (econsense), Laura Martín Gomez (Otto Group), Imke Grassau-Zetzsche (Unilever), Lena Elisabeth Hampe (Otto Group), Rechtsanwalt Markus Hampel, Frank Henke (adidas), Friedel Hütz-Adams (Südwind), Juliane Kippenberg (Human Rights Watch), Anna-Lena Kühn (Neumarkter Lammsbräu), Antonio Luz-Veloso (Telekom), Bernd Marschmann (Bayer), Inga Meggers (Tchibo), Jens Plambeck (Bayer), Maria Schaad (Merck), Inaluk Schaefer (Telekom) und Prof. Dr. Julia Schwarzkopf (Hochschule für Technik und Wirtschaft Berlin).

Da wir das Buch in Kooperation mit der BMW Group erstellt haben, gilt der größte Dank allen Mitarbeitern, die sich im Verlauf der letzten zwei Jahre immer wieder die Zeit genommen haben, Einblicke in Praxislösungen zu gewähren und wertvolle Anregungen für die Publikation zu geben. Bei den folgenden Mitarbeitern der BMW Group möchten wir uns herzlich bedanken: Niels Angel, Christian Bayerlein, Claudia Becker, Vanessa Buchberger, Dr. Andrea Falkner, Christian Fischl, Ferdinand Geckeler, Julius Ferdinand Kolb, Samara Madjid, Hans Seiler, Yin Shen und Kai Zöbelein.

Gedankt sei an dieser Stelle auch unserer studentischen Hilfskraft, Felix Burkhardt, der die Publikation durch Recherche- und Formatierungsarbeiten tatkräftig un-

https://doi.org/10.1515/9783110652628-201

terstützt hat! Darüber hinaus möchten wir uns vielmals bei Anja Lisa Hirscher für die Grafikarbeiten bedanken. Schließlich möchten wir uns auch herzlich bei Herrn Dr. Stefan Giesen vom de Gruyter Verlag für die sehr gute Zusammenarbeit bedanken!

Inhalt

Zusammenfassungsverzeichnis

https://doi.org/10.1515/9783110652628-202

Abkürzungsverzeichnis

Audit	Überprüfung der Nachhaltigkeitsleistung am Lieferantenstandort
bspw.	beispielsweise
bzgl.	bezüglich
CAP	Corrective Action Plan (Korrekturmaßnahmenplan)
CoC	Chain of Custody
CSR	Corporate Social Responsibility
d. h.	das heißt
einschl.	einschließlich
en	Englisch
etc.	et cetera
GBP	Britische Pfund
HGB	Handelsgesetztbuch
iHv.	in Höhe von
inkl.	inklusive
ILO	International Labour Organization
KMU	kleine und mittlere Unternehmen
LCoC	Lieferanten Code of Conduct
NAP	Nationaler Aktionsplan Wirtschaft und Menschenrechte der Bundesregierung
S.	Seite / Seiten
SAQ	Self Assessment Questionnaire (Lieferantenselbstauskunft)
SOP	Start of Production (Produktionsstart)
SSCM	Sustainable Supply Chain Management (Nachhaltiges Lieferkettenmanagement)
Tier 1	Direkter Zulieferer
usw.	und so weiter
vgl.	vergleiche
VN	Vereinte Nationen
z. B.	zum Beispiel

https://doi.org/10.1515/9783110652628-203

Abbildungsverzeichnis

https://doi.org/10.1515/9783110652628-204

Tabellenverzeichnis

https://doi.org/10.1515/9783110652628-205

1 Einleitung

Unternehmen fokussieren sich heutzutage verstärkt auf ihre Kernkompetenzen und lagern Aktivitäten, die nicht zu diesen gehören, aus (Ageron et al., 2012). Outsourcing-raten von bis zu 80 Prozent führen dazu, dass immer mehr Verantwortung an externe Lieferkettenteilnehmer übertragen wird (Wellbrock und Ludin, 2019). Mit dem erhöhten Outsourcing ist die Anzahl der Unternehmen, die in einer typischen Lieferkette involviert ist, deutlich gestiegen (Müller und Seuring, 2007). Darüber hinaus haben sich die Lieferbeziehungen zwischen Unternehmen durch die Globalisierung weltweit vernetzt (Bundesministerium für Umwelt, Naturschutz, Wirtschaft, Bau und Reaktor-sicherheit und Umweltbundesamt, 2017). Durch die globale Arbeitsteilung hat bereits das konventionelle Lieferkettenmanagement eine beachtliche Bedeutungssteigerung erfahren (Gold und Seuring, 2012). Hinzu kommt, dass Unternehmen in Bezug auf die Sicherstellung hoher sozial-ökologischer Standards in der Lieferkette mit schärferen rechtlichen Anforderungen sowie mit steigenden Erwartungen seitens Verbrauchern, B2B-Kunden, Investoren und der Zivilgesellschaft im Allgemeinen konfrontiert werden.[1,2] All diese Veränderungen führen dazu, dass die Bedeutung eines nachhaltigen Lieferkettenmanagements (Sustainable Supply Chain Management, kurz SSCM) steigt. Bouchery et al. (2017) argumentieren, dass es für ein Unternehmen zunehmend unerlässlich wird, die ökonomischen, ökologischen und sozialen Dimensionen seiner Lieferkette nicht nur zu kennen, sondern proaktiv zu überprüfen und zu managen.

Ziel dieses Buches ist es aufzuzeigen, wie ein nachhaltiges Lieferkettenmanage-ment im Unternehmen etabliert werden kann. Hierin sehen wir die Chance, dass Unternehmen nicht nur selbst in vielfältiger Weise profitieren, sondern zudem einen darüberhinausgehenden gesellschaftlichen Beitrag leisten. Lieferketten repräsentieren, wie United Nations Global Compact (2015, S. 3) feststellt, *„einen der wichtigsten Hebel für Unternehmen, um einen positiven Beitrag in der Welt zu leisten".[3]*

1.1 Vorgehensweise des Buches

Die Publikation richtet sich an Unternehmen aller Branchen und Größen, die ein nachhaltiges Lieferkettenmanagement etablieren möchten. Angefangen bei der Entwicklung einer Strategie bis hin zur konkreten Umsetzung wird dargelegt, welche

---

1 Aus Vereinfachungsgründen wird im weiteren Verlauf der Publikation lediglich der Begriff „Lieferkette" verwendet auch wenn mehrere Lieferketten betroffen sein können.
2 Allein aus Gründen der besseren Lesbarkeit wird lediglich das generische Maskulinum verwendet. Sämtliche Personenbezeichnungen in der Publikation gelten für alle Geschlechter.
3 Originaltext in englischer Sprache: *„one of the most important levers for business to create positive impact in the world."* (Übersetzt von den Autoren).

https://doi.org/10.1515/9783110652628-001

Aspekte hierbei von zentraler Bedeutung sind. Die Informationsaufbereitungen und Handlungsanleitungen beruhen auf der Annahme, dass das nachhaltige Lieferkettenmanagement neu im Unternehmen eingeführt wird. Unsere Darlegungen bieten allerdings nicht nur Orientierung für Unternehmen, die ganz am Anfang des Aufbauprozesses stehen, sondern ebenfalls für Unternehmen, die bereits ein nachhaltiges Lieferkettenmanagement etabliert haben.

Das Buch ist zwar nicht als Lehrbuch konzipiert, bietet jedoch zusätzlich zur primären Zielgruppe der Unternehmen auch Studenten von Universitäten und Fachhochschulen eine wichtige Informationsgrundlage.

Das Buch fasst Erkenntnisse aus wissenschaftlichen und praxisorientierten Publikationen sowie Interviews mit Experten aus der Wirtschaft, Wissenschaft und NGOs zusammen. Im Fokus dieses Buches steht die Relevanz für die Praxis. Wissenschaftliche Erkenntnisse werden daher nicht tiefgründig diskutiert, sondern dienen allenfalls als Basis beziehungsweise Ergänzung für praxisorientierte Informationen. Um aufzuzeigen, welche Ansätze von Unternehmen umgesetzt werden, enthält diese Publikation zahlreiche Praxisbeispiele von Vorreitern auf dem Gebiet des nachhaltigen Lieferkettenmanagements. Die Praxisbeispiele beruhen auf internen und/ oder veröffentlichten Vorgaben und Verfahrensbeschreibungen sowie auf Angaben von Nachhaltigkeitsexperten der jeweiligen Organisationen, die im Zuge der Bucherstellung im Rahmen von Interviews und/oder (persönlichen) Absprachen gemacht wurden.

Um zugleich der Komplexität des Themas wie auch den zeitlich knappen Ressourcen eines Praktikers gerecht zu werden, besteht jedes Kapitel aus ausführlichen Beschreibungen sowie einer kurzen, stichpunktartigen Zusammenfassung der wichtigsten Aspekte (siehe hierzu Zusammenfassungsverzeichnis). Mit Hilfe der Zusammenfassungen können sich Praktiker in kurzer Zeit einen Überblick über das Thema verschaffen.

Ein nachhaltiges Lieferkettenmanagement umfasst grundsätzlich sowohl die vor- als auch die nachgelagerte Lieferkette. Der thematische Fokus dieses Buches wird auf die vorgelagerte Lieferkette eingegrenzt. Im Mittelpunkt stehen folglich nicht Händler, Konsumenten oder die Verwertung, sondern die Zulieferer von Unternehmen. Dabei werden nicht nur Zulieferer adressiert mit denen ein Vertragsverhältnis besteht (Tier-1-Lieferanten), sondern alle Unterlieferanten bis zum Beginn der Lieferkette. Das Buch befasst sich hierbei nicht mit der Frage *welche* Produkte und/oder Dienstleistungen beschafft werden, sondern *wie* Produkte und/oder Dienstleistungen beschafft werden.[4] Die Fokussierung dient lediglich der thematischen Eingrenzung und stellt keine Wertung dar in Bezug auf die Bedeutung darüberhinausgehender Handlungsfelder.

---

4 Aus Vereinfachungsgründen wird im weiteren Verlauf des Buches nicht explizit zwischen Fertigwaren, Teilerzeugnissen, Rohstoffen, Dienstleistungen und Investitionsgütern differenziert und stattdessen die Zusammenfassung „Produkte und Dienstleistungen" verwendet.

Im Rahmen des Buches basiert der Begriff „nachhaltige Beschaffung" auf dem Verständnis der United Nations (2012) und wird wie folgt definiert:

Traditionelle Beschaffung fokussiert sich auf Preis-Leistungs-Verhältnis-Überlegungen. Das Ziel und die Herausforderung von nachhaltiger Beschaffung ist die Integration von ökologischen und sozialen Überlegungen in den Beschaffungsprozess, mit dem Ziel negative Auswirkungen auf die Gesundheit, soziale Konditionen und die Umwelt zu reduzieren, dadurch wertvolle Kosten für öffentliche Organisationen und die Gesellschaft im Allgemeinen zu sparen.[5]

Bei der Etablierung einer nachhaltigen Beschaffung sind aus unserer Sicht insbesondere zehn Aspekte von zentraler Bedeutung. Zuallererst ist es wichtig den Fokus darauf zu legen, nachteilige Auswirkungen auf Mensch und Umwelt zu identifizieren, zu priorisieren und mit geeigneten Maßnahmen zu verhüten und zu mindern. Um entscheiden zu können, welche Maßnahmen mit welcher Priorität umgesetzt werden sollen, ist die **Entwicklung einer SSCM-Strategie und die Ableitung entsprechender strategischer Ziele** wichtig. Bei der Entwicklung der Strategie sollten die **Erwartungen und Interessen der wichtigsten internen und externen Stakeholder** berücksichtigt werden. Die Etablierung einer nachhaltigen Beschaffung bedarf erheblicher Anpassungen im Unternehmen, so dass die **Unterstützung der Unternehmensleitung** zwingend erforderlich ist. Die Unterstützung der Unternehmensleitung sollte sich auch widerspiegeln in der **Bereitstellung adäquater finanzieller sowie personeller Ressourcen.** Wichtig ist ferner, dass Nachhaltigkeit nicht als ein zusätzlicher Faktor *neben* dem originären Beschaffungsprozess eingeführt wird, sondern einen **festen Bestandteil des Beschaffungsprozesses** darstellt. Wichtig ist darüber hinaus eine Ausrichtung auf die **Erzielung langfristiger positiver Auswirkungen.** Das bedeutet auch, den Fokus nicht darauf zu legen, Lieferanten zu sanktionieren, sondern sie zu **befähigen, die Nachhaltigkeitsvorgaben dauerhaft einzuhalten.** Häufig bestehen die schwerwiegendsten sozial-ökologischen Missstände nicht bei den direkten Zulieferern, sondern in einer weiter vorgelagerten Lieferkettenstufe. Gerade bei der Gewinnung von Primärrohstoffen und damit am Anfang der Wertschöpfung existieren oftmals schwerwiegende sozial-ökologische Defizite. **Die Maßnahmen sollten daher möglichst in die gesamte Lieferkette hinein kaskadiert werden.** Da die vorgelagerte Lieferkette in der Regel aus komplexen, globalen und intransparenten Lieferantennetzwerken besteht, nimmt die Bedeutung von **kooperativen Ansätzen** zu. Um Synergieeffekte zu erzielen und dadurch den Aufwand und die Kosten, sowohl auf Seiten der beschaffenden Unternehmen als auch auf Seiten der Lieferanten zu reduzieren, ist darüber hinaus eine **Standardi-**

---

5 Originaltext in englischer Sprache: „*Traditional procurement has focused upon value for money considerations. The aim and challenge of sustainable procurement is to integrate environmental and social considerations into the procurement process, with the goal of reducing adverse impacts upon health, social conditions and the environment, thereby saving valuable costs for public sector organizations and the community at large.*" (Übersetzt von den Autoren).

sierung der Vorgaben und Verfahren bedeutend.[6] Die Relevanz der zehn zentralen Aspekte wird in den einzelnen Kapiteln des Buches an unterschiedlichen Stellen verdeutlicht.

Thematisch aufgeteilt ist das Buch wie folgt: Kapitel 1 gibt zuerst einen Überblick über vier Kernthemenbereiche der unternehmerischen Nachhaltigkeit und konkretisiert anschließend das Thema Verantwortung für die Lieferkette. Kapitel 2 beleuchtet, welche Gründe es für Unternehmen gibt, ein nachhaltiges Lieferkettenmanagement zu etablieren. In Kapitel 3 wird aufgezeigt, wie man zu einer SSCM-Strategie kommt und daraus nachhaltigkeitsorientierte strategische Ziele für die Lieferkette ableitet. Kapitel 4 befasst sich mit dem Thema Organisation eines nachhaltigen Lieferketten-managements. In Kapitel 5 wird erörtert, wie der Faktor Nachhaltigkeit im Beschaffungsprozess verankert werden kann. Kapitel 6 beschreibt die Absicherung der n-Tier Lieferkette und Kapitel 7 setzt sich mit dem Thema Kooperationen auseinander. In Kapitel 8 wird die interne und die externe Kommunikation adressiert. Im letzten Teil des Buches, Kapitel 9, folgt eine thematische Schlussbetrachtung.

1.2 Nachhaltigkeitsthemen und Handlungsbereiche

Die Gestaltung einer nachhaltigen Lieferkette schließt grundsätzlich viele unterschiedliche Themenbereiche ein. Um einen Überblick darüber zu geben, welche Handlungsbereiche in den Kernthemen Umwelt, Menschenrechte, Arbeitspraktiken sowie Betriebs- und Geschäftspraktiken bestehen können, fasst Tabelle 1.1 einige zentrale Handlungsbereiche zusammen. Die in Tabelle 1.1 dargelegten Handlungsbereiche sollen lediglich als erste Orientierungshilfe dienen und erheben nicht den Anspruch auf Vollständigkeit.

Wie in der ISO 26000 (2011) dargelegt, sind alle Kernthemen, nicht jedoch alle Handlungsbereiche für jede Organisation von Relevanz. In Abhängigkeit von der individuellen Situation kann somit die Relevanz der Handlungsbereiche von Unternehmen zu Unternehmen unterschiedlich ausfallen. Die Identifizierung derjenigen Handlungsbereiche, die für das eigene Unternehmen wesentlich sind und die Ableitung entsprechender Handlungsprioritäten repräsentiert einen wichtigen Schritt bei der Etablierung eines nachhaltigen Lieferkettenmanagements und wird im Rahmen der strategischen Analyse (siehe hierzu Kapitel 3) ausführlich beschrieben.

---

6 Die Notwendigkeit bestehende SSCM-Bemühungen zu harmonisieren und zu einem gemeinsamen, konsistenten und globalen Ansatz zu verbinden, der branchenübergreifend eingesetzt werden kann, hat UNGC bereits 2006 erkannt und das Programm „Global Social Compliance Programme" ins Leben gerufen.

Tab. 1.1: Nachhaltigkeitsthemen und Handlungsbereiche. Quelle: eigene Darstellung in Anlehnung an ISO 26000 (2011), Social Accountability International (2019), IAO (2019), United Nations Global Compact (2019) und Bundesministerium für Umwelt, Naturschutz, Wirtschaft, Bau und Reaktorsicherheit und Umweltbundesamt (2017)

UMWELT	MENSCHENRECHTE	ARBEITSPRAKTIKEN	BETRIEBS- UND GESCHÄFTSPRAKTIKEN
Vermeidung der Umweltbelastung	Unterstützung und Achtung der internationalen Menschenrechte	Beseitigung der Diskriminierung bei Anstellung und Beschäftigung	Bekämpfung von Korruption einschließlich Erpressung und Bestechlichkeit
Nachhaltige Nutzung von Ressourcen	Unterbindung von Mittäterschaft an Menschenrechtsverletzungen	Abschaffung der Kinderarbeit	Sicherstellung eines fairen Wettbewerbs
Abschwächung des Klimawandels	Beseitigung von menschenrechtlichen Missständen	Wahrung der Gesundheit und Sicherheit am Arbeitsplatz	Achtung von Eigentumsrechten
Vermeidung des Biodiversitätsverlustes, Schutz und Wiederherstellung der Leistungsfähigkeit von Ökosystemen	Beseitigung aller Formen von Sklaverei, Zwangs- und Pflichtarbeit	Unterlassung der körperlichen Bestrafung, des geistigen und physischen Zwangs sowie verbaler Beleidigung	
Unterstützung eines vorsorgenden Ansatzes im Umgang mit Umweltproblemen	Wahrung der Vereinigungsfreiheit	Sicherstellung fairer Arbeitszeiten durch die Einhaltung gültiger Gesetze und Industriestandards	
Unterstützung von Initiativen zur Förderung einer größeren Verantwortung gegenüber der Umwelt		Sicherstellung einer fairen Entlohnung durch die Einhaltung von Gesetzen, Industriestandards und der Orientierung an Mindestbedürfnissen von Arbeitnehmern	
Entwicklung und Verbreitung umweltfreundlicher Technologien		Anerkennung des Rechts auf Kollektivverhandlungen	

HANDLUNGSBEREICHE

1.3 Verantwortung für die Lieferkette

Der Begriff „Verantwortung" verweist auf die Praxis des „Für-etwas-Rede-und-Antwort-Stehens". Im Kern bedeutet dies, sich für X gegenüber Y, unter der Berufung auf Z, zu rechtfertigen. Zentral ist somit der Begriff der Rechtfertigung. Diese Rechtfertigung erfolgt oft mittels einer ethischen Norm. In der Praxis ist der Begriff der Verantwortung laut Ott (1997, S. 254) oftmals ein reiner Zuschreibungsbegriff:

> *Unter vorausgesetzten Werten, Normen und Prinzipien dient der Begriff der Verantwortung dazu, natürliche oder juristische Personen [...] für zurechenbare Handlungen (oder Unterlassungen), die als Normverstöße interpretiert werden können, zur Rechenschaft zu ziehen.*

Hier geht es dann nicht um eine ethische Reflexion, sondern darum, dass sich derjenige, dem die Verantwortung zugeschrieben wird – in der Lieferkette oft ein bestimmtes Unternehmen – rechtfertigen muss.

Aufgrund arbeitsteilig organisierter Systeme und der Tatsache, dass Unternehmen in komplexen Wechselbeziehungen operieren, gibt es bei der Zuschreibung von Verantwortung allerdings oftmals große Unsicherheit. Gerade Lieferketten repräsentieren komplexe Netzwerke und Unternehmen haben oft keine vollständige Transparenz darüber. Infolgedessen kann die Identifizierung von Zusammenhängen und eine darauf aufbauende Zuschreibung von Verantwortung eine wesentliche Herausforderung darstellen.

Eine weitere Herausforderung entsteht im Kontext von Unternehmensplänen und -regeln. Laut Neuhäuser (2011) können Unternehmen ihrer Verantwortung gegenüber anderen nicht vollständig gerecht werden, wenn nur individuelle Akteure verantwortlich gemacht werden, da Individuen in korporativen Umwelten Einschränkungen ausgesetzt sind. Individuelle Mitarbeiter können gemäß Neuhäuser (2011, S. 164) *„nur dann systematisch verantwortlich handeln, wenn die Pläne des Unternehmens ethisch sind"*. Wird lediglich von den Mitarbeitern erwartet verantwortlich zu handeln, dann entstehen moralische Dilemmata (Neuhäuser, 2011). Einerseits haben Mitarbeiter die Pflicht, nach den Plänen des Unternehmens zu handeln, was wie Neuhäuser (2011) deutlich macht, auch eine in moralischer Hinsicht bindende Verpflichtung darstellt. Andererseits müssen Mitarbeiter, wenn das Unternehmen rein auf Profitmaximierung ausgelegt ist, aus ethischer Perspektive, möglicherweise gegen die Interessen des Unternehmens handeln (Neuhäuser, 2011). Ethisches Handeln kann für Mitarbeiter zudem negative Konsequenzen zur Folge haben, in Form von Benachteiligungen oder Bestrafungen, bis hin zum Verlust des eigenen Arbeitsplatzes. Aufgrund von Unternehmensregeln entstehen folglich Befolgungszwänge, die den Handlungsspielraum von Mitarbeitern einschränken können. Sind beispielsweise Einkäufer aufgrund von Unternehmensvorgaben angehalten Lieferzeiten einzufordern, die beim Lieferanten zu ethisch nicht vertretbaren Überstunden führen, dann liegt eine solches Dilemma vor. Um verantwortlich handeln zu können, müssen Mitarbeiter (als Agenten des Unternehmens) in solchen Dilemma-Situationen ihr Handeln nach ethischen

Maßstäben evaluieren dürfen und diese Maßstäbe auch tatsächlich zur Grundlage des eigenen Handelns machen können, ohne negative Konsequenzen befürchten zu müssen. Wenn Unternehmen in der Praxis Verantwortung übernehmen sollen, dann reicht es somit nicht, individuellen Akteuren Verantwortung zuzuschreiben, sondern die Pläne eines Unternehmens müssen eine ethische Dimension bekommen (Neuhäuser, 2011). Unternehmerische Verantwortung muss sich folglich widerspiegeln in den Unternehmenszielen, in den Strukturen und Prozessen ebenso wie in der Ausstattung mit finanziellen und personellen Ressourcen.

Einen guten Überblick über die Anwendungsfelder und Maßnahmen zur Verantwortungsübernahme gibt der ISO 26000 Leitfaden. Dieser Leitfaden soll allen Unternehmen und nichtstaatlichen Organisationen, im öffentlichen sowie im gemeinnützigen Sektor, unabhängig von ihrer Größe und ihres geografischen Standortes, eine Orientierung zum Thema „Gesellschaftliche Verantwortung" bieten. Der Leitfaden ist in einem breiten Diskussionsprozess der ISO entstanden und ist zurzeit wohl das Dokument, das die höchste Legitimität im Bereich der gesellschaftlichen Verantwortung von Organisationen aufweist. Der Leitfaden zur ISO 26000 beruht auf Freiwilligkeit und beschreibt kein Managementsystem, das sich einer externen Prüfung oder Zertifizierung bedienen kann.

Gesellschaftliche Verantwortung wird in der ISO 26000 (2011, S. 17) definiert als die:

> *Verantwortung einer Organisation für die Auswirkungen ihrer Entscheidungen und Aktivitäten[7] auf die Gesellschaft und die Umwelt durch transparentes und ethisches Verhalten, das:*
> - *zur nachhaltigen Entwicklung, Gesundheit und Gemeinwohl eingeschlossen, beiträgt;*
> - *die Erwartungen der Anspruchsgruppen berücksichtigt,*
> - *anwendbares Recht einhält und im Einklang mit internationalen Verhaltensstandards steht; und*
> - *in der gesamten Organisation integriert ist und in ihren Beziehungen[8] gelebt wird.*

Dass der Begriff der gesellschaftlichen Verantwortung in der ISO 26000 eng mit nachhaltiger Entwicklung verbunden wird, verdeutlicht auch die folgende Argumentation:

> *Da nachhaltige Entwicklung die wirtschaftlichen, sozialen und umweltbezogenen Ziele behandelt, die allen Menschen gemein sind, dient dieses Konzept dazu, die übergeordneten Erwartungen der Gesellschaft zusammenzufassen, die von verantwortlich handelnden Organisationen berücksichtigt werden sollten (ISO 26000, 2011, S. 24).*

---

7 Aktivitäten umfassen gemäß der ISO 26000 (2011) Produkte, Dienstleistungen und Prozesse.
8 Mit Beziehungen sind solche gemeint, „*die im Zusammenhang mit den Aktivitäten der Organisation innerhalb ihres Einflussbereichs entstehen*" (Iso 26000, 2011, S. 17).

Die Verantwortungsreichweite umfasst laut ISO 26000 (2011) auch die vorgelagerte Lieferkette. So sollte eine Organisation

> die möglichen Auswirkungen oder nichtbeabsichtigten Folgen ihrer Beschaffungs- und Kaufentscheidungen auf andere Organisationen berücksichtigen und die erforderliche Sorgfalt walten lassen, um negative Auswirkungen zu vermeiden oder zu minimieren (ISO 26000, 2011, S. 75).

Zur Förderung gesellschaftlicher Verantwortung innerhalb der Lieferkette sollte eine Organisation gemäß ISO 26000 (2011, S. 75) folgende Maßnahmen umsetzen:

- *ethische, soziale, umweltbezogene und auf die Gleichstellung der Geschlechter bezogene Kriterien sowie Gesundheit und Sicherheit in ihre organisationspolitischen Einkaufs-, Vertriebs- und Vertragsvorgaben und deren praktische Umsetzung aufnehmen, um so die Übereinstimmung mit den Zielen gesellschaftlicher Verantwortung zu verbessern;*
- *andere Organisationen ermutigen, ähnliche Vorgaben einzuführen, ohne sich dabei wettbewerbswidrig zu verhalten;*
- *Organisationen, mit denen sie in Beziehungen steht, überprüfen und gebührende Sorgfalt anwenden, damit die Einhaltung ihrer Selbstverpflichtungen zur gesellschaftlichen Verantwortung nicht gefährdet wird;*
- *die Unterstützung kleiner und mittlerer Organisationen (KMO) in Betracht ziehen. Dies beinhaltet auch, das Bewusstsein für Handlungsfelder gesellschaftlicher Verantwortung und für vorbildliche Praktiken (en: best practice) zu stärken, sowie zusätzliche Hilfestellung (z. B. technische Unterstützung, Kompetenzaufbau oder andere Ressourcen) zu geben, um die Ziele gesellschaftlicher Verantwortung zu erreichen;*
- *sich aktiv daran beteiligen, das Bewusstsein für die Grundsätze und Handlungsfelder gesellschaftlicher Verantwortung bei den Organisationen zu stärken, mit denen sie in Beziehung steht;*
- *und eine faire und angemessene Handhabung der Kosten und Nutzen für die Umsetzung gesellschaftlich verantwortlicher Maßnahmen entlang der Wertschöpfungskette fördern. Wo möglich, gehört dazu auch die Verbesserung der Fähigkeit, Ziele gesellschaftlicher Verantwortung entlang der Wertschöpfungskette zu verfolgen. Dies beinhaltet angemessene Beschaffungspraktiken, z. B. die Sicherstellung fairer Preise, angemessener Lieferzeiten und dauerhafter Verträge.*

Bei ihren Beschaffungsentscheidungen sollte eine Organisation gemäß ISO 26000 (2011, S. 65):

> die Leistung des zu beschaffenden Produkts oder der zu beschaffenden Dienstleistung in umweltbezogener, sozialer und ethischer Hinsicht über den gesamten Lebenszyklus hinweg berücksichtigen. Wo möglich, sollte die Organisation Produkten oder Dienstleistungen mit geringst möglichen Umweltauswirkungen den Vorzug geben. Dabei sollte sie auf verlässliche und wirkungsvolle Kennzeichnungssysteme oder andere Prüfungssysteme zurückgreifen, wie z. B. Öko-Gütesiegel oder Audits, die durch unabhängige Dritte überprüfbar sind.

Um Mittäterschaft bei Menschenrechtsverletzungen zu vermeiden, sollte eine Organisation schließlich auch:

keine formelle, informelle oder vertragliche Beziehung zu einem Partner eingehen, der im Zusammenhang dieser Partnerschaft oder bei der vertraglich vereinbarten Arbeit Menschenrechtsverletzungen begeht (ISO 26000, 2011, S. 45).[9]

Die obigen Ausführungen bilden die Basis für die thematische Auseinandersetzung in den nachfolgenden Kapiteln.

Literatur Kapitel 1

Ageorn, B., Gunasekaran, A. und Spalanzani, A. (2012) 'Sustainable supply management: An empirical study', *International Journal Production Economics*, 140 (2012), S. 168–182

Bouchery, Y., Corbett, C. J., Fransoo, J. C. und Tan, T. (2017) *Sustainable Supply Chains: A Research-Based Textbook on Operations and Strategy*, Springer Series in Supply Chain Management (4). Cham: Springer International Publishing

Bundesministerium für Umwelt, Naturschutz, Bau und Reaktorsicherheit und Umweltbundesamt (2017) *Schritt für Schritt zum nachhaltigen Lieferkettenmanagement: Praxisleitfaden für Unternehmen*. Online verfügbar unter: https://www.umweltbundesamt.de/publikationen/schritt-fuer-schritt-nachhaltigen

Gold, S. und Seuring, S. (2012) 'Wertschöpfungsketten als Herausforderung für Unternehmen', *Ökologisches Wirtschaften*, 2012 (2), S. 15–17. Online verfügbar unter: https://www.oekologisches-wirtschaften.de/index.php/oew/article/view/1225

IAO (2019) *ILO Kernarbeitsnormen*. Online unter: http://www.ilo.org/berlin/arbeits-und-standards/kernarbeitsnormen/lang--de/index.htm (01.02.2019)

ISO 26000 (2011) *Leitfaden zur gesellschaftlichen Verantwortung (ISO 26000:2010)*

Müller, M. und Seuring, S. (2007) 'Legitimität durch Umwelt- und Sozialstandards gegenüber Stakeholdern – eine vergleichende Analyse', *Zeitschrift für Umweltpolitik & Umweltrecht*, 2007 (3), S. 257–285

Neuhäuser, C. (2011) *Unternehmen als moralische Akteure*, 2. Aufl. Berlin: Suhrkamp

Ott, K. (1997) *Ipso Facto. Zur ethischen Begründung normativer Implikate wissenschaftlicher Praxis*. Frankfurt/M.: Suhrkamp

Social Accountability International (2019) *SA 8000 Standard*. Online unter: http://www.sa-intl.org/index.cfm?fuseaction=Page.ViewPage&pageId=1689 (01.02.2019)

United Nations (2012) *Procurement Practitioner's Handbook: 4.5. Sustainable Procurement*. Online unter: https://www.ungm.org/Areas/Public/pph/ch04s05.html (22.05.2018)

United Nations Global Compact (2015) *Supply Chain Sustainability: A Practical Guide for Continuous Improvement*, 2. Aufl. Online verfügbar unter: https://www.unglobalcompact.org/library/205

United Nations Global Compact (2019) *Die zehn Prinzipien des UN Global Compact*. Online unter: https://www.globalcompact.de/de/ueber-uns/dgcn-ungc.php#anchor_0788c7c6_Accordion-2-Arbeitsnormen (22.05.2018)

Wellbrock, W. und Ludin, D. (2019) *Nachhaltiges Beschaffungsmanagement: Strategien –Beschaffungsmanagement – Digitalisierung*. Wiesbaden: Springer Gabler

---

9 Für weiterführende Informationen zur ISO 26000 siehe Webseite der International Organization for Standardization (ISO).

2 Gründe für ein nachhaltiges Lieferkettenmanagement

Die Gründe für Unternehmen ein nachhaltiges Lieferkettenmanagement zu etablieren sind vielschichtig. So gibt es zunächst einmal Gesetze, die Unternehmen, unter gewissen Voraussetzungen, bestimmte Nachhaltigkeitspflichten in Bezug auf die vorgelagerte Lieferkette auferlegen. Darüber hinaus sind Unternehmen im nachhaltigkeitsspezifischen Lieferkettenkontext bestimmten Risiken ausgesetzt. Schließlich bietet ein nachhaltiges Lieferkettenmanagement Unternehmen auch vielfältige Chancen. Ziel dieses Kapitels ist es die unterschiedlichen Gründe zu konkretisieren.

Das Kapitel ist wie folgt aufgeteilt: zuerst werden die rechtlichen Gründe verdeutlicht. Hierzu fasst Kapitel 2.1 drei Gesetze zusammen und erörtert, welche Anforderungen sich hieraus für Unternehmen ergeben. Als erstes wird in Kapitel 2.1.1 die CSR-Richtlinie beschrieben. Daran anschließend, in Kapitel 2.1.2, wird der Modern Slavery Act zusammengefasst und in Kapitel 2.1.3 der Dodd-Frank Act erörtert. Nach Abschluss der Betrachtung der rechtlichen Gründe, werden in Kapitel 2.2 die Risiken und danach, in Kapitel 2.3, die Chancen beleuchtet.

2.1 Bestehende Gesetzgebung

In Abhängigkeit von Faktoren wie zum Beispiel Gesellschaftsform, Umsatzhöhe und Mitarbeiteranzahl, sind Unternehmen gegebenenfalls gesetzlich verpflichtet, bestimmte Nachhaltigkeitsstandards in der vorgelagerten Lieferkette sicherzustellen beziehungsweise gewisse Informationen zu derselben offenzulegen. Die Erweiterung der Beschaffung um den Faktor Nachhaltigkeit repräsentiert für Unternehmen daher, unter bestimmten Konditionen, eine rechtliche Notwendigkeit.

In diesem Kapitel werden drei Gesetze erörtert, die im Beschaffungskontext von Relevanz sind: die CSR Richtlinie, der Modern Slavery Act und der Dodd-Frank Act. Weltweit gibt es noch weitere Gesetze, die Unternehmen dazu verpflichten, bestimmte Nachhaltigkeitsstandards in der Lieferkette nachzuweisen beziehungsweise Informationen hierzu offenzulegen. So hat beispielsweise Frankreich im Jahre 2017 ein Gesetz verabschiedet, das französische Aktiengesellschaften einer bestimmten Größenordnung[1] dazu verpflichtet, einen Sorgfaltsplan zu erstellen, umzusetzen und zu veröffentlichen (Deutscher Bundestag, 2016). Der Plan soll Maßnahmen enthalten, die geeignet sind menschenrechtliche und ökologische Risiken zu identifizieren und zu verhüten (Deutscher Bundestag, 2016). Einbezogen werden hierbei nicht nur Risiken, die

---

1 Die Größenordnung beginnt bei 5.000 Beschäftigten in Frankreich oder 10.000 Beschäftigten weltweit (Deutscher Bundestag, 2016).

https://doi.org/10.1515/9783110652628-002

aufgrund von Aktivitäten der Gesellschaft entstehen, sondern auch Risiken, die von Subunternehmen und Zulieferern ausgehen, auf die das Unternehmen bestimmenden Einfluss hat (Deutscher Bundestag, 2016). Als nationale Regelung hat dieses Gesetz allerdings keine länderübergreifende Rechtsverbindlichkeit, das heißt es bezieht sich lediglich auf französische Unternehmen. Für dieses Buch wurde die Entscheidung getroffen, diejenigen Gesetze zu erörtern, die gerade aufgrund ihrer länderübergreifenden Rechtsverbindlichkeit von besonders hoher Relevanz sind.

Um die Möglichkeiten zum Handel mit Zinn, Tantal und Wolfram, deren Erzen und Gold für bewaffnete Gruppen und Sicherheitskräfte einzuschränken und für Transparenz und Sicherheit in Bezug auf die Lieferpraktiken von Unionseinführern[2] sowie von Hütten und Raffinerien zu sorgen, die Rohstoffe aus Konflikt- und Hochrisikogebieten beziehen, hat die EU die Verordnung (EU) 2017/821 erlassen und damit verbindliche Sorgfaltspflichten für Unternehmen festgelegt. Da die für Unternehmen relevanten Vorschriften und Regelungen der Verordnung allerdings erst ab dem 1. Januar 2021 gelten,[3] wird die Verordnung (EU) 2017/821 nicht ausführlicher erörtert.[4]

Näher erläutert in diesem Kapitel wird zunächst die CSR-Richtlinie (2.2.1). Anschließend, in Kapitel 2.2.2, wird der Modern Slavery Act beschrieben und in Kapitel 2.2.3 der Dodd-Frank Act erörtert. Um Unternehmen bei der Wahrung der Rechtskonformität zu unterstützen, werden die Gesetze nicht nur inhaltlich zusammengefasst, sondern enthalten zudem am Ende jedes Unterkapitels einen spezifischen Fragen- beziehungsweise Maßnahmenkatalog.[5]

2.1.1 CSR-Richtlinie (2014/95/EU)

Hinsichtlich der Angabe nichtfinanzieller und die Diversität betreffende Informationen durch bestimmte große Unternehmen und Gruppen ist auf EU-Ebene die sogenannte „CSR-Richtlinie" (2014/95/EU) verabschiedet worden. Ziel der Richtlinie ist es, Unternehmen die Pflicht aufzuerlegen, über sozial-ökologische Belange zu berichten. Hierdurch soll der wachsende Informationsbedarf von Investoren und Verbrauchern

---

2 Die EU (2017) definiert „Unionseinführer" wie folgt: *„eine natürliche oder juristische Person, die Minerale oder Metalle zur Überführung in den zollrechtlich freien Verkehr im Sinne des Artikels 201 der Verordnung (EU) Nr. 952/2013 des Europäischen Parlaments und des Rates anmeldet, oder eine natürliche oder juristische Person, in deren Auftrag eine solche Anmeldung abgegeben wird, wie in Anhang B Datenelemente 3/15 und 3/16 der Delegierten Verordnung (EU) 2015/2446 der Kommission angegeben"*.
3 Wie die EU (2017) erklärt, gelten *„Artikel 1 Absatz 5, Artikel 3 Absätze 1 und 2, Artikel 4 bis 7, Artikel 8 Absätze 6 und 7, Artikel 10 Absatz 3, Artikel 11 Absätze 1 bis 4, Artikel 12 und 13, Artikel 16 Absatz 3 und Artikel 17"* der Verordnung (EU) 2017/821 erst ab dem 1. Januar 2021.
4 Weiterführende Informationen zur Verordnung (EU) 2017/821 sind online verfügbar auf EUR-Lex.
5 Hierbei handelt es sich lediglich um eine unverbindliche Darstellung. Ob und welche rechtlichen Anforderungen einzuhalten sind, sollte stets Gegenstand einer Einzelfallprüfung bleiben.

gedeckt werden, die Nachhaltigkeitsthemen zunehmend als Entscheidungsfaktor für Investitions- oder Kaufentscheidungen ansehen (Die Bundesregierung, 2016a). Zugleich soll die Informationsbereitstellung sowohl der Unternehmenssteuerung als auch externen Nutzern ein möglichst *„den tatsächlichen Verhältnissen entsprechendes Bild der Vermögens-, Finanz- und Ertragslage eines Unternehmens sowie seiner Entwicklung mit Blick auf Chancen und Risiken"* vermitteln (Die Bundesregierung, 2016a, S. 1).

Alle EU-Mitgliedstaaten mussten die Richtlinie 2014/95/EU bis Dezember 2016 in nationales Recht umwandeln. Die Berichtspflicht war erstmalig auf das nach dem 31. Dezember 2016 beginnende Geschäftsjahr anzuwenden. Im Beschaffungskontext ist die Richtlinie von Relevanz, da auch Lieferkettenaspekte unter die Berichtspflicht fallen. So müssen Unternehmen, unter bestimmten Voraussetzungen, Angaben machen zu den wesentlichen Nachhaltigkeitsrisiken, die mit ihren Geschäftsbeziehungen und ihren Produkten beziehungsweise Dienstleistungen verbunden sind.

Da die EU den EU-Mitgliedstaaten einen gewissen Freiraum bei der Umwandlung der Richtlinie in das jeweilige nationale Recht gelassen hat, können die Anforderungen länderspezifische Unterschiede aufweisen. Um festzustellen, welche Anforderungen in einem EU-Mitgliedsstaat bestehen, muss daher die entsprechende nationale Gesetzgebung geprüft werden. Im Folgenden werden die zur Umsetzung der Richtlinie in Deutschland getroffenen Regelungen näher erläutert.

In Deutschland wurde die CSR-Richtlinie im März 2017 rückwirkend in nationales Recht umgesetzt; die Regelungen sind im HGB verankert. Die Pflicht, den Lagebericht um eine nichtfinanzielle Erklärung zu erweitern, besteht für Gesellschaften die:
- im Sinne des HGB eine große Kapitalgesellschaft sind,[6]
- kapitalmarktnotiert sind, und
- im Jahresdurchschnitt mehr als 500 Arbeitnehmer beschäftigen; vgl. § 289b Abs. 1 HGB.

Inhaltlich muss die nichtfinanzielle Erklärung eine kurze Zusammenfassung des Geschäftsmodells (§ 289c Abs. 1 HGB) und eine Beschreibung der folgenden Aspekte (§ 289c Abs. 2 HGB) beinhalten:
- Umweltbelange
- Arbeitnehmerbelange
- Sozialbelange
- Achtung der Menschenrechte
- Bekämpfung von Korruption und Bestechung.

---

6 Große Kapitalgesellschaften sind solche, die mindestens zwei der folgenden drei Merkmale überschreiten: 20 Millionen Euro Bilanzsumme, 40 Millionen Euro Umsatzerlöse in den zwölf Monaten vor dem Abschlussstichtag, zweihundertfünfzig Arbeitnehmer im Jahresdurchschnitt; vgl. § 267 Abs. 2, Abs. 3 HGB.

Zu den fünf festgelegten Aspekten gibt der Gesetzgeber jeweils Beispiele an.

So können sich die Angaben zu den Umweltbelangen beispielsweise auf Treibhausgasemissionen, den Wasserverbrauch oder die Luftverschmutzung beziehen. Hinsichtlich der Angabe zu Arbeitnehmerbelangen können ergriffene Maßnahmen erklärt werden, die zum Beispiel der Geschlechtergleichstellung, dem Gesundheitsschutz oder der Sicherheit am Arbeitsplatz dienen. Bei Sozialbelangen können beispielsweise umgesetzte Konzepte zum Schutze der lokalen Gemeinschaft oder Dialoge mit regionalen Interessenvertretern beschrieben werden. Hinsichtlich der Achtung von Menschenrechten können Ansätze zur Vermeidung von Menschrechtsverletzungen beschrieben werden. In Bezug auf den letzten Aspekt können implementierte Instrumente zur Bekämpfung von Korruption und Bestechung erklärt werden; vgl. § 289c Abs. 2 HGB.

Zu den fünf festgelegten Aspekten sind jeweils diejenigen Angaben zu machen, die erforderlich sind für das Verständnis des Geschäftsverlaufs, des Geschäftsergebnisses, der Lage der Kapitalgesellschaft sowie der Auswirkungen ihrer Tätigkeit auf die genannten Aspekte; vgl. § 289c Abs. 3 HGB. Hierin schließt der Gesetzgeber folgende Angaben ein (vgl. § 289c Abs. 3 HGB):

- eine Beschreibung der von der Gesellschaft verfolgten Konzepte, einschließlich angewandter Due-Diligence Prozesse,
- die Ergebnisse dieser Konzepte,
- Angaben über die wesentlichen Risiken, die mit den eigenen Geschäftspraktiken verbunden sind und die sehr wahrscheinlich, schwerwiegende negative Auswirkungen auf die fünf festgelegten Aspekte (siehe oben) haben oder haben werden, zuzüglich einer Beschreibung, wie diese Risiken gehandhabt werden,
- sofern die Angaben bedeutsam sind und die Berichterstattung über diese Risiken verhältnismäßig ist: eine Erklärung über die wesentlichen Risiken, die mit den Geschäftsbeziehungen der Kapitalgesellschaft, ihren Produkten und Dienstleistungen verbunden sind, und die sehr wahrscheinlich, schwerwiegende negative Auswirkungen auf die fünf festgelegten Aspekte (siehe oben) haben oder haben werden, zuzüglich einer Beschreibung wie diese Risiken gehandhabt werden,
- Angabe der wichtigsten nichtfinanziellen Leistungsindikatoren.

Verfolgt die Gesellschaft in Bezug auf einen oder mehrere der fünf Aspekte kein Konzept, so muss hierfür eine entsprechende Begründung vorgelegt werden; vgl. § 289c Abs. 4 HGB.

Wird für die Erstellung der nichtfinanziellen Erklärung ein Rahmenwerk genutzt, so ist dieses zu spezifizieren, sowie andernfalls anzugeben, warum kein Rahmenwerk genutzt wurde; vgl. § 289d HGB. Ist die nichtfinanzielle Erklärung inhaltlich überprüft worden, so ist die Beurteilung des Prüfungsergebnisses in gleicher Weise wie die nichtfinanzielle Erklärung öffentlich zugänglich zu machen; vgl. § 289b Abs. 4 HGB.

Der Gesetzgeber räumt den berichtspflichtigen Gesellschaften die Möglichkeit ein, anstelle einer nichtfinanziellen Erklärung im Lagebericht, einen gesonderten

Bericht zu veröffentlichen. Die Voraussetzung hierfür ist, dass der Bericht die inhaltlichen Vorgaben nach § 289c HGB erfüllt und der Bericht öffentlich zugänglich gemacht wird. Die Offenlegung muss entweder zusammen mit dem Lagebericht erfolgen oder der Bericht wird spätestens vier Monate nach dem Abschlussstichtag, für mindestens zehn Jahre, auf der Unternehmenswebseite veröffentlicht; vgl. § 289b Abs. 3 HGB. Entscheidet sich ein Unternehmen für die Publikation auf seiner Internetseite, so muss dies im Lagebericht, mit Angabe der entsprechenden Webadresse, vermerkt werden; vgl. § 289b Abs. 3 HGB.

Schließt ein Mutterunternehmen eine Tochtergesellschaft in ihren Lagebericht mit ein, so wird die Tochtergesellschaft, bei Erfüllung bestimmter Anforderungen, von der Berichtspflicht der nichtfinanziellen Erklärung befreit.[7]

Hinsichtlich der CSR-Richtlinie sollten folgende Fragen geklärt beziehungsweise Schritte eingeleitet werden:

1. Müssen die gesetzlichen Pflichten der CSR-Richtlinie erfüllt werden?
   (Hierzu müssen die oben zusammengefassten drei Bedingungen geprüft werden)
   Wird diese Frage mit „Ja" beantwortet, siehe Punkte 2 bis 10.
2. Zuständigkeitsklärung:
   Wer ist intern dafür verantwortlich sicherzustellen, dass die gesetzlichen Anforderungen erfüllt werden?
3. Ressourcenklärung:
   Welche Ressourcen müssen bereitgestellt werden, um die gesetzlichen Anforderungen zu erfüllen?
4. Veröffentlichungsklärung:
   Soll die nichtfinanzielle Erklärung im Lagebericht oder in einem gesonderten Bericht veröffentlicht werden? Die Veröffentlichung eines gesonderten Berichts setzt bestimmte Bedingungen voraus; siehe oben.
5. Rahmenwerksklärung:
   Soll zur Erstellung der nichtfinanziellen Erklärung ein Rahmenwerk verwendet werden? Wird ein Rahmenwerk genutzt, so ist dieses zu spezifizieren, sowie andernfalls anzugeben, warum kein Rahmenwerk genutzt wurde.
6. Prüfungsklärung:
   Soll die nichtfinanzielle Erklärung inhaltlich überprüft werden? Wenn ja, so ist die Beurteilung des Prüfungsergebnisses in gleicher Weise wie die nichtfinanzielle Erklärung öffentlich zugänglich zu machen.
7. Erstellung einer kurzen Zusammenfassung des Geschäftsmodells.

---

[7] Zu den Anforderungen gehört: das Mutterunternehmen muss seinen Sitz in einem Mitgliedstaat der Europäischen Union oder in einem anderen Vertragsstaat des Abkommens über den Europäischen Wirtschaftsraum haben, der Konzernlagebericht muss im Einklang mit der Richtlinie 2013/34/EU stehen und eine nichtfinanzielle Konzernerklärung beinhalten. Diese Anforderungen gelten entsprechend, wenn das Mutterunternehmen einen gesonderten nichtfinanziellen Konzernbericht veröffentlicht; vgl. § 289b Abs. 2 HGB.

8. Erstellung einer Beschreibung, die sämtliche Angaben enthält, die erforderlich sind für das Verständnis des Geschäftsverlaufs, des Geschäftsergebnisses, der Lage der Kapitalgesellschaft sowie der Auswirkungen ihrer Tätigkeit auf alle fünf gesetzlich festgelegten Aspekte (Umweltbelange, Arbeitnehmerbelange, Sozialbelange, Achtung der Menschenrechte, Bekämpfung von Korruption und Bestechung). Hierbei muss sichergestellt werden, dass die Beschreibung alle gesetzlich geforderten Angaben (Konzepte, Due-Diligence Prozesse, wesentliche Risiken, usw.) enthält; vgl. oben bzw. § 289c Abs. 3 HGB.

9. Erstellung einer Begründung, wenn in Bezug auf einen oder mehrere der fünf Aspekte (siehe oben) keine Konzepte verfolgt werden.

10. Veröffentlichung einer gesetzeskonformen CSR-Erklärung, für jedes Geschäftsjahr, indem Pflicht nach der CSR-Richtlinie besteht (vgl. oben).

ZUSAMMENFASSUNG

2.1.1 CSR-Richtlinie (2014/95/EU)

- Hinsichtlich der Angabe nichtfinanzieller und die Diversität betreffende Informationen ist auf EU-Ebene die sogenannte „CSR-Richtlinie" (2014/95/EU) verabschiedet worden.
- Die „CSR-Richtlinie" (2014/95/EU) verpflichtet Unternehmen, unter bestimmten Voraussetzung, den Lagebericht um eine nichtfinanzielle Erklärung zu erweitern.
- Die Pflicht den Lagebericht um eine nichtfinanzielle Erklärung zu erweitern, besteht für Gesellschaften, die im Sinne des HGB große Kapitalgesellschaften sind, kapitalmarktnotiert sind, und im Jahresdurchschnitt mehr als 500 Arbeitnehmer beschäftigen.
- Da die EU den EU-Mitgliedstaaten einen gewissen Freiraum bei der Umwandlung der Richtlinie in das jeweilige nationale Recht gelassen hat, können die Anforderungen länderspezifische Unterschiede aufweisen; um festzustellen, welche Anforderungen in einem EU-Mitgliedsstaat bestehen, muss die entsprechende nationale Gesetzgebung geprüft werden.

2.1.2 Modern Slavery Act

Beim Modern Slavery Act handelt es sich um ein 2015 in Großbritannien verabschiedetes Gesetz zum Schutze von Menschen, die Sklaverei, Leibeigenschaft, Zwangs- oder Pflichtarbeit und Menschenhandel zum Opfer fallen. All diese Rechtsverletzungen werden im weiteren Verlauf dieses Kapitels, aus Vereinfachungsgründen, unter dem Begriff „moderne Sklaverei" zusammengefasst.

Der Modern Slavery Act wurde erlassen, um Vorfälle von moderner Sklaverei, die auf unternehmensbezogene Aktivitäten zurückzuführen sind, zu verhindern (UK Home Office, 2015). Im Folgenden wird auf den sechsten Abschnitt des Gesetzes eingegangen; vgl. Part 6 Transparency in Supply Chains etc.

Die gesetzlichen Pflichten des Modern Slavery Acts gelten für alle Unternehmen, die die folgenden drei Bedingungen (kumulativ) erfüllen:

1. Es handelt sich um eine Kapitalgesellschaft oder Personengesellschaft[8] (hier zusammengefasst als „Unternehmen"), die, unabhängig davon wo sie gegründet wurde, eine Geschäftstätigkeit, oder einen Teil einer Geschäftstätigkeit im Vereinigten Königreich ausführt,
2. die Waren und/oder Dienstleistungen anbietet und
3. die einen jährlichen Gesamtumsatz[9] iHv. 36 Millionen GBP oder mehr hat (UK Home Office, 2015).

Unternehmen, die alle drei Bedingungen erfüllen, müssen für jedes Geschäftsjahr eine Erklärung zum Thema moderne Sklaverei erstellen; vgl. Paragraf 54 des Modern Slavery Acts. In dieser Stellungnahme muss erklärt werden, welche Schritte im Geschäftsjahr unternommen wurden, um sicherzustellen, dass moderne Sklaverei nirgendwo im eigenen Unternehmen oder in der Lieferkette stattfindet (UK Home Office, 2015). Alternativ kann erklärt werden, dass keine derartigen Schritte unternommen wurden (Modern Slavery Act, 2015).

Welche Angaben in der Erklärung konkret enthalten sein müssen, ist rechtlich nicht vorgeschrieben (Zimmer, 2016). Laut Gesetzestext kann die Erklärung Informationen zu den folgenden Aspekten beinhalten:

a) Unternehmensstruktur, Geschäftsfeld und Lieferkette,
b) eigene Richtlinien zu moderner Sklaverei,
c) Due Diligence Prozesse im Unternehmen und in der Lieferkette,
d) die Bereiche des Unternehmens und der Lieferkette, bei denen ein Risiko in Bezug auf moderne Sklaverei besteht, und Schritte, die unternommen wurden, um das Risiko zu bewerten und zu managen,

---

[8] Personengesellschaft (im englischen bezeichnet als „partnership") bedeutet hier eine Gesellschaft im Sinne des Partnership Act 1890, eine Gesellschaft nach dem Gesetz über Kommanditgesellschaften aus dem Jahre 1907 (Limited Partnership Act 1907) oder eine Organisation eines vergleichbaren Charakters, die nach dem Recht eines Landes außerhalb des Vereinigten Königreichs gegründet wurde (Modern Slavery Act, 2015).
[9] Der jährliche Gesamtumsatz setzt sich zusammen aus den weltweit erwirtschafteten Umsätzen der Gesellschaft zuzüglich der Umsätze aller Tochtergesellschaften, unabhängig davon, wo die Tochtergesellschaften ihren Sitz haben oder ihre Geschäftstätigkeiten ausführen (UK Home Office, 2015).

e) die Effektivität des Unternehmens bei der Sicherstellung, dass moderne Sklaverei weder im Unternehmen noch in der Lieferkette stattfindet, gemessen an Leistungsindikatoren, die als geeignet erachtet werden,

f) Schulungen, die den eigenen Mitarbeitern zum Thema moderne Sklaverei zur Verfügung stehen.[10]

Zur Umsetzung der gesetzlichen Anforderungen hat die englische Regierung einen Praxisleitfaden mit Beispielen und Hintergrundinformationen veröffentlicht: „Transparency in supply chains: a practical guide." In diesem Praxisleitfaden wird auch konkretisiert, welche Aktivitäten in Bezug auf die obigen sechs Punkte einbezogen werden können. In Bezug auf den ersten Punkt können Unternehmen beispielsweise die Sektoren in denen sie operieren angeben, die Zusammensetzung und Komplexität ihrer Lieferkette beschreiben, sowie die Länder in denen sie einkaufen spezifizieren und darauf eingehen, ob es sich um Risikoländer handelt, in denen Formen der modernen Sklaverei vorherrschen (UK Home Office, 2015). Angaben zum zweiten Punkt können sich beispielsweise beziehen auf Beschaffungsrichtlinien und Anreizmechanismen zur Bekämpfung von moderner Sklaverei (UK Home Office, 2015). In Bezug auf die Due Diligence Prozesse (Punkt 3) kann beispielsweise beschrieben werden, welche Risikomanagementprozesse es gibt, welche Auswirkungsanalysen durchgeführt werden und welche Beschwerdemechanismen es zur Adressierung von moderner Sklaverei gibt (UK Home Office, 2015).[11]

Eine Muttergesellschaft, die die gesetzlichen Pflichten des Modern Slavery Acts zu erfüllen hat, muss in ihrer Erklärung auch die entsprechenden Schritte ihrer Tochtergesellschaft beschreiben, wenn die Aktivitäten der Tochtergesellschaft Teil der Lieferkette oder des eigenen Geschäfts der Muttergesellschaft sind (UK Home Office, 2015).[12] Hierzu ist die Muttergesellschaft auch dann verpflichtet, wenn die Tochtergesellschaft nicht alle drei zuvor beschriebenen Bedingungen erfüllt (UK Home Office, 2015). Werden von einem Tochterunternehmen hingegen alle drei Bedingungen erfüllt, ist die Tochtergesellschaft dazu verpflichtet, eine eigene Erklärung zu erstellen (UK Home Office, 2015). Sind in einer Unternehmensgruppe sowohl die Mutter- als auch die Toch-

---

10 Originaltext in englischer Sprache: „*(a) the organisation's structure, its business and its supply chains; (b) its policies in relation to slavery and human trafficking; (c) its due diligence processes in relation to slavery and human trafficking in its business and supply chains; (d) the parts of its business and supply chains where there is a risk of slavery and human trafficking taking place, and the steps it has taken to assess and manage that risk; (e) its effectiveness in ensuring that slavery and human trafficking is not taking place in its business or supply chains, measured against such performance indicators as it considers appropriate; (f) the training about slavery and human trafficking available to its staff*" (Modern Slavery Act, 2015).
11 Weiterführende Erläuterungen und Beispiele können Anhang E des Praxisleitfadens „Transparency in supply chains: a practical guide" entnommen werden.
12 Es obliegt der Muttergesellschaft zu bestimmen, ob ihre Tochtergesellschaft/en Teil des Geschäfts oder der Lieferkette ist/sind (UK Home Office, 2015).

tergesellschaft dazu verpflichtet, eine eigene Erklärung zu veröffentlichen, können sich die Gesellschaften darauf verständigen lediglich eine Stellungnahme zu erstellen, die dann von der Muttergesellschaft veröffentlicht wird (UK Home Office, 2015). Voraussetzung hierfür ist, dass die Erklärung alle Schritte darlegt, die von den einzelnen Organisationen unternommen wurden, um sicherzustellen, dass moderne Sklaverei nirgendwo im Unternehmen oder in der Lieferkette stattfindet (UK Home Office, 2015). Verständigt man sich nicht auf die Erstellung einer gemeinsamen Stellungnahme, so muss jede Tochtergesellschaft, auf die die obigen drei Bedingungen zutreffen, eine eigene Erklärung verfassen. Unabhängig davon, ob die Tochtergesellschaft zur Erstellung einer eigenen Stellungnahme verpflichtet ist oder nicht und unabhängig davon, ob sie eine eigene Erklärung verfasst oder nicht, die Muttergesellschaft muss in jedem Fall die Schritte ihrer Tochtergesellschaft beschreiben, wenn die Aktivitäten der Tochtergesellschaft Teil der Lieferkette oder des eigenen Geschäfts der Muttergesellschaft sind (UK Home Office, 2015). In Anhang C des Praxisleitfadens „Transparency in supply chains: a practical guide" werden die Mutter-/Tochteranforderungen anhand unterschiedlicher Fallkonstellationen praxisorientiert verdeutlicht.

Die finale Erklärung muss (in Abhängigkeit von der Rechtsform des Unternehmens) von dem jeweiligen Vertretungsorgan (beispielsweise Vorstand, Geschäftsführer oder Komplementär, usw.) unterzeichnet werden (Modern Slavery Act, 2015).

Sofern das Unternehmen eine Webseite hat, muss die Erklärung auf dieser veröffentlicht werden (Modern Slavery Act, 2015). Zudem muss ein Link, der zur Erklärung führt, an einer prominenten Stelle auf der Homepage platziert werden (Modern Slavery Act, 2015). Verfügt das Unternehmen über keine Webseite, so muss jedem, der die Erklärung schriftlich anfragt, eine Kopie binnen 30 Tagen zur Verfügung gestellt werden (Modern Slavery Act, 2015).[13]

Unternehmen sollten die Erklärung sobald als möglich, spätestens jedoch innerhalb von sechs Monaten nach Abschluss des Geschäftsjahres veröffentlichen (UK Home Office, 2015). Sofern ein Unternehmen eine unzureichende oder keine Erklärung veröffentlicht, drohen zwar keine Strafen (Mayer, 2016), allerdings kann der Secretary of State eine einstweilige Verfügung beim obersten Gericht beantragen, um das Unternehmen zur Erfüllung der Berichtspflicht zu bewegen (UK Home Office, 2015). Versäumt ein Unternehmen einer solchen Verfügung Folge zu leisten, drohen Geldbußen (UK Home Office, 2015).

Die Britische Regierung hat Ende 2018 beschlossen, die Effektivität des Modern Slavery Acts im Jahr 2019 zu begutachten, um das Gesetz zu stärken und zu verbessern (UK Home Office, 2018).

Hinsichtlich des Modern Slavery Acts sollten im Unternehmen folgende Fragen geklärt beziehungsweise Schritte eingeleitet werden:

---

13 Weiterführende Informationen zum Modern Slavery Act sind online verfügbar auf der Webseite legislation.gov.uk.

1.   Müssen die gesetzlichen Pflichten des Modern Slavery Acts erfüllt werden? (Hierzu müssen die oben zusammengefassten drei Bedingungen geprüft werden) Wird diese Frage mit „Ja" beantwortet, siehe Punkte 2 bis 9.
2.   Zuständigkeitsklärung: Wer ist intern dafür verantwortlich sicherzustellen, dass die gesetzlichen Anforderungen erfüllt werden?
3.   Ressourcenklärung: Welche Ressourcen müssen bereitgestellt werden, um die gesetzlichen Anforderungen zu erfüllen?
4.   Erstellung einer Stellungnahme, in der erklärt wird, welche Schritte im Geschäftsjahr unternommen wurden, um sicherzustellen, dass moderne Sklaverei weder im eigenen Unternehmen noch in der Lieferkette vorkommt. Die Schritte sollten sich auf die im Gesetzestext sowie im Praxisleitfaden „Transparency in supply chains: a practical guide" gemachten Vorschläge beziehen (siehe oben).
5.   Erstellung einer entsprechenden Erklärung, wenn keine Schritte zur Vermeidung von moderner Sklaverei unternommen wurden.
6.   Klärung der Frage, ob die Aktivitäten von Tochtergesellschaften Teil der Lieferkette oder des eigenen Geschäfts sind. Für alle Tochtergesellschaften auf die das zutrifft, muss die Erklärung der Muttergesellschaft auch die unternommenen Schritte der entsprechenden Tochterunternehmen enthalten.
7.   Sind in einer Unternehmensgruppe sowohl Muttergesellschaft als auch Tochterunternehmen dazu verpflichtet, eine eigene Erklärung zu erstellen, sollte geklärt werden, ob lediglich eine Stellungnahme erstellt werden soll, die von der Muttergesellschaft veröffentlicht wird.
8.   Es sollte geprüft werden, wer die finale Erklärung, laut gesetzlicher Pflicht, unterzeichnen muss; siehe oben.
9.   Veröffentlichung einer gesetzeskonformen Erklärung spätestens sechs Monate nach Abschluss des Geschäftsjahres, für jedes Geschäftsjahr, indem Pflicht nach dem Modern Slavery Act besteht.

ZUSAMMENFASSUNG

2.1.2 Modern Slavery Act

–   2015 hat Großbritannien ein Gesetz verabschiedet zum Schutze von Menschen, die Sklaverei, Leibeigenschaft, Zwangs- oder Pflichtarbeit und Menschenhandel (kurz „moderner Sklaverei") zum Opfer fallen.
–   Die gesetzlichen Pflichten des Modern Slavery Acts gelten für Unternehmen, die die folgenden Bedingungen (kumulativ) erfüllen: Es handelt sich um eine Kapitalgesellschaft oder Personengesellschaft, die, unabhängig davon, wo sie

gegründet wurde, eine Geschäftätigkeit, oder einen Teil einer Geschäftstätigkeit im Vereinigten Königreich ausführt, die Gesellschaft bietet Waren und/oder Dienstleistungen an, und hat einen jährlichen Gesamtumsatz iHv. 36 Millionen GBP oder mehr.
- Unternehmen, die die Pflichten des Modern Slavery Acts zu erfüllen haben, müssen für jedes Geschäftsjahr eine Erklärung zum Thema moderne Sklaverei veröffentlichen.

2.1.3 Dodd-Frank Act

Bei dem Dodd-Frank Wall Street Reform and Consumer Protection Act (kurz Dodd-Frank Act) handelt es sich um ein US-amerikanisches Gesetz, das im Jahre 2010 als Reaktion auf die 2007 ausgelöste Finanzmarktkrise verabschiedet wurde (Rüttinger und Griestop, 2015). Primär verfolgt das Gesetz das Ziel, die Rechenschaftspflicht und die Transparenz im Finanzsektor zu optimieren, den amerikanischen Steuerzahler vor Bail-outs zu schützen und Konsumenten vor missbräuchlichen Finanzdienstleistungspraktiken zu bewahren (Dodd-Frank Wall Street Reform and Consumer Protection Act, 2010). Darüber hinaus regelt Artikel 1502 den Umgang mit Konfliktmineralien,[14] die aus der Demokratischen Republik Kongo oder einem angrenzenden Nachbarstaat stammen.[15] In diesen Regionen kommt es seit Jahren, unter anderem aufgrund von kriegerischen Auseinandersetzungen zwischen der kongolesischen Regierung und rebellischen Gruppen, zu massiven Menschenrechtsverletzungen (Matthiesen, 2005). Der Osten der Demokratischen Republik Kongo ist besonders reich an den Bodenschätzen Gold, Coltan, Kobalt, Uran und Diamanten (Matthiesen, 2005). Hier haben sich staatsmachtunabhängige militärische Anführer organisiert, die die Bodenschätze plündern und die dort lebende Bevölkerung *„mit eiserner Hand unterdrücken"* (Matthiesen, 2005, S. 176). Die Erlöse aus den Plünderungen dienen der individuellen Bereicherung der Rebellen sowie der Finanzierung militärischer Operationen (United Nations, 2002). Dies führt unter anderem dazu, dass die lokale Wirtschaft verfällt und die Armut innerhalb der Bevölkerung steigt (United Nations, 2002). Artikel 1502 des Dodd-Frank Acts wurde erlassen, um die Finanzierung bewaff-

---

14 Die Europäische Kommission (2018) erklärt Konfliktmineralien wie folgt: In politisch instabilen Gegenden, kann der Mineralienhandel genutzt werden, um bewaffnete Gruppen zu finanzieren, Zwangsarbeit sowie andere Menschenrechtsverletzungen zu befeuern, und Korruption sowie Geldwäsche zu unterstützen.

15 Zu den an die Demokratische Republik Kongo angrenzenden Nachbarstaaten gehören: Uganda, die Vereinigte Republik Tansania, Sambia, Angola, Burundi, Ruanda, der Südsudan, die Republik Kongo und die Zentralafrikanische Republik (Dodd-Frank Wall Street Reform and Consumer Protection Act, 2010).

neter, nicht staatlicher Gruppen einzudämmen, die verantwortungsvolle Gewinnung von mineralischen Rohstoffen zu fördern und die Abbauregionen insgesamt zu stabilisieren (Rüttinger und Griestop, 2015).

Die gesetzlichen Anforderungen von Artikel 1502 des Dodd-Frank Acts gelten für alle Unternehmen, die die folgenden zwei Bedingungen erfüllen:

1. Es handelt sich um ein Unternehmen, das nach dem US Wertpapierhandelsrecht (Securities Exchange Act) gegenüber der US-Börsenaufsicht berichtspflichtig ist, und
2. Produkte herstellt oder zur Herstellung in Auftrag gibt, bei denen Konfliktmineralien für die Herstellung oder für die Funktion des Produktes notwendig sind (Dodd-Frank Wall Street Reform and Consumer Protection Act, 2010).[16]

Der Dodd-Frank Wall Street Reform and Consumer Protection Act (2010) definiert Konfliktmineralien als: Coltan, Kassiterit, Gold, Wolframit oder deren Derivate.[17]

Erfüllt ein Unternehmen die Voraussetzungen des Artikels 1502 des Dodd-Frank Acts, ist es dazu verpflichtet zu prüfen, aus welchem Land die verwendeten Konfliktmineralien stammen (U.S. Securities and Exchange Commission, 2017). Ergibt die Prüfung, dass die Mineralien entweder nicht aus der Demokratischen Republik Kongo oder einem angrenzenden Nachbarstaat stammen, oder aus Ausschuss- oder Recycling-Quellen kommen, muss das Unternehmen seine Feststellung offenlegen, indem es eine kurze Beschreibung der durchgeführten Prüfung und der entsprechenden Prüfungsergebnisse bei der US-Börsenaufsichtsbehörde einreicht (U.S. Securities and Exchange Commission, 2017). Die Beschreibung muss auch auf der Webseite des Unternehmens veröffentlicht werden (U.S. Securities and Exchange Commission, 2017).

Ergibt die Prüfung, dass die Konfliktmineralien aus der Demokratischen Republik Kongo oder einem angrenzenden Nachbarstaat stammen oder stammen könnten, und weiß das Unternehmen oder hat es Grund zu der Annahme, dass die Mineralien nicht aus Ausschuss- oder Recycling-Quellen kommen, dann muss das Unternehmen eine Sorgfaltsprüfung in Bezug auf die Quelle und die Produktkette seiner Mineralien durchführen (U.S. Securities and Exchange Commission, 2017). Die Maßnahmen der Sorgfaltsprüfung müssen einem anerkannten nationalen oder internationalen Due Diligence Rahmenwerk entsprechen (U.S. Securities and Exchange Commission,

---

16 Bei der Auftragsfertigung bezieht der Gesetzgeber alle Unternehmen ein, die einen wesentlichen Einfluss auf die Herstellung des entsprechenden Produktes nehmen (U.S. Securities and Exchange Commission, 2017). Ein Unternehmen hat dann keinen wesentlichen Einfluss auf die Herstellung, wenn es lediglich seine Marke, sein Logo oder sein Label auf ein allgemeines, durch Dritte hergestelltes, Produkt anbringt, wenn es ein Produkt, das durch Dritte gefertigt wurde, lediglich betreibt, wartet, oder repariert, oder wenn zwischen dem Auftraggeber und dem Hersteller vertragliche Konditionen vereinbart wurden, die sich nicht direkt auf die Herstellung des Produktes beziehen (U.S. Securities and Exchange Commission, 2017).

17 Da der Gesetzgeber sich das Recht vorbehält, die Liste der Konfliktmineralien zu erweitern, wird die Verfolgung der Definitionsentwicklung empfohlen.

2017). Hier verweist die U.S. Securities and Exchange Commission (2017) als Beispiel auf das OECD-Rahmenwerk „Leitsätze für die Erfüllung der Sorgfaltspflicht zur Förderung verantwortungsvoller Lieferketten für Minerale aus Konflikt- und Hochrisikogebieten". Die Maßnahmen und Ergebnisse der Sorgfaltsprüfung müssen in einem Konfliktmineralienbericht zusammengefasst werden (U.S. Securities and Exchange Commission, 2017).

Ergibt die Sorgfaltsprüfung, dass die Produkte DRC-konfliktfrei sind („DRC conflict free"),[18] müssen die folgenden Audit- und Zertifizierungsanforderungen erfüllt werden:

1. Der Konfliktmineralienbericht muss durch eine unabhängige Instanz aus dem privaten Sektor geprüft werden.
2. Die Prüfung muss zertifiziert werden.
3. Der Prüfungsbericht muss zu dem Konfliktmineralienbericht hinzugefügt werden.
4. Der Prüfer muss angegeben werden (U.S Securities and Exchange Commission, 2017).

Ergibt die Sorgfaltsprüfung, dass die Produkte nicht DRC-konfliktfrei sind, müssen die oben genannten Audit- und Zertifizierungsanforderungen erfüllt werden und zusätzlich dazu muss der Konfliktmineralienbericht um folgende Informationen ergänzt werden:

1. Spezifizierung der Produkte, die hergestellt oder zur Herstellung in Auftrag gegeben wurden, die nicht DRC-konfliktfrei sind
2. Spezifizierung der Anlagen, die verwendet wurden, um die Konfliktmineralien zu verarbeiten
3. Spezifizierung des Herkunftslandes der Konfliktmineralien
4. Möglichst genaue Beschreibung der Bestrebungen zur Bestimmung der Mine oder des Herkunftsortes (U.S Securities and Exchange Commission, 2017).

Der Konfliktmineralienbericht muss bei der US-Börsenaufsichtsbehörde eingereicht und der Öffentlichkeit zur Verfügung gestellt werden. Für Letzteres sieht die Gesetzgebung die Veröffentlichung des Berichts auf der Unternehmenswebseite vor (Dodd-Frank Wall Street Reform and Consumer Protection Act, 2010).

Hinsichtlich des Dodd-Frank Acts sollten folgende Fragen geklärt beziehungsweise Schritte eingeleitet werden:

1. Müssen die gesetzlichen Pflichten des Artikels 1502 des Dodd-Frank Acts erfüllt werden? (Hierzu müssen die oben zusammengefassten zwei Bedingungen geprüft werden) Wird diese Frage mit „Ja" beantwortet, siehe Punkte 2 bis 8.

---

18 DRC-konfliktfreie Produkte enthalten Konfliktmineralien aus der Demokratischen Republik Kongo oder einem angrenzenden Nachbarland, bewaffnete, nicht staatliche Gruppen werden durch sie aber weder finanziell noch anderweitig unterstützt (Dodd-Frank Wall Street Reform and Consumer Protection Act, 2010).

2. Zuständigkeitsklärung:
   Wer ist intern dafür verantwortlich sicherzustellen, dass die gesetzlichen Anforderungen erfüllt werden?

3. Ressourcenklärung:
   Welche Ressourcen müssen bereitgestellt werden, um die gesetzlichen Anforderungen zu erfüllen?

4. Durchführung einer Herkunftsprüfung:
   a) Ergibt die Prüfung, dass die Mineralien weder aus der Demokratischen Republik Kongo noch einem angrenzenden Nachbarstaat stammen, oder aus Ausschuss- oder Recycling-Quellen kommen: Erstellung einer kurzen Beschreibung der durchgeführten Prüfung und der entsprechenden Prüfungsergebnisse. Die Beschreibung muss bei der US-Börsenaufsichtsbehörde eingereicht und auf der Unternehmenswebseite veröffentlicht werden.
   b) Ergibt die Prüfung, dass die Mineralien nicht aus Ausschuss- oder Recycling-Quellen stammen und aus der Demokratischen Republik Kongo oder einem angrenzenden Nachbarstaat stammen oder stammen könnten, siehe unten.

5. Durchführung einer Sorgfaltsprüfung in Bezug auf die Quelle und die Produktkette der Mineralien. Die Maßnahmen der Sorgfaltsprüfung müssen einem anerkannten nationalen oder internationalen Due Diligence Rahmenwerk entsprechen. Die durchgeführten Maßnahmen und die Ergebnisse der Sorgfaltsprüfung müssen in einem Konfliktmineralienbericht zusammengefasst werden.

6. Ergibt die Sorgfaltsprüfung, dass die Produkte DRC-konfliktfrei sind, müssen alle gesetzlich geforderten Audit- und Zertifizierungsanforderungen erfüllt werden (siehe oben).

7. Ergibt die Sorgfaltsprüfung, dass die Produkte nicht DRC-konfliktfrei sind, müssen alle gesetzlich geforderten Audit- und Zertifizierungsanforderungen umgesetzt werden (siehe oben) und der Konfliktmineralienbericht um die gesetzlich geforderten Zusatzinformationen (siehe oben) ergänzt werden.

8. Der Konfliktmineralienbericht muss bei der US-Börsenaufsichtsbehörde eingereicht werden und der Öffentlichkeit, durch die Veröffentlichung des Berichts auf der Unternehmenswebseite, zur Verfügung gestellt werden.

ZUSAMMENFASSUNG

2.1.3 Dodd-Frank Act

- Bei dem Dodd-Frank Wall Street Reform and Consumer Protection Act (kurz Dodd-Frank Act) handelt es sich um ein US-amerikanisches Gesetz, das im Jahre 2010 als Reaktion auf die 2007 ausgelöste Finanzmarktkrise verabschiedet wurde.

- Primär verfolgt das Gesetz das Ziel, die Rechenschaftspflicht und die Transparenz im Finanzsektor zu optimieren, den amerikanischen Steuerzahler vor Bail-outs zu schützen und Konsumenten vor missbräuchlichen Finanzdienstleistungspraktiken zu bewahren.
- Darüber hinaus adressiert das Gesetz mit Artikel 1502 den Umgang mit Konfliktmineralien, die aus der Demokratischen Republik Kongo oder einem angrenzenden Nachbarstaat stammen.
- Die Pflichten des Artikels 1502 des Dodd-Frank Acts gelten für alle Unternehmen, die die folgenden zwei Bedingungen erfüllen: Es handelt sich um ein Unternehmen, das nach dem US Wertpapierhandelsrecht gegenüber der US-Börsenaufsicht berichtspflichtig ist, und Produkte herstellt oder zur Herstellung in Auftrag gibt, bei denen Konfliktmineralien für die Herstellung oder für die Funktion des Produktes notwendig sind.
- Für Unternehmen, die die zwei Voraussetzungen erfüllen, statuiert Artikel 1502 des Dodd-Frank Acts bestimmte Prüfungs- und Offenlegungspflichten.

2.2 Risiken

Im vorigen Kapitel wurde verdeutlicht, dass es Gesetze gibt, die Unternehmen, unter gewissen Voraussetzungen, Nachhaltigkeitspflichten in Bezug auf die vorgelagerte Lieferkette auferlegen. Folglich repräsentiert die bestehende Gesetzgebung einen Grund für die Etablierung eines nachhaltigen Lieferkettenmanagements. Ein weiterer Grund ist die Reduktion von Risiken. Ziel dieses Kapitels ist es aufzuzeigen, welchen Risiken Unternehmen im spezifischen Kontext der nachhaltigkeitsorientierten Beschaffung ausgesetzt sein können.

Aufgrund einer Vielzahl politischer Bestrebungen ist zunächst einmal davon auszugehen, dass sich die gesetzlichen Nachhaltigkeitsanforderungen in Zukunft weiter verschärfen werden. Nennenswert ist hier zuvorderst die Agenda 2030. Hierbei handelt es sich um eine globale Nachhaltigkeitsstrategie, die 2015 auf einem Gipfel der Vereinten Nationen einstimmig durch die Weltgemeinschaft verabschiedet wurde und für alle Staaten dieser Welt gilt (Bundesministerium für wirtschaftliche Zusammenarbeit und Entwicklung, 2018). Sie beinhaltet 17 Ziele (die sogenannten *Sustainable Development Goals*, kurz SDGs), um die dringendsten sozialen, ökonomischen und ökologischen Herausforderungen zu lösen und eine nachhaltige und gerechte Welt zu etablieren (DGCN, 2017). Zu den Zielen gehört beispielsweise die Umsetzung von Maßnahmen zum Klimaschutz, die Bekämpfung von Hunger und Armut sowie die Etablierung menschenwürdiger Arbeit; vgl. Abbildung 2.1.[19]

---

19 Weiterführende Informationen zur Agenda 2030 sind online verfügbar auf der Webseite der United Nations.

Abb. 2.1: Die Agenda 2030 für nachhaltige Entwicklung. Quelle: United Nations (2019a)[20]

Auf dem 41. G7-Gipfel (2015 in Elmau) wurde die Förderung von nachhaltigen globalen Lieferketten als konkretes Ziel festgelegt. So wurde in der G7 Abschlusserklärung verkündet, dass die Staats- und Regierungschefs die Förderung von Arbeitnehmerrechten, guten Arbeitsbedingungen und des Umweltschutzes in globalen Lieferketten anstreben (G7 Abschlusserklärung, 2015). Zu den konkreten Zielen der G7-Gruppe gehört die Erhöhung der Transparenz, die Optimierung der Risikohandhabung und die Verbesserung der Beschwerdemechanismen in globalen Lieferketten (G7 Ministererklärung, 2015). In ihrer Abschlusserklärung lässt die G7-Gruppe zudem verlauten, dass sie *„eine bessere Anwendung international anerkannter Arbeits-, Sozial- und Umweltstandards, -grundsätze und -verpflichtungen (insbesondere von Übereinkünften der VN, der OECD und der IAO sowie anwendbarer Umweltabkommen) in globalen Lieferketten"* anstrebt (G7 Abschlusserklärung, 2015, S.7).[21]

Weitere politische Bestrebungen, die auf strengere Regulierungen hindeuten, können aus der CSR-Strategie der EU abgeleitet werden. So erklärt die Europäische Kommission (2011a), dass sie sich für verantwortliches unternehmerisches Handeln

---

20 United Nations hat der Veröffentlichung der Abbildung im Buch zugestimmt unter der Voraussetzung, dass wir darauf hinweisen, dass die Inhalte unserer Publikation nicht durch United Nations geprüft wurden und nicht die Ansichten von United Nations oder ihren Vertretern oder offiziellen Mitgliedstaaten widerspiegeln; Originaltext in englischer Sprache *„The content of this publication has not been approved by the United Nations and does not reflect the views of the United Nations or its officials or Member States"*.
21 Um das Thema nachhaltiger globaler Lieferketten zu fördern, haben die G7-Staaten 2015 den Aktionsplan „Action for Fair Production" beschlossen (Die Bundesregierung, 2016b).

einsetzt und hierbei die Förderung der sozialen und ökologischen Verantwortung über die gesamte Lieferkette einbezieht. Der Fokus dieser Bestrebungen liegt darauf, die Rechenschaftspflicht von Unternehmen sicherzustellen, die Transparenz zu erhöhen und Marktanreize für verantwortliches unternehmerisches Handeln zu schaffen (Europäische Kommission, 2011a). Diese Ziele konkretisiert die Europäische Kommission (2011a) dahingehend, dass sie sich für eine größere Verbreitung international anerkannter CSR-Leitlinien und Grundsätze einsetzt und hierbei eine intelligente Kombination aus freiwilligen Maßnahmen und ergänzenden Rechtsvorschriften anstrebt.

Dass die regulativen Eingriffe in den nächsten Jahren weiter zunehmen werden, lässt sich, mit Fokus auf den Europäischen Raum, auch auf Basis des 2011 verabschiedeten Fahrplans der Europäischen Kommission *„Für ein ressourcenschonendes Europa"* ableiten. Die Europäischen Kommission (2011b) hat eine Vielzahl an Strategien entwickelt, die die Wirtschaft der Europäische Union bis spätesten 2050 so umgestalten sollen, dass die Ressourcenknappheit und die Grenzen des Planeten respektiert werden. Hierzu hat die Europäische Kommission (2011b) unterschiedliche Etappenziele definiert, die bis spätestens 2020 umgesetzt werden sollen. Zu den verabschiedeten Zielen gehört beispielsweise die Abschaffung von Subventionen mit potenziell nachteiligen Auswirkungen auf die Umwelt sowie die Festlegung von Mindest-Umweltleistungsstandards, um Erzeugnisse mit der schlechtesten Ressourceneffizienz vom Markt zu entfernen (Europäische Kommission, 2011b). Zur Erreichung der Ziele sollen unterschiedliche marktorientierte Instrumente wie neue Umweltgesetze, steuerliche Anreize oder Regelungen für handelbare Zertifikate genutzt werden. Die Europäische Kommission (2011b) erklärt in ihrem Bericht, dass sie Strategiepapiere und Legislaturvorschläge zur Realisierung und Durchsetzung der festgelegten Ziele ausarbeiten wird.

Darüber hinaus müssen Unternehmen künftig mit strengeren Anforderungen zur Wahrung von Menschenrechten rechnen. Der Menschenrechtsrat der Vereinten Nationen hat 2011 die Leitprinzipien für Wirtschaft und Menschenrechte verabschiedet. Diese machen deutlich, *„dass auch Unternehmen eine gesellschaftliche Verantwortung zur Achtung der Menschenrechte zukommt"* und fordern Staaten dazu auf, Rechtsvorschriften durchzusetzen, die diese Achtung von Unternehmen einfordern (Auswärtiges Amt, 2017, S. 5). Unternehmen wird dabei nicht nur Verantwortung zugeschrieben für menschenrechtliche Folgen, die durch eigene Tätigkeiten verursacht werden, sondern auch für Auswirkungen, die infolge von Geschäftsbeziehungen mit anderen Parteien entstehen (DGCN, 2014). Unternehmen werden dazu aufgefordert, negative menschenrechtliche Auswirkungen zu verhindern oder zu mildern, die aufgrund einer Geschäftsbeziehung mit diesen unmittelbar verbunden sind, selbst wenn sie nicht selbst zu diesen Effekten beitragen (DGCN, 2014). Dies schließt auch Geschäftsbeziehungen ein, bei denen keine direkte Vertragsverbindung besteht (Auswärtiges Amt, 2017). Der zugeschriebene menschenrechtliche Verantwortungsbereich bezieht sich somit nicht nur auf die eigenen Mitarbeiter, sondern auch auf Beschäftigte in der Lieferkette, Kunden, Anwohner, usw. (Auswärtiges Amt, 2017). Die Verantwortung zur Achtung der Menschenrechte wird dabei allen Unternehmen zugeschrieben, unabhängig von Faktoren wie Größe, Branche, operativem Umfeld und Eigentumsverhältnissen (Auswärtiges Amt, 2017).

Die EU-Kommission hat alle Mitgliedstaaten dazu aufgefordert, nationale Aktionspläne zur Umsetzung der VN-Leitprinzipien zu entwickeln (Auswärtiges Amt, 2017). Zu den Ländern, die dieser Aufforderung bereits gefolgt sind, gehört beispielsweise Deutschland. So hat die Bundesregierung im Jahr 2016 den Nationalen Aktionsplan Wirtschaft und Menschenrechte (kurz NAP) veröffentlicht. Dieser umfasst fünf Kernelemente der menschenrechtlichen Sorgfaltspflicht; siehe Abbildung 2.2.

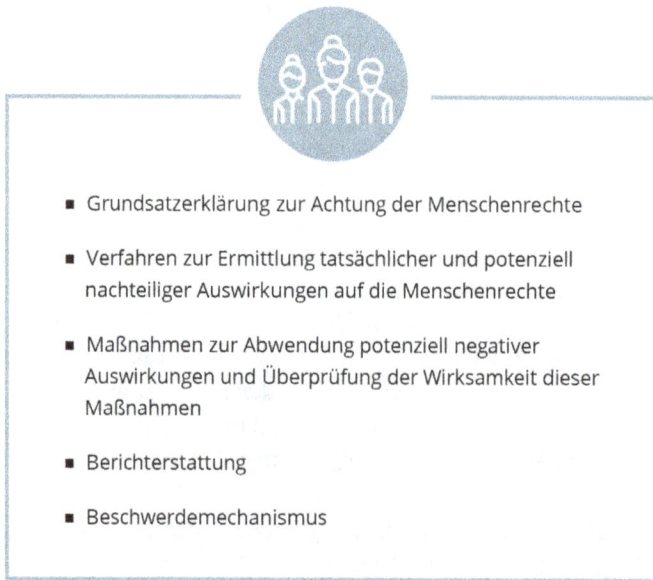

- Grundsatzerklärung zur Achtung der Menschenrechte

- Verfahren zur Ermittlung tatsächlicher und potenziell nachteiliger Auswirkungen auf die Menschenrechte

- Maßnahmen zur Abwendung potenziell negativer Auswirkungen und Überprüfung der Wirksamkeit dieser Maßnahmen

- Berichterstattung

- Beschwerdemechanismus

Abb. 2.2: Kernelemente menschenrechtlicher Sorgfaltspflicht. Quelle: eigene Darstellung in Anlehnung an die Bundesregierung (2017)

> **PRAXISHINWEIS**
>
> Die Details zu den Anforderungen des NAPs sind auf der Webseite des BMAS veröffentlicht. Darüber hinaus betreut die Agentur für Wirtschaft und Entwicklung (AWE) den NAP-Helpdesk, der Unternehmen eine individuelle Beratung zu den Anforderungen des NAPs bietet.

Zum gegenwärtigen Zeitpunkt können Unternehmen die Anforderungen des NAPs auf freiwilliger Basis erfüllen. Die Bundesregierung hat sich allerdings das Ziel gesetzt, dass bis 2020 mindestens 50 % aller in Deutschland ansässigen Unternehmen, mit mehr als 500 Beschäftigten, die fünf Elemente der menschenrechtlichen Sorgfalts-pflicht in ihren Prozessen implementiert haben (Auswärtiges Amt, 2017). Sollte dieses Ziel nicht erreicht werden, wird die Bundesregierung weitergehende Maßnahmen bis hin zur Etablierung gesetzlicher Regulierungen prüfen (Auswärtiges Amt, 2017). Dar-über hinaus plant die Bundesregierung zu prüfen, welcher Aufwand Unternehmen entsteht, wenn sie sich NAP-konform verhalten, um in Zukunft gegebenenfalls auch Unternehmen mit einer geringeren Mitarbeiterzahl zu erfassen (Auswärtiges Amt, 2017). Demzufolge müssen Unternehmen erstens damit rechnen, dass die gegenwär-tig freiwillige Erfüllung der NAP-Anforderungen gegebenenfalls zu einer gesetzlichen Pflicht wird und zudem, dass künftig auch Unternehmen mit einer geringeren Mitar-beiterzahl adressiert werden.

Die Annahme, dass es rechtliche Verschärfungen geben wird, basiert nicht zuletzt auf der Resolution 26/9 des Menschenrechtsrats der Vereinten Nationen. In dieser Re-solution wird das Ziel der Ausarbeitung eines international rechtlich verbindlichen Instruments zur Regulierung von unternehmerischen Aktivitäten, innerhalb der in-ternationalen Menschenrechtsnormen, erklärt (United Nations Human Rights Coun-cil, 2017).[22] Zu diesem Zweck wurde die zwischenstaatliche Arbeitsgruppe „*working group on transnational corporations and other business enterprises with respect to hu-man rights*" gegründet. Die Arbeitsgruppe erarbeitet gegenwärtig ein Instrument, das die Zuständigkeit von transnational agierenden Unternehmen und anderen Handels-unternehmen im internationalen Menschenrecht reguliert. Die Möglichkeit für Unter-nehmen sich bei Menschenrechtsverletzungen, die im Ausland stattfinden, aufgrund von fehlenden Zuständigkeitsklarheiten im internationalen Rechtskontext, der Haf-tung zu entziehen, soll künftig unterbunden werden (Long, 2017). Das Instrument soll sicherstellen, dass Menschen, die aufgrund von unternehmerischen Handlungen Menschenrechtsverletzungen zum Opfer fallen, ihre Schadensersatzansprüche, so-wohl im strafrechtlichen als auch im zivilrechtlichen Haftungskontext, durchsetzen können (Long, 2017). Zum gegenwärtigen Zeitpunkt lässt sich allerdings noch nicht abschätzen, welche konkrete Regulierungsverschärfung daraus in Bezug auf Zuliefe-rer resultieren könnte.[23]

Zusätzlich zu den dargelegten Regulierungsrisiken sind Unternehmen dem Risiko einer Verknappung von natürlichen Ressourcen (kurz Ressourcen)[24] ausgesetzt. Laut der European Environment Agency (2015) ist der globale Ressourcenbedarf seit Be-

---

22 Weiterführende Informationen zur Resolution 26/9 sind auf der Webseite von United Nations OHCHR verfügbar.
23 Der aktuelle Stand der Arbeitsgruppe kann auf der OHCHR-Webseite abgerufen werden.
24 Natürliche Ressourcen lassen sich gemäß Hesse und Hohaus (2012) unterteilen in Wasser, Boden, Luft und Rohstoffe. Letztere können wiederum unterschieden werden nach biotischen Rohstoffen aus der Landwirtschaft, Forstwirtschaft und Fischerei und nach abiotischen Rohstoffen (fossile Brennstof-fe, Metallerze, Industrieminerialien und Baustoffe); vgl. Hesse und Hohaus (2012).

ginn des 20ten Jahrhunderts erheblich gestiegen und wird weiter zunehmen.[25] Die OECD (2015) hat ermittelt, dass sich der weltweite Ressourcenverbrauch (unter anderem von Biomasse, Industriemineralien und fossilen Energieträgern) seit 1980 auf knapp 72 Gigatonnen im Jahr 2010 verdoppelt hat und bis 2030 auf voraussichtlich 100 Gigatonnen ansteigen wird. Als Folge dieser Entwicklung wird sich der Wettbewerb um eine Vielzahl von Ressourcen in den nächsten 20 Jahren intensivieren und in höheren Preisen niederschlagen (KPMG, 2012). Oder wie es die Europäische Kommission (2011b, S. 3) formuliert:

> *Trends deuten [...] darauf hin, dass die Zeit der im Überfluss vorhandenen und preisgünstigen Ressourcen vorüber ist.*

Bereits heute gibt der Markt durch erhöhte Rohstoffpreise Signale für die Knappheit bestimmter Ressourcen (Europäische Kommission, 2011b). Selbst wenn ein Rohstoff in der Erdkruste grundsätzlich langfristig vorhanden ist, wie zum Beispiel bei Kohle, Erdgas oder Metallen der Fall, kann der Ausbau der Produktionskapazitäten in vielen Fällen nicht mit dem Wachstum der Nachfrage Schritt halten (Deutscher Bundestag, 2013). Wie der Deutsche Bundestag (2013) feststellt, können Ressourcenknappheiten zu vielfältigen Nutzungs- und Verteilungskonflikten führen. Allerdings sollte bei solchen Prognosen stets bedacht werden, dass Veränderungen wie zum Beispiel neue Technologien auch eine gegenteilige Wettbewerbs- beziehungsweise Preisentwicklung auslösen können.

Eine weitere zentrale globale Entwicklung, die mit beschaffungsrelevanten Risiken einhergeht, ist die Freisetzung von Treibhausgas-Emissionen und die damit höchstwahrscheinlich verbundene globale Erderwärmung. Laut jüngstem IPCC (2014) Bericht sind anthropogene Treibhausgas-Emissionen überwiegend zurückzuführen auf das Wirtschafts- und Bevölkerungswachstum und heutzutage höher als jemals zuvor. Zur Veranschaulichung dieser Entwicklung werden die anthropogenen Treibhausgas-Emissionen zwischen 1970 und 2010, sortiert nach Gruppen von Gasen, in der Abbildung 2.3 grafisch dargestellt.

Wie man der Abbildung 2.3 entnehmen kann, sind die Treibhausgas-Emissionen seit 1970 relativ stark gestiegen. Laut IPCC (2014) ist es äußerst wahrscheinlich, dass die anthropogenen Treibhausgas-Emissionen für die sukzessive Erderwärmung verantwortlich sind.[26] Jedes der letzten drei Jahrzehnte war, wie IPCC (2014, S. 2) fest-

---

25 Der steigende Ressourcenbedarf ist auf die Faktoren wachsende Weltbevölkerung (diese hat sich seit 1950 mehr als verdoppelt (United Nations, 2013) und soll von aktuellen 7,6 Milliarden Menschen bis 2050 auf insgesamt 9,8 Milliarden Menschen ansteigen (United Nations, 2019b)), die rapide industrielle Transformation von Entwicklungsländern (KPMG, 2012), das rasante Wirtschaftswachstum der Schwellenländer (Bundesanstalt für Geowissenschaften und Rohstoffe, 2010) und den Anstieg der globalen Mittelklasse (European Environment Agency, 2015) zurückzuführen.
26 IPCC (2014) definiert den Ausdruck „äußerst wahrscheinlich" mit einer 95–100 prozentigen Wahrscheinlichkeit.

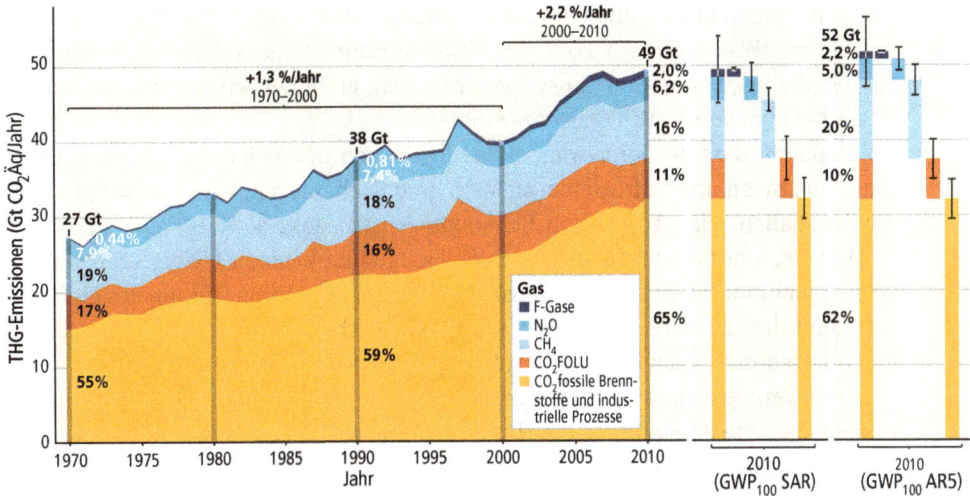

Abb. 2.3: Gesamte jährliche anthropogene Treibhausgas-Emissionen nach Gruppen von Gasen im Zeitraum 1970–2010. Quelle: IPCC (2014)

stellt, *„sukzessive wärmer als alle vorangegangenen Jahrzehnte seit 1850"*. Zur Veranschaulichung dieser Entwicklung, wird die global gemittelte kombinierte Land- und Ozeanoberflächentemperatur-Anomalie in der Abbildung 2.4 dargestellt.

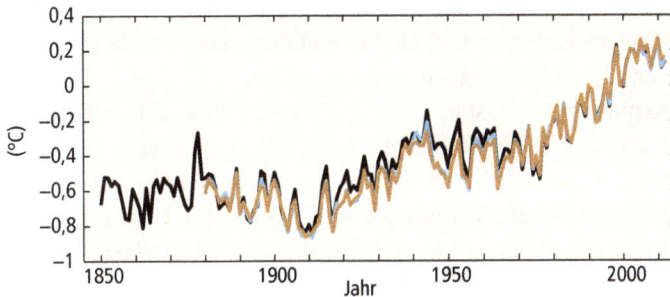

Abb. 2.4: Jährlich und global gemittelte kombinierte Land- und Ozeanoberflächentemperatur-Anomalie, bezogen auf das Mittel des Zeitraums 1986 bis 2005. Quelle: Nach Abbildung SPM.1 (Teilgrafik (a)) aus IPCC (2014)

Laut IPCC (2014) führen die klimatischen Veränderungen dazu, dass das Risiko schwerwiegender, weitverbreiteter und in einigen Fällen irreversibler Folgen für menschliche und natürliche Systeme zunimmt. Zu den Schlüsselrisiken des Klimawandels gehören gemäß IPCC (2014): Zunahme von Schäden durch extreme Hitzeereignisse und Flächenbrände, vermehrte Überschwemmungen und Erdrutsche, Küstenüberschwemmungen und Lebensraumverluste, vermindertes Fischfangpotenzial, verminderte Wasserverfügbarkeit, verminderte Ernteerträge, erhöhte Nahrungsmittelknappheiten, Verlust von Ökosystemleistungen, Einbußen wirtschaftlicher Stabilität bis hin zum Verlust von Existenzgrundlagen.[27]

Dadurch, dass der Klimawandel das Risiko von beispielsweise Bränden, Überschwemmungen und Erdrutschen steigert, sind Sachanlagen, wie zum Beispiel Produktionshallen, einem erhöhten Schädigungsrisiko ausgesetzt (KPMG, 2012). Die Schädigung einer Produktionshalle eines Lieferanten kann zu Lieferverzögerungen und im schlimmsten Fall zu Lieferausfällen führen. Je nach Bedeutung des Lieferanten, kann dies zu kritischen Engpässen beim beschaffenden Unternehmen führen und infolgedessen auch finanzielle Folgen haben (Berzau, 2017).

Lieferverzögerungen beziehungsweise -ausfälle können auch dadurch verursacht werden, dass die Produktion eines (Unter-)Lieferanten wegen Verstößen gegen Nachhaltigkeitsgesetze, wie zum Beispiel einer Verletzung bestimmter Grenzwerte, zeitweise oder dauerhaft eingestellt werden muss (econsense, 2017). Ebenso können Lieferverzögerungen beziehungsweise -ausfälle entstehen aufgrund mangelhafter Arbeitsschutzstandards bei einem (Unter-)Lieferanten.

Unternehmen sind heutzutage darüber hinaus zunehmend einer Öffentlichkeit ausgesetzt, die sie für soziale und ökologische Auswirkungen in der Lieferkette zur Verantwortung zieht (Parmigiani et al., 2011). Werden Missstände in der Lieferkette aufgrund von beispielsweise Medienberichten oder NGO-Kampagnen publik, besteht das Risiko von Reputationsverlusten und Markenimageschäden. So erlitt zum Beispiel der Konzern Nike erhebliche Imageverluste, als Berichte über Kinderarbeit bei Nikes Zulieferern veröffentlicht wurden (Sievers, 2011).[28] Wie Seuring und Müller (2013) darlegen, sind von Reputationsverlusten besonders Unternehmen betroffen, die mit einer Marke den unmittelbaren Kontakt zu Verbrauchern herstellen.

Zum Risiko von Reputationsverlusten beziehungsweise Markenimageschäden kommen Absatzrisiken hinzu. Wie die Bundesregierung (2016a) konstatiert, fließen in die Kaufentscheidung von Verbrauchern vermehrt Informationen über das Unternehmen in Bezug auf Faktoren wie die Achtung der Menschenrechte, Umweltbelange oder soziale Belange. Bei sozial-ökologischen Missständen in der Lieferkette besteht das Risiko, dass sich Verbraucher gegen den Kauf eines Produktes beziehungsweise einer Dienstleistung entscheiden. So haben beispielsweise Hartmann und Moeller

---

27 Die klimawandelbedingten Risiken variieren hinsichtlich ihrer geografischen Relevanz. Einige der Risiken sind von regionaler und andere von globaler Relevanz (IPCC, 2014). Die Risiken unterscheiden sich auch in Bezug auf ihr Reduktionspotenzial. Das heißt durch Maßnahmen zur Entgegensteuerung der prognostizierten Erderwärmung können die Risiken in unterschiedlichem Maße reduziert werden (IPCC, 2014). Weiterführende Informationen können dem IPCC Bericht „Klimaänderung 2014 Syntheseseicht Zusammenfassung für politische Entscheidungsträger" entnommen werden.
28 Nennenswert ist hier beispielsweise auch die Kampagne „This is what we die for" von Amnesty International und die Palmöl-Kampagne von Greenpeace gegen Nestlé.

(2014) in einer Studie gezeigt, dass bei einem nicht nachhaltigen Ereignis in der Lieferkette, der Markt das fokale Unternehmen für das Verhalten der Lieferanten maßregeln wird. Rund 75 % der Befragten gaben an, dass sie von einem Unternehmen nicht mehr kaufen würden, wenn sie von einem nicht nachhaltigen Vorfall in der Lieferkette erfahren würden (Hartmann und Moeller, 2014). Dabei haben Hartmann und Moeller (2014) festgestellt, dass die organisatorische Distanz (die Anzahl der Stufen, die ein Unternehmen von einem Lieferanten trennt) bei der Verantwortungszuschreibung keine Rolle spielt. Allerdings sollte bei solchen Studien immer bedacht werden, dass eine Diskrepanz bestehen kann zwischen dem was Probanden angeben und ihrem tatsächlichen (Kauf-)Verhalten.

Wie eine stichprobenartige Auswertung 100 publizierter Nachhaltigkeitsberichte deutscher Großunternehmen aus den Jahren 2018 und 2017 zeigt, kann eine unzureichende Nachhaltigkeitsleistung in der Lieferkette auch im B2B-Bereich ein Absatzrisiko darstellen. Die Auswertung der Berichte hat ergeben, dass es Unternehmen gibt, die vor einer Auftragsvergabe die Nachhaltigkeitsleistung des potenziellen Lieferanten prüfen und hierbei teilweise auch die vorgelagerte Lieferkette einbeziehen; vgl. beispielsweise die Nachhaltigkeitsberichte von Evonik (2018), Hochtief (2018), Merck (2018), Bilfinger (2017), Henkel (2017), Hewlett-Packard (2017) und BMW Group (für Letzteres siehe Praxisbeispiel 5.1 in Kapitel 5).

Die obigen Ausführungen verdeutlichen, dass Unternehmen im nachhaltigkeitsspezifischen Lieferkettenkontext unterschiedlichen Risiken ausgesetzt sein können, die als Regulierungsrisiken, Versorgungsrisiken, Kostenerhöhungsrisiken, Reputationsrisiken sowie Absatzrisiken zusammengefasst werden können; siehe Abbildung 2.5.

Abb. 2.5: Unternehmensrisiken im nachhaltigkeitsspezifischen Lieferkettenkontext. Quelle: eigene Darstellung

ZUSAMMENFASSUNG

2.2 Risiken

– Eine Vielzahl politischer Bestrebungen lässt erkennen, dass Unternehmen künftig strengeren Nachhaltigkeitsregulierungen ausgesetzt sein werden.
– Da der globale Ressourcenbedarf seit Beginn des 20ten Jahrhunderts erheblich gestiegen ist und weiter zunimmt, wird sich der Wettbewerb um eine Vielzahl von Ressourcen in den nächsten 20 Jahren intensivieren und in höheren Preisen niederschlagen.
– Der Klimawandel erhöht darüber hinaus das Risiko von Lieferverzögerungen/-ausfällen aufgrund von physischen Schäden.
– Lieferverzögerungen beziehungsweise -ausfälle können auch durch nachhaltigkeitsrelevantes Fehlverhalten eines (Unter-)Lieferanten verursacht werden, wie Verstöße gegen Nachhaltigkeitsgesetze oder unzureichende Arbeitsschutzstandards.
– Unternehmen sind heutzutage zunehmend einer Öffentlichkeit ausgesetzt, die sie für sozial-ökologische Missstände in der Lieferkette zur Verantwortung zieht; werden Missstände in der Lieferkette durch beispielsweise Medien- oder NGO-Berichte publik, besteht das Risiko von Reputationsverlusten und Markenimageschäden.
– Nachhaltigkeitsmissstände in der Lieferkette können auch ein Absatzrisiko im B2C- und B2B-Bereich darstellen.

2.3 Chancen

Die Chancen, die ein nachhaltiges Lieferkettenmanagement eröffnet, sind oftmals eng gekoppelt an die zuvor beschriebenen Risiken. So bietet ein nachhaltiges Lieferkettenmanagement zunächst einmal Kostenreduktionspotenziale (Schaltegger und Harms, 2010). Wie United Nations Global Compact (2015) feststellt, liegt in effizienter gestalteten Prozessen und Systemen die Chance, den Bedarf an Einsatzgütern zu verringern und infolgedessen die Kosten zu reduzieren. Kosten können auch dann sinken, wenn durch die Gewährleistung hoher Arbeitssicherheits- und Gesundheitsschutzstandards Unfälle vermieden werden und die Produktivität gesteigert wird (Bundesministerium für Umwelt, Naturschutz, Bau und Reaktorsicherheit und Umweltbundesamt, 2017). Insbesondere vor dem Hintergrund steigender Ressourcenpreise (vgl. Kapitel 2.2) können Kostensenkungspotenziale eine wichtige Chance darstellen.

Im vorigen Kapitel wurde dargelegt, dass künftig höchstwahrscheinlich strengere Nachhaltigkeitsregulierungen gelten werden. Eine frühzeitige Umstellung auf die prognostizierten rechtlichen Verschärfungen bietet den Vorteil auf Anforderungen nicht unvorbereitet zu treffen und somit Regulierungssicherheit zu generieren. Wie Bogaschewsky (2004) konstatiert, ist eine frühzeitige Anpassung an zukünftige Verschärfungen oftmals auch kostengünstiger als reaktives Handeln nach dem Erlassen neuer Vorschriften.

Im vorigen Kapitel wurde auch das Risiko von Lieferverzögerungen beziehungsweise -ausfällen beschrieben aufgrund eines nachhaltigkeitsrelevanten Fehlverhaltens eines (Unter-)Lieferanten. In der Sicherstellung hoher Nachhaltigkeitsstandards bei (Unter-)Lieferanten liegt die Chance, das Risiko für Lieferkettenstörungen, die auf nachhaltigkeitsspezifische Missständen zurückzuführen sind, zu reduzieren.

Die hier genannten Potenziale werden auch durch eine im Jahr 2017 durchgeführte Umfrage bestätigt: Bruel et al. (2017) haben 360 Unternehmen gefragt, welche Vorteile sie haben, die direkt auf die nachhaltige Beschaffung zurückzuführen sind. Ein Viertel der Unternehmen nannte Kosteneinsparungen und die Reduktion von Lieferkettenstörungen.

Nennenswert in diesem Zusammenhang ist auch eine empirische Untersuchung von Ferri und Pedrini (2017). Sie haben nachgewiesen, dass die Integration von sozialen Faktoren in den Beschaffungsprozess positive Auswirkungen auf die Risikominderung[29] hat. Die positiven Auswirkungen auf die Risikominderung entstehen einerseits, wenn soziale Kriterien bei der Lieferantenauswahl berücksichtigt werden. Andererseits entstehen positive Auswirkungen auf die Risikominderung, wenn bei bestehenden Lieferanten Maßnahmen (beispielsweise Schulungen zu sozialen Themen, Audits, usw.) umgesetzt werden, um die Einhaltung der sozialen Vorgaben sicherzustellen (Ferri und Pedrini, 2017). Ferri und Pedrini (2017) kommen ferner zu dem Ergebnis, dass die Auswahl von Lieferanten auf Basis von ökologischen Faktoren die Risikominderung und die Wettbewerbsfähigkeit[30] des beschaffenden Unternehmens positiv beeinflusst. Des Weiteren bestätigen sie in ihrer Studie, dass wenn bei bestehenden Lie-

---

29 Risikominderung wird in dieser Studie definiert als die Reduktion oder Vermeidung potenzieller Schäden oder Verluste aufgrund von suboptimalem Verhalten von Lieferanten oder die Erzielung von Verbesserungen durch die Anpassung von Fehlverhalten seitens Lieferanten; vgl. Ferri und Pedrini (2017). In ihrer Studie haben Ferri und Pedrini (2017) die Risikominderung anhand der folgenden Kriterien untersucht: soziale/ökologische Risikominderung, erhöhte Produkt- und Prozesssicherheit, reduziertes Risiko von Lieferkettenstörungen und Verringerung der Nichteinhaltung.
30 Die „Wettbewerbsfähigkeit" definieren Ferri und Pedrini (2017, S. 881) als *die langfristige Performance eines Unternehmens im Vergleich zu der seiner Wettbewerber"*. Originaltext: *„a firm's long-term performance compared to its competitors"*. (Übersetzt von den Autoren). In ihrer Studie haben Ferri und Pedrini (2017) die Auswirkungen auf die Wettbewerbsfähigkeit anhand der folgenden fünf Kriterien untersucht: neue Marktchancen, Produktpreiserhöhung, Gewinnmargen, Umsatz und Marktanteil.

feranten Maßnahmen zur Einhaltung der ökologischen Vorgaben umgesetzt werden,[31] dies positive Auswirkungen auf die wirtschaftliche Performance des beschaffenden Unternehmens hat, in Form von verbesserter Effizienz, Produktivitätserhöhung, Qualitätssteigerungen und Kosteneinsparungen. Bei den Forschungsergebnissen von Ferri und Pedrini sollte allerdings bedacht werden, dass die Faktoren wirtschaftliche Performance und Wettbewerbsfähigkeit von einer Vielzahl unterschiedlicher Faktoren beeinflusst werden können. Ferner ist bisher auch noch nicht wissenschaftlich untersucht worden, ob die Umsatzsteigerungs- beziehungsweise Kostensenkungspotenziale, die ein nachhaltiges Lieferkettenmanagement bietet, die Ausgaben für die Einführung sowie Unterhaltung eines SSCM-Systems übersteigen.

Im vorigen Kapitel wurde beschrieben, dass wenn Nachhaltigkeitsmissstände in der Lieferkette durch beispielsweise NGO-Kampagnen oder Medienberichte publik werden, Reputationsverluste beziehungsweise Markenimageschäden entstehen können. In der Sicherstellung hoher Nachhaltigkeitsstandards in der Lieferkette liegt folglich die Chance, das eigene Unternehmen vor öffentlichen Skandalen zu schützen, die sich negativ auf die Reputation beziehungsweise das Markenimage auswirken können. Hoejmose et al. (2014) haben in einer empirischen Untersuchung zudem nachgewiesen, dass ein nachhaltiges Lieferkettenmanagement die Unternehmensreputation auch verbessern kann. In einer Umfrage von Bruel et al. (2017) haben darüber hinaus über 70 % der Unternehmen angegeben, dass eine nachhaltige Beschaffung zu einem besseren Markenimage führt.

Im vorigen Kapitel wurde auch thematisiert, dass in die Kaufentscheidung der Verbraucher vermehrt sozial-ökologische Erwägungen einfließen und Missstände in der Lieferkette dazu führen können, dass sie sich gegen den Kauf eines Produktes beziehungsweise einer Dienstleistung entscheiden. Umgekehrt können sich Verbraucher aber auch gerade aufgrund hoher Nachhaltigkeitsstandards für den Kauf eines Produktes beziehungsweise einer Dienstleistung entscheiden. Laut United Nations Global Compact (2015) kann der Faktor Nachhaltigkeit ein Differenzierungsmerkmal darstellen und zu Umsatzsteigerungen führen. Allerdings konstatieren Beske und Seuring (2014), dass es für Unternehmen inzwischen schwieriger geworden ist, sich auf Basis von Nachhaltigkeitspraktiken zu differenzieren aufgrund der weiten Verbreitung von Nachhaltigkeit.

In Kapitel 2.2 wurde geschildert, dass eine unzureichende Nachhaltigkeitsleistung in der Lieferkette auch mit Absatzrisiken im B2B-Bereich einhergehen kann. Die Sicherstellung hoher Nachhaltigkeitsstandards in der Lieferkette repräsentiert folglich auch dahingehend eine Chance, dass sie diesem Absatzrisiko entgegenwirkt.

---

31 Die Maßnahmen stimmen gemäß Ferri und Pedrini (2017) mit denen im sozialen Kontext überein. Folglich handelt es sich beispielsweise um Schulungen oder Audits, die bei den Lieferanten durchgeführt werden.

Auch Investoren achten zunehmend darauf, wie gut Unternehmen im Bereich SSCM aufgestellt sind. United Nations Global Compact (2015) erklärt, dass Investoren sicherstellen möchten, dass Unternehmen wesentliche Risiken in ihrer Lieferkette kennen und lindern. Insofern bietet ein nachhaltiges Lieferkettenmanagement schließlich auch die Chance, steigenden Erwartungen seitens Investoren gerecht zu werden.

Die obigen Ausführungen verdeutlichen, dass ein nachhaltiges Lieferkettenmanagement Unternehmen vielfältige Chancen bieten kann, die zusammengefasst werden können als Regulierungssicherheit, Reduktion von Lieferkettenstörungen, Erfüllung steigender Stakeholder-Erwartungen, Schutz und Verbesserung der Reputation sowie positive Auswirkungen auf die wirtschaftliche Performance und die Wettbewerbsfähigkeit; siehe Abbildung 2.6.

Reduktion von
Lieferkettenstörungen

Regulierungssicherheit

Erfüllung steigender
Stakeholder-Erwartungen

CHANCEN

Schutz und Verbesserung
der Reputation

Positive Auswirkungen auf die
wirtschaftliche Performance

Positive Auswirkungen auf
die Wettbewerbsfähigkeit

Abb. 2.6: Unternehmenschancen im nachhaltigkeitsspezifischen Lieferkettenkontext. Quelle: eigene Darstellung

ZUSAMMENFASSUNG

2.3 Chancen

– Ein nachhaltiges Lieferkettenmanagement kann Unternehmen vielfältige Chancen bieten: Regulierungssicherheit, Reduktion von Lieferkettenstörungen, Erfüllung steigender Stakeholder-Erwartungen, Schutz und Verbesserung der Reputation sowie positive Auswirkungen auf die wirtschaftliche Performance und die Wettbewerbsfähigkeit.

Literatur Kapitel 2

Auswärtiges Amt (2017) *Nationaler Aktionsplan: Umsetzung der VN-Leitprinzipien für Wirtschaft und Menschenrechte 2016–2020*. Online verfügbar unter: https://www.auswaertiges-amt. de/blueprint/servlet/blob/297434/8d6ab29982767d5a31d2e85464461565/nap-wirtschaft-menschenrechte-data.pdf

Baumast, A. und Pape, J. (2013) *Betriebliches Nachhaltigkeitsmanagement*. Stuttgart: UTB

Berzau, L. (2017) *Prozessschritte nachhaltiges Lieferkettenmanagement: Praxisorientierter Leitfaden für Unternehmen*. Berlin: econsense

Beske, P. und Seuring, S. (2014) 'Putting sustainability into supply chain management', *Supply Chain Management: An International Journal*, 19 (3), S. 322–331

Bilfinger (2017) *Nachhaltigkeitsbericht 2017*. Online verfügbar unter: http://csrreport.bilfinger.com/ 2017/nachhaltigkeitsbericht/serviceseiten/downloads.html

Bogaschewsky, R. (2004) Beschaffung und Nachhaltigkeit, in: Hülsmann, M., Müller-Christ, G. und Haasis, H.-D. (Hrsg.): *Betriebswirtschaftslehre und Nachhaltigkeit, Bestandsaufnahme und Forschungsprogrammatik*. Wiesbaden: Springer, S. 171–218

Bruel, O., Menuet, O. und Thaler, P. (2017) *Scaling Up Sustainable Procurement: A New Phase of Expansion Must Begin. White paper based on the 2017 HEC/EcoVadis Sustainable Procurement Barometer*, 7. Aufl. Online verfügbar unter: http://www2.ecovadis.com/sustainable-procurement-barometer-2017

Bundesanstalt für Geowissenschaften und Rohstoffe (2010) Bundesrepublik Deutschland Rohstoffsituation 2009, *Rohstoffwirtschaftliche Länderstudien Heft*, XXXIX. Online verfügbar unter: https: //www.deutsche-rohstoffagentur.de/DE/Themen/Min_rohstoffe/Downloads/Rohsit-2009.pdf; jsessionid=6CE471CD33D780D53B6B2CE1F03E3A0D.1_cid292?__blob=publicationFile&v=3

Bundesministerium für Umwelt, Naturschutz, Bau und Reaktorsicherheit und Umweltbundesamt (2017) *Schritt für Schritt zum nachhaltigen Lieferkettenmanagement: Praxisleitfaden für Unternehmen*. Online verfügbar unter: https://www.umweltbundesamt.de/publikationen/schritt-fuer-schritt-nachhaltigen

Bundesministerium für wirtschaftliche Zusammenarbeit und Entwicklung (2018) *Internationale Ziele: Die Agenda 2030 für nachhaltige Entwicklung*. Online verfügbar unter: http://www.bmz.de/ de/ministerium/ziele/2030_agenda/index.html

Bundesregierung (2016a) *Gesetzentwurf der Bundesregierung: Entwurf eines Gesetzes zur Stärkung der nichtfinanziellen Berichterstattung der Unternehmen in ihren Lage- und Konzernlageberichten (CSR-Richtlinie-Umsetzungsgesetz)*. Online verfügbar unter: https://www.bmjv. de/SharedDocs/Gesetzgebungsverfahren/Dokumente/RegE_CSR-Richtlinie.pdf;jsessionid= C391B48BCCC7942AF9F1FC2F6CDB7CB7.2_cid289?__blob=publicationFile&v=1

Bundesregierung (2016b) *Bericht der Bundesregierung zum High Level Political Forum on Sustainable Development 2016*. Online verfügbar unter: http://www.bmz.de/de/zentrales_ downloadarchiv/Presse/HLPF-Bericht_final_DE.pdf

Bundesregierung (2017) *Nationaler Aktionsplan Umsetzung der VN-Leitprinzipien für Wirtschaft und Menschenrechte 2016–2020*. Online verfügbar unter: https://www.auswaertiges-amt.de/de/ newsroom/broschueren

Deutscher Bundestag (2013) *Schlussbericht der Enquete-Kommission „Wachstum, Wohlstand, Lebensqualität – Wege zu nachhaltigem Wirtschaften und gesellschaftlichem Fortschritt in der Sozialen Marktwirtschaft"*. Drucksache 17/13300

Deutscher Bundestag (2016) *Gesetzgebung zu unternehmerischen Sorgfaltspflichten in Frankreich*. Online verfügbar unter: https://www.bundestag.de/blob/436894/ e62339bed13e8d9fb2d46ec42f4a1347/wd-7-102-16-pdf-data.pdf

DGCN (2014) *Leitprinzipien für Wirtschaft und Menschenrechte: Umsetzung des Rahmens der Vereinten Nationen „Schutz, Achtung und Abhilfe"*, 2. Aufl. Online verfügbar unter: https: //www.globalcompact.de/wAssets/docs/Menschenrechte/Publikationen/leitprinzipien_fuer_ wirtschaft_und_menschenrechte.pdf

DGCN (2017) *Nachhaltige und verantwortungsvolle Unternehmensführung – Weltweit*. Online verfügbar unter: https://www.globalcompact.de/wAssets/docs/Deutsches-Netzwerk/ Imagebroschuere_DGCN_DINA5_2017_RZ_Ansicht-1.pdf

Dodd-Frank Wall Street Reform and Consumer Protection Act (2010) *One Hundred Eleventh Congress of the United States of America, H.R.4173*

econsense (2017) *Prozessschritte nachhaltiges Lieferkettenmanagement: Praxisorientierter Leitfaden für Unternehmen mit Entscheidungsmatrix*. Berlin: econsense. Online verfügbar unter: https://econsense.de/app/uploads/2018/06/econsense_Prozessschritte-nachhaltiges-Lieferkettenmanagement_2017.pdf

EU (2017) *Verordnung (EU) 2017/821 des Europäischen Parlaments und des Rates vom 17. Mai 2017 zur Festlegung von Pflichten zur Erfüllung der Sorgfaltspflichten in der Lieferkette für Unionseinführer von Zinn, Tantal, Wolfram, deren Erzen und Gold aus Konflikt- und Hochrisikogebieten*

Europäische Kommission (2011a) *Mitteilung der Kommission an das Europäische Parlament, den Rat, den Europäischen Wirtschafts- und Sozialausschuss und den Ausschuss der Regionen: Eine neue EU-Strategie (2011–14) für die soziale Verantwortung der Unternehmen (CSR)*. KOM (2011) 681

Europäische Kommission (2011b) *Mitteilung der Kommission an das Europäische Parlament, den Rat, den Europäischen Wirtschafts- und Sozialausschuss und den Ausschuss der Regionen: Fahrplan für ein ressourcenschonendes Europa*. KOM (2011) 571

Europäische Kommission (2018) *About conflict minerals*. Online unter: http://ec.europa.eu/trade/ policy/in-focus/conflict-minerals-regulation/regulation-explained/ (07.05.2018)

European Environment Agency (2015) *European environment — state and outlook 2015: Assessment of global megatrends*. Kopenhagen: European Environment Agency

Evonik (2018) *Nachhaltigkeitsbericht 2018. Zukunftsfähigkeit ist unser Geschäft*. Online verfügbar unter: https://corporate.evonik.de/de/verantwortung/wertschoepfung-produkte/

Ferri, L. M. und Pedrini, M. (2017) 'Socially and environmentally responsible purchasing: Comparing the impacts on buying firm's financial performance, competitiveness and risk', *Journal of Cleaner Production*, 174, S. 880–888

Fröhlich, E. (2011) *Nachhaltigkeit in der Unternehmerischen Supply Chain*. Köln: Fördergesellschaft Produktmarketing

G7 Abschlusserklärung (2015) *Abschlusserklärung G7-Gipfel, 7.–8. Juni 2015*. Online verfügbar unter: https://www.bundesregierung.de/resource/blob/997532/398758/b2a8d4e26f 0198195f810c572510733f/2015-06-08-g7-abschluss-deu-data.pdf?download=1

G7 Ministererklärung (2015) *Action for Fair Production, Meeting of the G7 Employment and Development Ministers, Ministerial Declaration, Berlin, 13 October 2015*. Online verfügbar unter: http://www.bmz.de/g7/includes/Downloadarchiv/G7_Ministerial_Declaration_Action_for_ Fair_Production.pdf

Hartmann, J. und Moeller, S. (2014) 'Chain liability in multitier supply chains? Responsibility attributions for unsustainable supplier behavior', *Journal of Operations Management*, 32 (5), S. 281–294

Henkel (2017) *Nachhaltigkeitsbericht 2017*. Online verfügbar unter: https://www.henkel.de/ nachhaltigkeit/nachhaltigkeitsbericht

Hesse, K. und Hohaus, C. (2012) Ressourcenmanagement: Nachhaltigkeit und Effizienz. Eine Einführung, in: Müller, D. (Hrsg.): *Corporate Responsibility*. Frankfurt/M.: ACC Verlag und Services, S. 12–17

Hewlett-Packard (2017) *2017 Sustainable Impact Report*. Online verfügbar unter: http://h20195. www2.hp.com/v2/GetDocument.aspx?docname=c05968415

Hochtief (2018) *Konzernbericht 2018: Kombinierter Finanz- und Nachhaltigkeitsbericht*. Online verfügbar unter: https://www.hochtief.de/hochtief/7145.jhtml

Hoejmose, S. U., Roehrich, J. K. und Grosvold, J. (2014) 'Is doing more doing better? The relationship between responsible supply chain management and corporate reputation', *Industrial Marketing Management*, (43) (1), S. 77–90

Hülsmann, M., Müller-Christ, G. und Haasis, H.-D. (2004) *Betriebswirtschaftslehre und Nachhaltigkeit, Bestandsaufnahme und Forschungsprogrammatik*. Wiesbaden: Springer

IPCC (2014) Zusammenfassung für politische Entscheidungsträger, in: Pachauri, R. K. und Meyer, L. A. (Hrsg.): *Klimaänderung 2014: Synthesebericht. Beitrag der Arbeitsgruppen I, II und III zum Fünften Sachstandsbericht des Zwischenstaatlichen Ausschusses für Klimaänderungen*. Genf: IPCC. Deutsche Übersetzung durch Deutsche IPCC-Koordinierungsstelle, Bonn 2016

KPMG (2012) *Expect the Unexpected: Building business value in a changing world*. Online verfügbar unter: https://www.kpmg.de/docs/expect-unexpected.pdf

Long, G. (2017) *Draft report on the third session of the open-ended intergovernmental working group on transnational corporations and other business enterprises with respect to human rights*. Online verfügbar unter: http://www.ohchr.org/EN/HRBodies/HRC/WGTransCorp/Session3/Pages/Session3.aspx

Matthiesen, K. I. (2005) *Die Demokratische Republik Kongo: Eine Analyse aus staatstheoretischer, verfassungsrechtlicher und völkerrechtlicher Sicht*. Münster: Waxmann

Mayer, E. (2016) 'Zur Implementierung des UK Modern Slavery Act 2015', *Compliance-Berater*, 4 (2016), S. 115–118

Merck (2018) *Corporate Responsibility Bericht 2018*. Online verfügbar unter: https://www.merckgroup.com/de/cr-bericht/2018/geschaeftsethik/lieferanten/standards-in-der-lieferkette.html#accordionSpecial2

Modern Slavery Act (2015) *Modern Slavery Act 2015*. Online verfügbar unter: http://www.legislation.gov.uk/ukpga/2015/30/contents/enacted

Müller, D. (2012) *Corporate Responsibility*. Frankfurt/M.: ACC Verlag und Services

OECD (2015) *Material Resources, Productivity and the Environment, OECD Green Growth studies*. Paris: OECD Publishing

Pachauri, R. K. und Meyer, L. A. (2014) *Klimaänderung 2014: Synthesebericht. Beitrag der Arbeitsgruppen I, II und III zum Fünften Sachstandsbericht des Zwischenstaatlichen Ausschusses für Klimaänderungen*. Genf: IPCC. Deutsche Übersetzung durch Deutsche IPCC-Koordinierungsstelle, Bonn 2015

Parmigiani, A., Klassen, R. D. und Russo, M. V. (2011) 'Efficiency meets accountability: Performance implications of supply chain configuration, control, and capabilities, *Journal of Operations Management*', 29 (3), S. 212–223

Rat für Nachhaltige Entwicklung (2017) *Der deutsche Nachhaltigkeitskodex: Maßstab für nachhaltiges Wirtschaften*, 4. Aufl. Online verfügbar unter: https://www.deutscher-nachhaltigkeitskodex.de/Documents/PDFs/Sustainability-Code/DNK_Broschuere_2017

Rüttinger, L. und Griestop, L. (2015) *Dodd-Frank Act. UmSoRess Steckbrief*. Berlin: adelphi

Schaltegger, S. und Harms, D. (2010) *Sustainable Supply Chain Management: Praxisstand in deutschen Unternehmen*. Lüneburg: Centre for Sustainability Management

Seuring, S. und Müller, M. (2013) Nachhaltiges Management von Wertschöpfungsketten, in: Baumast, A. und Pape, J. (Hrsg.): *Betriebliches Nachhaltigkeitsmanagement*. Stuttgart: UTB, S. 245–258

Sievers, K. (2011) Implementierung von Sustainable Development in Lieferantenbeziehungen – eine Studie, in: Fröhlich, E. (Hrsg.): *Nachhaltigkeit in der Unternehmerischen Supply Chain*. Köln: Fördergesellschaft Produktmarketing, S. 131–147

UK Home Office (2015) *Transparency in supply chains etc.: A practical guide*. Online verfügbar unter: https://assets.publishing.service.gov.uk/government/uploads/system/uploads/attachment_data/file/649906/Transparency_in_Supply_Chains_A_Practical_Guide_2017.pdf

UK Home Office (2018) *Independent review of the Modern Slavery Act*. Online unter: https://www.gov.uk/government/collections/independent-review-of-the-modern-slavery-act (09.01.2019)

United Nations (2002) *Letter dated 22 May 2002 from the Secretary-General addressed to the President of the Security Council*, Security Council, S/2002/565. Online verfügbar unter: http://www.un.org/en/ga/search/view_doc.asp?symbol=S/2002/565

United Nations (2013) *World population prospects: The 2012 revision*. New York: United Nations, Department of Economic and Social Affairs. Online verfügbar unter: https://esa.un.org/unpd/wpp/publications/Files/WPP2012_HIGHLIGHTS.pdf

United Nations (2019a) *Sustainable Development Goals: 17 Goals to Transform Our World*. Online unter: https://www.un.org/sustainabledevelopment/ (03.05.2019)

United Nations (2019b) *World Population Prospects: The 2017 Revision*. Online unter: https://www.un.org/development/desa/publications/world-population-prospects-the-2017-revision.html (12.03.2019)

United Nations Global Compact (2015) *Supply Chain Sustainability: A Practical Guide for Continuous Improvement*, 2. Aufl. Online verfügbar unter: https://www.unglobalcompact.org/library/205

United Nations Human Rights Council (2017) *Open-ended intergovernmental working group on transnational corporations and other business enterprises with respect to human rights*. Online verfügbar unter: http://www.ohchr.org/EN/HRBodies/HRC/WGTransCorp/Pages/IGWGOnTNC.aspx

U.S. Securities and Exchange Commission (2017) *Disclosing the Use of Conflict Minerals*. Online verfügbar unter: https://www.sec.gov/opa/Article/2012-2012-163htm---related-materials.html

Zimmer, M. (2016) *UK Modern Slavery Act – Auswirkungen auf deutsche Unternehmen –, Deutsches Global Compact Netzwerk Arbeitstreffen*. Online verfügbar unter: https://www.ihk-nuernberg.de/de/media/PDF/International/praesentation-modern-slavery-act-ra-dr.-zimmer.pdf

3 Strategie für das nachhaltige Lieferkettenmanagement

Eine SSCM-Strategie determiniert die langfristigen nachhaltigkeitsorientierten Lieferkettenziele und die Vorgehensweise zu deren Erreichung. Der Strategieentwicklungsprozess dient folglich dazu, dem nachhaltigen Lieferkettenmanagement eine Richtung zu geben bezüglich langfristiger Ziele und der Herangehensweise zu deren Erfüllung. Sieht man sich die Aktivitäten von Unternehmen im nachhaltigen Lieferkettenmanagement an, ist eine Strategie oftmals nicht zu erkennen. Um entscheiden zu können, welche Maßnahmen mit welcher Priorität umgesetzt werden sollen, ist die Entwicklung einer SSCM-Strategie und die Ableitung entsprechender strategischer Ziele allerdings eine wichtige Voraussetzung. Ziel dieses Kapitels ist es daher aufzuzeigen, wie eine SSCM-Strategie entwickelt werden kann und welche Aspekte bei der Strategieformulierung und der Ableitung von strategischen Zielen beachtet werden sollten.

Das Kapitel ist wie folgt aufgebaut: als erstes wird die strategische Analyse erörtert (3.1). Kapitel 3.2 befasst sich mit der Strategieformulierung und das letzte Kapitel (3.3) widmet sich der Ableitung von strategischen Zielen.

3.1 Strategische Analyse

Der Startpunkt für die Entwicklung einer SSCM-Strategie ist die Analyse der internen Ausgangssituation. Ziel dieser Analyse ist die Erfassung der Unternehmenssituation (Unternehmensstrategie, Geschäftsziele, Nachhaltigkeitsstrategie, Nachhaltigkeitsziele, Unternehmenskultur, vorhandene Ressourcen, Kernkompetenzen, usw.) und des bestehenden Lieferkettenmanagements (Strategie, Ziele, Richtlinien, Prozesse, usw.).

Wenn die Ausgangssituation erfasst ist, geht es im nächsten Schritt um die Beantwortung der Frage wie das Lieferkettenmanagement in Zukunft aussehen soll. Um diese Frage beantworten zu können, sollte eine Materialitätsanalyse durchgeführt werden. Ziel der Materialitätsanalyse ist die Identifizierung derjenigen Handlungsfelder, die für das eigene Unternehmen wesentlich sind. Hierzu sollte als erstes analysiert werden, wie das eigene Unternehmen vom externen Rahmenumfeld beeinflusst wird und welche Chancen sowie Risiken daraus für das Lieferkettenmanagement entstehen. Zur Ermittlung der Chancen und Risiken kann beispielsweise eine PESTEL-Analyse durchgeführt werden, im Rahmen derer die externen Rahmenbedingungen in ein politisches, ökonomisches, soziokulturelles, technologisches, ökologisches und rechtliches Umfeld unterteilt werden.

Bei der Analyse des politischen Umfelds sollte geprüft werden, welche politischen Einflussfaktoren wie zum Beispiel Leitprinzipien (beispielsweise die Leitprinzipien

https://doi.org/10.1515/9783110652628-003

für Wirtschaft und Menschenrechte), globale Zielsetzungen (beispielsweise die SDGs) oder Subventionspläne, Chancen als auch Risiken für das Lieferkettenmanagement bergen; vgl. hierzu auch Kapitel 2.2.

Bei der ökonomischen Analyse sollte zum einen analysiert werden, welche gesamtwirtschaftlichen Entwicklungen Auswirkungen haben auf das Lieferkettenmanagement. So können beispielsweise Rohstoffverfügbarkeitsentwicklungen, die sich in Preisänderungen widerspiegeln, das ökonomische Rahmenumfeld verändern; vgl. Kapitel 2.2. Die ökonomische Analyse umfasst auch die Beantwortung der Frage, ob die Nachhaltigkeitsleistung in der Lieferkette den Anforderungen von (potenziellen) Kunden sowie Indizes und Ratings gerecht wird. Wichtig ist auch die Untersuchung, wie sich Wettbewerber beim nachhaltigen Lieferkettenmanagement aufstellen und ob in der eigenen Branche Selbstverpflichtungen vereinbart wurden. Auch die Analyse von (branchenrelevanten) Standards, (branchenübergreifenden) SSCM Best Practices sowie möglichen Branchenkooperationen ist hier angesiedelt; für letzteres siehe Kapitel 7.

Bei der „soziokulturellen Umwelt" sollte zum einen analysiert werden, wie sich die Bevölkerung verändert in Bezug auf Faktoren wie zum Beispiel Wachstum, Bildung und Einkommensverteilung. Ferner sollte eruiert werden, welche gesellschaftlichen Veränderungstrends sich abzeichnen in Bezug auf Werte, Einstellungen und Verhaltensweisen und welche Chancen sowie Risiken daraus für das Lieferkettenmanagement entstehen; vgl. hierzu auch Kapitel 2.2 und Kapitel 2.3.

Im Zentrum der Analyse der „Technologischen Umwelt" steht die Frage, welche bestehenden und künftigen Technologien für das nachhaltige Lieferkettenmanagement von Bedeutung sind. Im Fokus dieser Analyse sollte insbesondere auch die Frage stehen, welche Möglichkeiten die Digitalisierung bietet.[1] Mittels Robotic Process Automation (RPA) beispielsweise können klar strukturierte, repetitive Aufgaben des operativen Beschaffungsprozesses, wie das Onboarding neuer Lieferanten, automatisiert werden (Möller und Bogaschewsky, 2019). Die dadurch frei gewordenen finanziellen und zeitlichen Ressourcen können nach Ansicht von Möller und Bogaschewsky (2019) wiederum dafür eingesetzt werden, die sozial-ökologische Performance von Lieferanten zu optimieren, indem beispielsweise Lieferantenentwicklungsmaßnahmen zur Verbesserung der Nachhaltigkeit intensiviert werden. Neue Chancen entstehen zum Beispiel auch durch die Blockchain Technologie. Schwarzkopf et al. (2018) untersuchen derzeit im Rahmen eines Forschungsprojektes, inwieweit über die Abbildung von Auditinformationen in einer Blockchain Nachhaltigkeitsinformationen sicher und unveränderbar, über verschiedene Stufen der Lieferkette hinweg, gespeichert werden können. Der Blockchain-Ansatz soll zum einen hinsichtlich der Authentizi-

---

[1] Welchen Einfluss die Digitalisierung auf die Beschaffung hat, diskutieren Seeßle, Mödritscher, Wall, Sackmann und Deil im Kapitel "Nachhaltige Beschaffung 4.0 – Einfluss der Digitalisierung auf das Beschaffungsmanagement" in Wellbrock, W. und Ludin, D. (Hrsg.): Nachhaltiges Beschaffungsmanagement: Strategien – Praxisbeispiele – Digitalisierung.

tät der Nachhaltigkeitsdaten ein hohes Maß an Sicherheit gewährleisten und zudem Mehrfachauditierungen eines Lieferantenstandortes durch unterschiedliche Auftraggeber vermeiden. Durch die Vermeidung von Mehrfachauditierungen können sowohl auf Seiten der Auftraggeber als auch auf Seiten der Auftragnehmer Aufwand und Kosten gesenkt werden (siehe hierzu Kapitel 7).

Im Fokus der ökologischen Analyse steht die Frage, welche Chancen und Risiken für das Lieferkettenmanagement entstehen aufgrund einer sich verändernden Umwelt. Zu den zentralen Veränderungen gehören beispielsweise der Klimawandel, der Verlust der Biodiversität und die Verknappung von Ressourcen; vgl. Kapitel 2.2.

Bei der Analyse des rechtlichen Umfelds sollte analysiert werden, welche gesetzlichen Nachhaltigkeitsanforderungen in Bezug auf die vorgelagerte Lieferkette erfüllt werden müssen; vgl. Kapitel 2.1. Dabei sollten nicht nur bestehende Gesetze geprüft werden, sondern auch zukünftige rechtliche Regulierungen antizipiert werden; vgl. Kapitel 2.2. Ferner sollte eruiert werden, welche bestehenden und geplanten „Soft Laws", wie zum Beispiel der NAP der Bundesregierung, bedeutend sind; vgl. Kapitel 2.2.

Nach Abschluss der Umfeldanalyse geht es im nächsten Schritt um die Durchführung einer Auswirkungsanalyse. Diese ist darauf ausgerichtet zu ermitteln, welche tatsächlichen oder potenziell nachteiligen Auswirkungen auf Mensch und/oder Umwelt aufgrund der Beschaffungstätigkeiten des eigenen Unternehmens entstehen, um darauf aufbauend zielgerichtete Maßnahmen zu entwickeln, die diese Auswirkungen verhüten und mildern.[2] Hierzu sollte als erstes analysiert werden, aus welchen zentralen Wertschöpfungsstufen die vorgelagerte Lieferkette besteht und welche Aktivitäten in den jeweiligen Stufen (potenziell) nachteilige Auswirkungen auf Mensch und/oder Umwelt haben. Im NAP erklärt die Bundesregierung (2017, S. 9), dass Risikofelder für die Menschenrechte „*unter Berücksichtigung der internationalen Menschenrechtsstandards (Allgemeine Erklärung der Menschenrechte, VN-Menschenrechtspakte, ILO-Kernarbeitsnormen, OECD-Leitsätze für multinationale Unternehmen u. Ä.)*" identifiziert werden sollten.

---

2 Um die menschenrechtlichen Risiken einzuschätzen, sollten Unternehmen laut DGCN (2014, S. 22) „*alle tatsächlichen oder potenziellen nachteiligen menschenrechtlichen Auswirkungen ermitteln und bewerten, an denen sie entweder durch ihre eigene Tätigkeit oder durch ihre Geschäftsbeziehungen beteiligt sind. Dieses Verfahren sollte: (a) sich auf internes und/oder unabhängiges externes Fachwissen auf dem Gebiet der Menschenrechte stützen; (b) sinnvolle Konsultationen mit potenziell betroffenen Gruppen und anderen in Betracht kommenden Stakeholdern umfassen, die der Größe des Wirtschaftsunternehmens und der Art und des Kontexts seiner Geschäftstätigkeit Rechnung tragen*". Für weiterführende Informationen zu den Leitprinzipien für Wirtschaft und Menschenrechte siehe Webseite des Global-Compact.

PRAXISHINWEIS

Es gibt Unternehmen, die als Dienstleistung anbieten, den Aufbau von Lieferantennetzwerken zu ermitteln (Supplier Mapping) und aufzuzeigen, wo die größten Nachhaltigkeitsrisiken bestehen. Solche Analysen können gerade für Unternehmen, die in komplexen Lieferkettenstrukturen eingebunden sind, eine hilfreiche Unterstützung darstellen. Zu den Unternehmen, die diese Dienstleistung anbieten, gehören beispielsweise Transparency One, Supply Shift und resilinc in strategischer Allianz mit Verisk Maplecroft.[3] Um die Lieferkette abzubilden und die Nachhaltigkeitsauswirkungen zu erfassen und zu bewerten, bietet außerdem der Umweltpakt Bayern Unternehmen unterschiedliche Arbeitshilfen an, die kostenlos auf der Webseite des Bayerischen Staatsministeriums für Umwelt und Verbraucherschutz abgerufen werden können. Darüber hinaus unterstützt der ILO-Helpdesk Unternehmen bei der Umsetzung internationaler Arbeits- und Sozialstandards und der NAP-Helpdesk bietet eine individuelle Beratung zu den Anforderungen des NAPs.

Bei dieser Analyse sollte beachtet werden, dass Aktivitäten mehrere nachteilige Auswirkungen haben können. Kommen bei der Rohstoffgewinnung zum Beispiel Pestizide zum Einsatz, kann dies die Bodenfruchtbarkeit beeinträchtigen, zum Biodiversitätsverlust beitragen, Gewässer belasten sowie Gesundheitsschäden verursachen. Für jede Aktivität sollten alle (potenziell) nachteiligen Auswirkungen auf Mensch und Umwelt zusammengetragen werden. In der Abbildung 3.1 wird dieser Prozessschritt am Beispiel des Pestizideinsatzes bei der Rohstoffgewinnung illustriert.

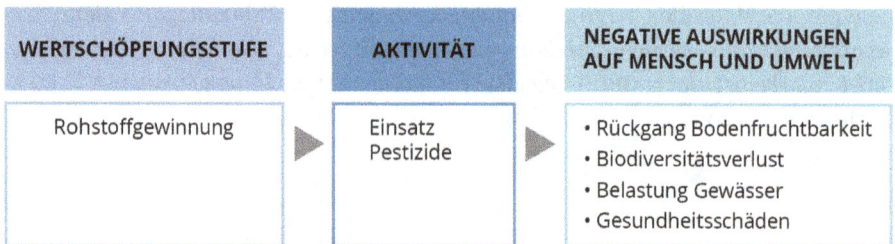

WERTSCHÖPFUNGSSTUFE	AKTIVITÄT	NEGATIVE AUSWIRKUNGEN AUF MENSCH UND UMWELT
Rohstoffgewinnung	Einsatz Pestizide	• Rückgang Bodenfruchtbarkeit • Biodiversitätsverlust • Belastung Gewässer • Gesundheitsschäden

Abb. 3.1: Verbindung von Aktivitäten und nachteiligen Auswirkungen auf Mensch und Umwelt am Beispiel des Pestizideinsatzes bei der Rohstoffgewinnung. Quelle: eigene Darstellung

Wurden die Auswirkungen aller Wertschöpfungsstufen erfasst, sollten diese im nächsten Schritt nach ihrem Gefahrenpotenzial bewertet und entsprechend priorisiert wer-

---

3 Hierbei handelt es sich lediglich um Beispiele für Unternehmen, die diese Dienstleistung anbieten und nicht um eine Empfehlung.

den. Die Gewichtung der Auswirkungen lässt sich auf Basis der Faktoren Ausmaß und Eintrittswahrscheinlichkeit vornehmen, wobei die Schwere des Ausmaßes besonders berücksichtigt werden sollte (BMUB und Umweltbundesamt, 2017). Indikatoren für das Ausmaß können beispielsweise sein die Anzahl der Betroffenen, die Schwere der Auswirkungen (Lebensgefahr, großflächige Umweltverschmutzung, usw.) und die Frage, ob die Folgen irreversibel wären (BMUB und Umweltbundesamt, 2017). Indikatoren für die Eintrittswahrscheinlichkeit sind beispielsweise das Land in dem die Leistungserbringung erfolgt und das Nachhaltigkeitsniveau eines Lieferanten (BMUB und Umweltbundesamt, 2017); siehe hierzu Kapitel 5.2. Im Handlungsfokus sollten insbesondere diejenigen Auswirkungen stehen, die ein vergleichsweise großes Gefahrenpotenzial aufweisen, da sie mit hoher Wahrscheinlichkeit schwere negative Folgen haben.

Sofern aufgrund intransparenter Lieferantennetzwerke die Konditionen in den vorgelagerten Wertschöpfungsstufen nicht ermittelt werden können, sollte die Analyse auf Basis einer Schätzung der (potenziell) nachteiligen Auswirkungen erfolgen. Anders formuliert: *„Es ist gerechtfertigt, bei der Frage, welche negativen Nachhaltigkeitsauswirkungen in der Lieferkette wesentlich sind, mit einer begründeten Vermutung zu starten"* (BMUB und Umweltbundesamt, 2017, S. 19).

Bei einer komplexen Lieferkette, beispielsweise aufgrund eines breiten Produktspektrums und/oder vielen Teilerzeugnissen, kann die Analyse der gesamten Lieferkette relativ anspruchsvoll sein und infolgedessen viele Ressourcen in Anspruch nehmen. In dem Fall kann eine Fokussierung auf die wichtigsten Produkte/Dienstleistungen und/oder Rohstoffe des eigenen Unternehmens sinnvoll sein beziehungsweise eine Eingrenzung auf diejenigen Lieferanten, deren Aktivitäten maßgeblich mit denen des eigenen Unternehmens verbunden sind.

Um den Aufwand möglichst gering zu halten, bietet es sich an zu prüfen, ob andere Organisationen (Lieferanten, Branchenkooperationen, wissenschaftliche Institute, Verbände, usw.) die Auswirkungen in der Lieferkette bereits analysiert haben und ihre Ergebnisse zur Verfügung stellen würden.[4]

Wie bereits in Kapitel 1.1 angemerkt, setzt ein nachhaltiges Lieferkettenmanagement die Berücksichtigung der Interessen und Erwartungen der wichtigsten internen und externen Stakeholder (Anspruchsgruppen) voraus.[5] Im Rahmen der Materialitätsanalyse sollten daher auch die Anliegen der wichtigsten Stakeholder eruiert werden.

---

[4] Die Initiativen Drive Sustainability, Responsible Minerals Initiative und Dragonfly Initiative haben den Bericht „Material Change" veröffentlicht, der die Nachhaltigkeitsrisiken der wichtigsten Rohstoffe der Automobil- und der Elektronikindustrie analysiert. Der Bericht kann auf der Webseite der Dragonfly Initiative eingesehen werden.

[5] Anspruchsgruppen werden von GRI (2016, S. 8) definiert als *„Einheiten oder Individuen, bei denen davon ausgegangen werden kann, dass sie durch die Aktivitäten, Produkte oder Dienstleistungen einer Organisation wesentlich beeinflusst werden, oder bei denen davon ausgegangen werden kann, dass deren Handlungen, die Fähigkeit der Organisation ihre Strategien umzusetzen oder Ziele zu erreichen, beeinflussen können. Das schließt ein, ist aber nicht begrenzt auf, Gruppen oder Individuen,*

Hierzu können beispielsweise wissenschaftliche Publikationen sowie Medien- und NGO-Berichte ausgewertet werden. Darüber hinaus sollten die Interessen und Erwartungen der Stakeholder möglichst auch über Wege direkter Partizipation eruiert werden. So können beispielsweise Stakeholderumfragen und/oder -interviews durchgeführt werden und diese mit Erkenntnissen aus laufenden Stakeholderinteraktionen wie zum Beispiel Netzwerktreffen, Konferenzen und persönlichen Dialogen ergänzt werden.[6]

Die Ergebnisse aus der Umfeld-, Auswirkungs- und Stakeholderanalyse sollten als nächstes zusammengeführt und in entsprechende Handlungsfelder transformiert werden. Dieser Prozessschritt kann beispielsweise im Rahmen von Workshops mit internen und externen Stakeholdern sowie Nachhaltigkeitsexperten durchgeführt werden.

Sobald alle Handlungsfelder formuliert wurden, geht es im nächsten Schritt um die Beurteilung ihrer Relevanz. Hauptcharakteristikum einer Materialitätsanalyse ist, dass die Bedeutung der Handlungsfelder sowohl aus einer internen als auch aus einer externen Perspektive bewertet wird. Folglich sollte die Relevanz sowohl aus der Perspektive des eigenen Unternehmens als auch von externen Stakeholdern beurteilt werden. In die interne Bedeutungsbeurteilung sollten Chancen und Risiken für den eigenen Geschäftserfolg einfließen. Ferner sollte berücksichtigt werden, welches Beeinflussbarkeitspotenzial das eigene Unternehmen auf die jeweiligen Handlungsfelder hat.

Diejenigen Themen, die für das eigene Unternehmen und/oder für die externen Stakeholder von hoher Bedeutung sind, repräsentieren die wesentlichen Handlungsfelder. Die beschriebenen Prozessschritte werden in der Abbildung 3.2 noch einmal grafisch zusammengefasst.

Aus Effizienzgründen kann es sinnvoll sein, die Materialitätsanalyse für die SSCM-Strategie und für die allgemeine Nachhaltigkeitsstrategie zusammenzufassen. Allerdings erhöht sich das Maß der Differenzierung, wenn die Materialitätsanalyse nur für den Bereich SSCM durchgeführt wird.

In der Abbildung 3.3 wird die Materialitätsanalyse am Beispiel der Wesentlichkeitsmatrix der Telekom AG verdeutlicht, die allgemeine Nachhaltigkeitsthemen und SSCM-Themen vereint.

---

denen das Gesetz oder internationale Vereinbarungen, Rechtsansprüche gegen die Organisation bieten". Laut GRI (2016) schließt das auch diejenigen ein, die nicht im Stande sind ihre Ansichten zu artikulieren und deren Interessen durch andere (zum Beispiel NGOs) formuliert werden. In Kapitel 5.3 der ISO 26000 wird beschrieben, wie Anspruchsgruppen identifiziert und eingebunden werden können.

6 Das Deutsche Global Compact Netzwerk und twentyfifty haben im Auftrag des Bundesministeriums für wirtschaftliche Zusammenarbeit und Entwicklung (BMZ) einen Leitfaden herausgebracht, der aufzeigt, wie bei der Erfüllung der menschenrechtlichen Sorgfaltspflicht eine sinnvolle Stakeholder-Beteiligung gestaltet werden kann. Der Leitfaden trägt den Titel „Stakeholder Beteiligung bei der Erfüllung der menschenrechtlichen Sorgfaltspflicht: Ein Leitfaden für Unternehmen".

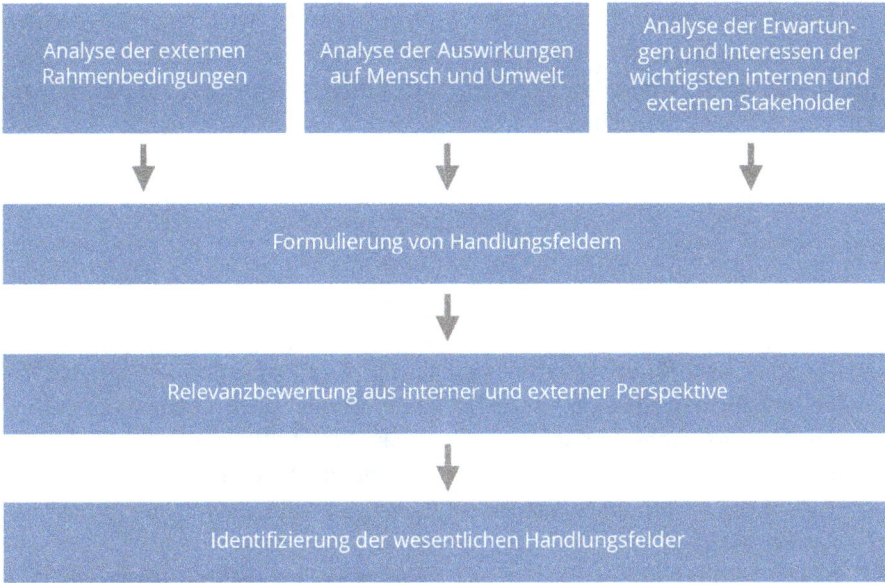

Abb. 3.2: Prozessschritte zur Ermittlung der wesentlichen Handlungsfelder. Quelle: eigene Darstellung

Wesentlichkeitsmatrix

Alle Themen für 2018

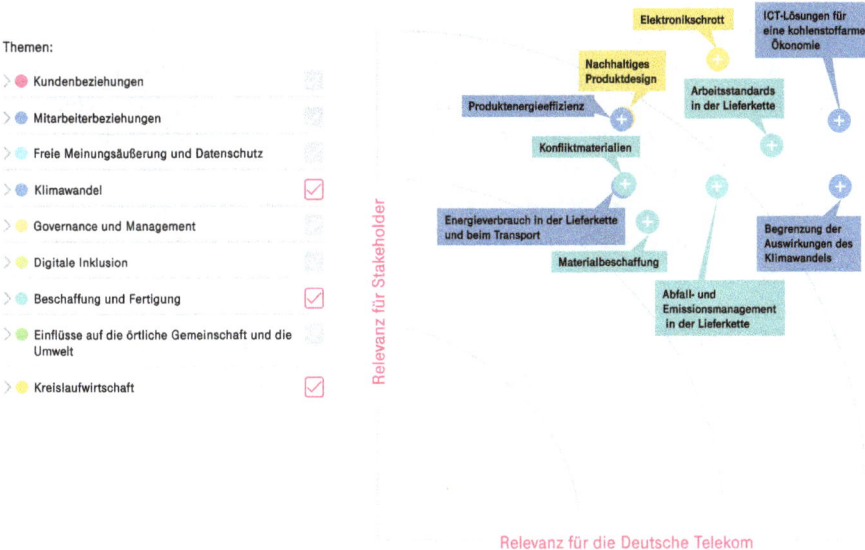

Abb. 3.3: Materialitätsmatrix der Telekom AG: Alle Themen für 2018 in den Kategorien Klimawandel, Beschaffung und Fertigung sowie Kreislaufwirtschaft. Quelle: Telekom (2019)

Die ermittelte interne Ausgangssituation und die als wesentlich eingestuften Handlungsfelder bilden die Grundlage für die Formulierung der SSCM-Strategie. Welche Aspekte bei der Formulierung der SSCM-Strategie beachtet werden sollten, wird im nächsten Kapitel beleuchtet.

ZUSAMMENFASSUNG

3.1 Strategische Analyse

- Der Startpunkt für die Entwicklung einer SSCM-Strategie ist die Analyse der internen Ausgangslage, um so einen Überblick über die Unternehmenssituation (Unternehmensstrategie, Geschäftsziele, Nachhaltigkeitsstrategie, Nachhaltigkeitsziele, Unternehmenskultur, vorhandene Ressourcen, usw.) und das bestehende Lieferkettenmanagement (Strategie, Ziele, Richtlinien, Prozesse, usw.) zu erhalten.
- Wenn die Ausgangssituation erfasst ist, geht es im nächsten Schritt um die Beantwortung der Frage wie das Lieferkettenmanagement in Zukunft aussehen soll.
- Um diese Frage beantworten zu können, sollte eine Materialitätsanalyse durchgeführt werden; Ziel der Materialitätsanalyse ist die Identifizierung derjenigen Handlungsfelder, die für das eigene Unternehmen wesentlich sind.
- Im Rahmen der Materialitätsanalyse sollte analysiert werden, wie das eigene Unternehmen vom externen Rahmenumfeld beeinflusst wird und welche Chancen sowie Risiken daraus für das Lieferkettenmanagement entstehen.
- Auch sollte eruiert werden, welche (potenziell) nachteiligen Auswirkungen auf Mensch und/oder Umwelt aufgrund der Beschaffungstätigkeiten des eigenen Unternehmens entstehen und welche Interessen/Erwartungen die wichtigsten internen und externen Stakeholder haben.
- Die Ergebnisse aus der Umfeld-, Auswirkungs- und Stakeholderanalyse sollten zusammengeführt und in entsprechende Handlungsfelder transformiert werden, um dann aus einer internen und externen Perspektive nach ihrer Relevanz beurteilt zu werden.
- Diejenigen Themen, die für das eigene Unternehmen und/oder für die externen Stakeholder von hoher Bedeutung sind, repräsentieren die wesentlichen Handlungsfelder.
- Die ermittelte interne Ausgangssituation und die als wesentlich eingestuften Handlungsfelder bilden die Grundlage für die Formulierung der SSCM-Strategie.

Analyse der Auswirkungen des geschäftlichen Handels entlang der Lieferkette und Ableitung zielgerichteter Maßnahmen bei der Otto Group

Die Otto Group ist ein international tätiger Handels- und Dienstleistungskonzern, der sich das Ziel gesetzt hat, negative Auswirkungen der Geschäftstätigkeit zu verringern und gleichzeitig einen Mehrwert für die Gesellschaft zu schaffen. Der Nachhaltigkeitsmanagementprozess „impACT" repräsentiert die Grundlage für das nachhaltigkeitsorientierte Handeln des Konzerns. Die Ergebnisse und Erkenntnisse aus diesem Managementprozess bilden insofern die Basis für die Entwicklung der Nachhaltigkeitsstrategie des Unternehmens.

Beim Managementprozess „impACT" werden die Auswirkungen des geschäftlichen Handels der Unternehmensgruppe entlang der Lieferkette ermittelt und daraus zielgerichtete Maßnahmen abgeleitet. Der Ansatz unterteilt sich in drei Prozessschritte: die Analyse, die Bewertung und die Umsetzung.

Um die wesentlichen Handlungsfelder zu identifizieren, werden im Rahmen einer Materialitätsanalyse als erstes die Auswirkungen der Geschäftstätigkeit auf Mensch und Umwelt entlang der Lieferkettenstufen ermittelt. Die ökologischen Auswirkungen werden hierbei unterteilt in die Wirkungskategorien „Klimagase", „Schadstoffe", „Wasserverbrauch" und „Landnutzung".[7] Die Auswirkungen je Wirkungskategorie und Lieferkettenstufe werden als „Themenfelder" bezeichnet. Innerhalb der quantitativen Analyse werden insgesamt 19 Themenfelder untersucht, wie zum Beispiel die Klimagase in der Lieferkettenstufe Rohstoffe und Verarbeitung. Für die Berechnung der ökologischen Auswirkungen verbindet die Otto Group ihre Einkaufs- und Absatzzahlen mit Werten aus externen Datenbanken zu den Auswirkungen auf die menschliche Gesundheit und auf Ökosysteme. Daraus ergeben sich quantitative Werte, die das Unternehmen in externe Umweltkosten umrechnet. Die Messung der sozialen Auswirkungen erfolgt mittels Risiko-Arbeitsstunden. Durch diese Quantifizierung ermittelt die Otto Group ihren sozialen beziehungsweise ökologischen Fußabdruck.

Die analysierten 19 Handlungsfelder werden im nächsten Schritt um die drei Kategorien „Tierwohl", „Recycling" und „Ressourceneffizienz" ergänzt und alle 22 Themen dann durch interne sowie externe Stakeholder bewertet; siehe Abbildung 3.4. Die internen Stakeholder bewerten die Themenfelder aus insgesamt drei unterschiedlichen Perspektiven: Reputationschancen und -risiken, Regulierungsrisiken sowie Geschäftstätigkeit. Um die Erwartungen der externen Stakeholder zu eruieren, befragt die Otto Group regelmäßig Experten aus der Wirtschaft, Wissenschaft, Politik und NGOs. Die Ergebnisse aus der internen und externen Stakeholderanalyse fließen zu

---

7 Die Wirkungskategorien werden kontinuierlich aktualisiert. Die aktuellste Fassung kann dem jeweils zuletzt veröffentlichten Geschäftsbericht der Otto Group entnommen werden.

jeweils 50 Prozent in die Auswertung ein; siehe Abbildung 3.4. Die Gültigkeitsdauer der Ergebnisse beträgt zwei bis fünf Jahre.

Auf Basis dieser Priorisierung werden im zweiten Prozessschritt spezifische Ziele und Maßnahmen für die Lieferkette entwickelt und diese bezüglich ihres Aufwands und Nutzens bewertet. Um Maßnahmen gezielt dort umzusetzen, wo die größte Wirkung erzielt werden kann, werden schließlich jene Maßnahmen umgesetzt, die das beste Kosten-Nutzen-Verhältnis für die Otto Group sowie für die Gesellschaft und Umwelt aufweisen.[8]

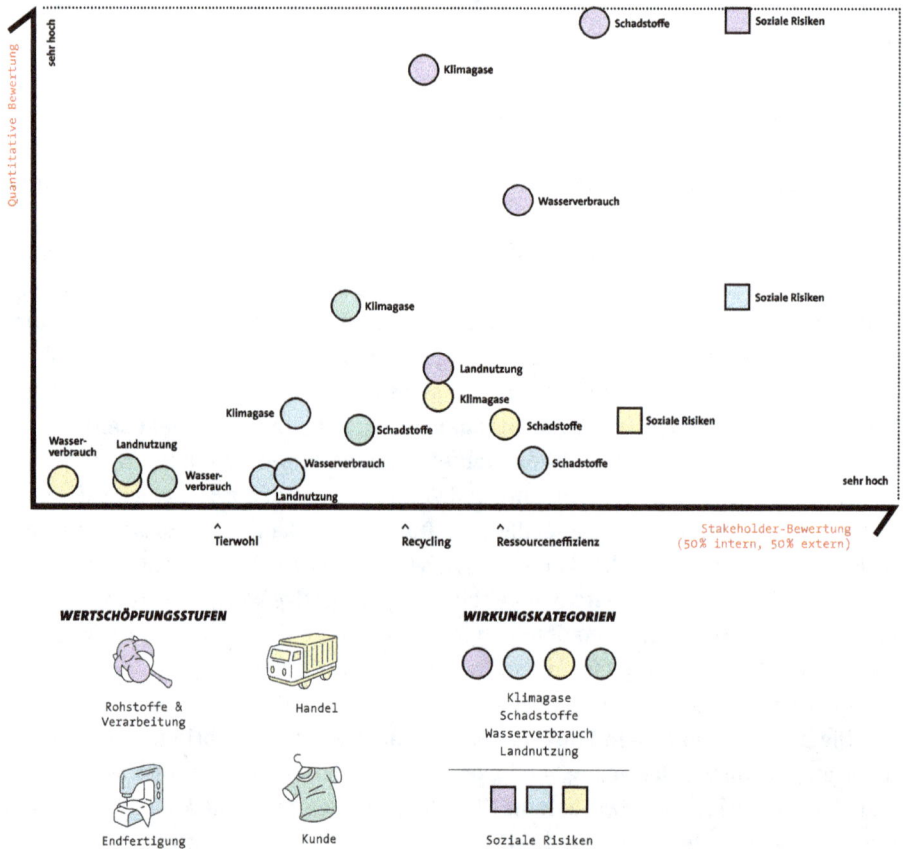

Abb. 3.4: Materialitätsmatrix der Otto Group. Quelle: Otto Group (2018)

---

8 Das Praxisbeispiel beruht auf dem veröffentlichten Geschäftsbericht 2017/2018 der Otto Group und auf Angaben von Nachhaltigkeitsexperten des Unternehmens, die im Zuge der Bucherstellung im Rahmen von Interviews und/oder (persönlichen) Absprachen gemacht wurden. Für die Richtigkeit und Vollständigkeit der Angaben in diesem Praxisbeispiel können wir keine Gewähr übernehmen.

3.2 Strategieformulierung

Wie im vorherigen Kapitel dargelegt, sollte auf Basis der ermittelten internen Ausgangssituation und den als wesentlich eingestuften Handlungsfeldern, eine unternehmensindividuelle SSCM-Strategie formuliert werden; siehe Abbildung 3.5.

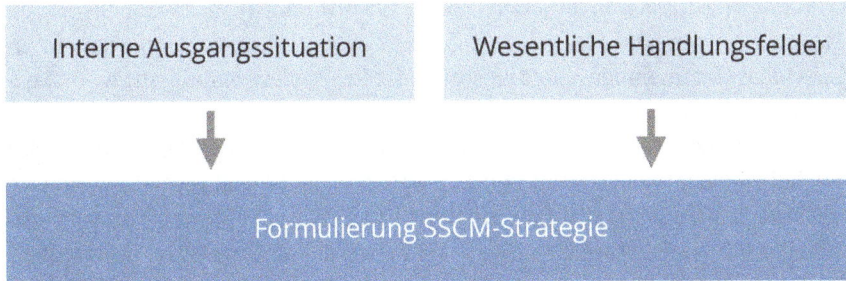

Abb. 3.5: Grundlage für die Formulierung der SSCM-Strategie: die interne Ausgangssituation und die wesentlichen Handlungsfelder. Quelle: Eigene Darstellung

Seuring und Müller (2008) haben zwei Normstrategien für das nachhaltige Lieferkettenmanagement vorgeschlagen, die sie aus einer Literaturanalyse abgeleitet haben: die „Risikovermeidungsstrategie" und die „Einführung nachhaltigerer Produkte"; siehe Abbildung 3.6.

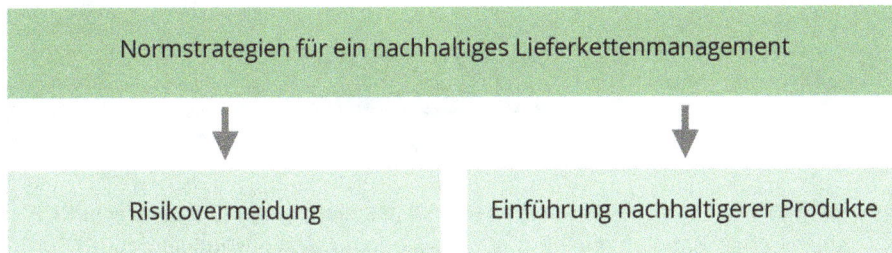

Abb. 3.6: Normstrategien für das nachhaltige Lieferkettenmanagement. Quelle: eigene Darstellung in Anlehnung an Seuring und Müller (2008)

Bei der Risikovermeidungsstrategie wird versucht, die Nachhaltigkeitsrisiken in der Lieferkette mittels unterschiedlicher Instrumente wie zum Beispiel Lieferanten Code of Conducts, Risikoanalysen und Lieferantenkontrollen zu reduzieren. Der Fokus bei dieser Strategie liegt folglich auf den Prozessen, während die Produkte des Unternehmens unangetastet bleiben. In der zweiten Normstrategie liegt der Fokus auf der Veränderung der eigenen Produkte. Hier werden die ökologischen und sozialen Probleme der eigenen Produkte mittels beispielsweise Lebenszyklusanalysen identifiziert. Anschließend wird versucht, die negativen Auswirkungen durch eine gezielte Produktentwicklung zu minimieren. So wird zum Beispiel der Rohstoffeinsatz durch Produktinnovationen reduziert oder Rohstoffe mit einem hohen sozial-ökologischen Fußabdruck werden durch nachhaltigere Stoffe substituiert.[9]

Statt Alternativen zueinander darzustellen, ergänzen sich beide Strategietypen (Seuring und Müller, 2013). Im Rahmen ihrer Literaturstudie haben Seuring und Müller (2008) festgestellt, dass in der Praxis häufig Mischvarianten aus beiden Strategien zum Einsatz kommen. Der Einstieg in das nachhaltige Lieferkettenmanagement erfolgt bei vielen Unternehmen allerdings über die Risiko-Vermeidungsstrategie (Seuring und Müller, 2008).

Es sollte individuell geprüft werden, welche Normstrategie beziehungsweise Mischvariante für das eigene Unternehmen aufgrund seiner spezifischen Situation am sinnvollsten ist. Auf Basis dieser Entscheidung sollte die SSCM-Strategie im nächsten Schritt weiter konkretisiert werden, so dass die langfristige nachhaltigkeitsorientierte Ausrichtung sowie die entsprechenden Handlungsprioritäten klar determiniert werden. Wichtig hierbei ist, dass die SSCM-Strategie sowohl mit der Gesamtunternehmensstrategie als auch mit den anderen Bereichsstrategien im Einklang ist. Die Aktualität der Strategieprioritäten sollte in regelmäßigen Abständen sowie im Falle weitreichender Veränderungen, wie zum Beispiel der Einführung neuer Produkte, überprüft werden.

Damit die SSCM-Strategie erfolgreich umgesetzt werden kann, sollten strategische Ziele für das nachhaltige Lieferkettenmanagement definiert werden. Welche Aspekte hierbei beachtet werden sollten, wird im nächsten Kapitel beleuchtet.

ZUSAMMENFASSUNG

3.2 Strategieformulierung

- Auf Basis der ermittelten internen Ausgangssituation und den als wesentlich eingestuften Handlungsfeldern sollte eine unternehmensindividuelle SSCM-Strategie formuliert werden.
- Die SSCM-Strategie sollte die langfristige strategische Ausrichtung des nachhaltigkeitsorientierten Lieferkettenmanagements vorgeben und die Handlungsprioritäten klar zum Ausdruck bringen.
- Die Strategie sollte auch erkennen lassen, ob man risikobezogen vorgehen möchte (reine Prozessorientierung) oder ob auch die Produkte angepasst werden (Produktorientierung).

---

9 Wie in Kapitel 1.1 dargelegt, wird der thematische Fokus dieses Buches auf die Prozesse eingegrenzt. Die Einführung nachhaltigerer Produkt ist folglich nicht Gegenstand der thematischen Auseinandersetzung.

- Es sollte sichergestellt werden, dass die SSCM-Strategie sowohl mit der Gesamtunternehmensstrategie als auch mit den anderen Bereichsstrategien im
  Einklang ist.
- Die Aktualität der Strategieprioritäten sollte in regelmäßigen Abständen sowie
  im Falle weitreichender Veränderungen überprüft werden.

PRAXISBEISPIEL 3.2

SSCM-Strategie bei der BMW Group

Die BMW Group ist ein Hersteller von Automobilen und Motorrädern und zählt in
Deutschland zu den größten Industrieunternehmen. Sie verfolgt den Anspruch *„der
erfolgreichste und nachhaltigste Premiumanbieter für individuelle Mobilität"* zu sein
und hat Nachhaltigkeit zum integralen Bestandteil der Unternehmensstrategie erklärt
(BMW Group, 2017, S. 14).

Die SSCM-Strategie leitet sich bei der BMW Group von der Unternehmens- und der
Nachhaltigkeitsstrategie ab und ist sowohl prozess- als auch produktorientiert.[10] Thematische Prioritäten der SSCM-Strategie liegen auf der Achtung der Menschenrechte,
der Steigerung der Lieferkettentransparenz, der Verbesserung der Ressourceneffizienz und der Reduktion von Emissionen.

Die prozessorientierte Strategie wird unterteilt in eine Ausrichtung auf die direkten Vertragspartner (Tier-1-Lieferanten) und deren Unterauftragnehmer, und in eine
ressortübergreifende Materialstrategie. Erstere zielt darauf ab, dass alle direkten Zulieferer bestimmte Nachhaltigkeitsanforderungen erfüllen und diese, durch geeignete
vertragliche Regelungen, auch bei ihren Lieferanten durchsetzen, so dass eine Kaskadierung der Nachhaltigkeitsanforderungen in weitere Tierstufen gelingt.

Die Nachhaltigkeitsanforderungen basieren auf rechtlichen Vorgaben, auf anerkannten Leitlinien und Grundsätzen sowie auf BMW-spezifischen sozial-ökologischen
Ansprüchen. In Abhängigkeit davon, ob es sich um produktionsbezogene oder nicht-
produktionsbezogene Lieferungen handelt und welche Art der Leistung erbracht wird
(differenziert nach Gütern und Dienstleistungen), fallen die Nachhaltigkeitsanforderungen unterschiedlich aus.[11] Den strengsten Anforderungen unterliegen Lieferanten,

---

10 Aufgrund der thematischen Eingrenzung dieses Buches wird hier die Prozessstrategie beschrieben. Informationen zur Produktstrategie der BMW Group können dem jüngsten Nachhaltigkeitsbericht entnommen werden.
11 Bei produktionsbezogenen Lieferungen handelt es sich um direktes Material. Bei der BMW Group
beziehen sich diese Lieferungen auf Materialien und Teile, die für die Produktion von Kraftfahrzeugen
verwendet werden. Nicht-produktionsbezogene Lieferungen umfassen alle übrigen Güter und Dienstleistungen, die beschafft werden.

die produktionsbezogene Güter liefern. Hier erwartet die BMW Group beispielsweise, dass spätestens bis zum Produktionsstart ein zertifiziertes Umweltmanagement- und Arbeitsschutzmanagementsystem implementiert ist.

Die zweite strategische Ausrichtung bezieht sich auf eine ressortübergreifende Materialstrategie für kritische Rohstoffe. Die Ermittlung kritischer Rohstoffe erfolgt unter anderem auf Basis der Kriterien Beschaffungsmenge, Herkunft (soziale, politische und ökologische Risiken), Kundenwahrnehmung, Nachhaltigkeitsverstöße und Beeinflussbarkeit durch die BMW Group (Anteil an der weltweiten Produktion, Länge der Lieferkette vor dem Tier 1 und Handelsstruktur).

Bei kritischen Rohstoffen liegt der strategische Fokus auf Lieferkettentransparenz und der Sicherstellung hoher sozial-ökologischer Standards in identifizierten Hot-Spots der Lieferkette mit einem besonderen Schwerpunkt auf dem Rohstoffanbau beziehungsweise -abbau. Aktuell hat die BMW Group unter anderem die abiotischen Rohstoffe Aluminium, Stahl, Kupfer, 3TG,[12] Seltene Erden, Kobalt, Nickel, Graphit, Lithium, Palladium, Mica, Glas, Zink und die biotischen Rohstoffe Naturkautschuk, Leder, Kenaf und Holz als kritische Rohstoffe deklariert.[13]

3.3 Strategische Ziele

Wie im vorherigen Kapitel dargelegt, sollten aus der SSCM-Strategie strategische Ziele für das nachhaltige Lieferkettenmanagement abgeleitet werden; siehe Abbildung 3.7. Strategische Ziele beschreiben angestrebte Zustände in der Zukunft und erlauben idealerweise einen flexiblen Entscheidungsspielraum über die Wege zur Zielerreichung (Sternad, 2015). Sie bieten auch den Rahmen für die Formulierung kurz- und mittelfristiger operativer Ziele, die die angestrebten Ergebnisse anhand messbarer Indikatoren festlegen (Sternad, 2015).

Abb. 3.7: Ableitung von SSCM-Zielen auf Basis einer Analyse und der SSCM-Strategie. Quelle: eigene Darstellung

---

12 Bei 3TG handelt es sich um Zinn, Tantal, Wolfram und Gold.

13 Das Praxisbeispiel beruht auf dem Sustainable Value Report 2017 der BMW Group und auf Angaben von Nachhaltigkeitsexperten des Unternehmens, die im Zuge der Bucherstellung im Rahmen von Interviews und/oder (persönlichen) Absprachen gemacht wurden. Für die Richtigkeit und Vollständigkeit der Angaben in diesem Praxisbeispiel können wir keine Gewähr übernehmen.

Als Orientierung für die Zielbildung können SSCM-Ziele von Unternehmen dienen, die auf dem Gebiet des nachhaltigen Lieferkettenmanagements führend sind; vgl. Praxisbeispiel 3.3. Auch wissenschaftliche und politische Ziele, wie zum Beispiel im Klimabereich, können zur Orientierung herangezogen werden (BMUB und Umweltbundesamt, 2017). Vorzugsweise sollten die Ziele nicht im Top-Down Ansatz von der Geschäftsleitung/Zentralabteilung vorgegeben werden, sondern im Gegenstromverfahren zusammen mit Mitarbeitern aus der SSCM- und gegebenenfalls weiteren Abteilungen entwickelt werden.[14]

Bei der Entwicklung von SSCM-Zielen ist es wichtig sicherzustellen, dass diese im Einklang sind mit den Unternehmenszielen und auch keine Zielkonflikte mit anderen Bereichszielen entstehen. Wie UNGC Office (2012, S. 60) konstatiert, ist die größte Schwierigkeit bei Nachhaltigkeitszielen, *„dass die kaufmännischen Ziele des Einkaufs mit dem Bestreben nach fairen Arbeitsbedingungen und umweltfreundlichen Praktiken konkurrieren."*

Gerade ambitionierte Lieferzeitauflagen und Kostenvorgaben bergen das Risiko mit Nachhaltigkeitszielen zu kollidieren. In einer im Jahr 2019 durchgeführten Studie stellte Köksal fest, dass Textillieferanten in Vietnam und in Indonesien Aufträge unter finanziellen und zeitlichen Vorgaben ausführen müssen, die die Erfüllung bestimmter Nachhaltigkeitsanforderungen de facto nicht ermöglichen. Köksal (2019) kommt zu der Schlussfolgerung, dass Zielkonflikte in Form von beispielsweise Preisdruck und Zeitnot einen der größten Treiber für (soziale) Verstöße in der Lieferkette darstellen. Aufträge unter Preisdruck und Zeitnot erhöhen wie Köksal (2019) feststellt insbesondere auch das Risiko für Unterauftragsvergaben, was die Gefahr für Nachhaltigkeitsverstöße weiter verstärken kann. Folglich sollte bereits bei der Entwicklung von SSCM-Zielen sichergestellt werden, dass diese in einem insgesamt stimmigen und konfliktfreien Konzept münden. Wie Grün und Brunner (2019, S. 254) erklären, gibt es grundsätzlich drei Möglichkeiten zur Lösung von Zielkonflikten: *„die Bildung von Zielprioritäten [...], die Zielverfolgung mit Nebenbedingungen und den Zielkompromiss."*

Bei der Festlegung von Zielen sollte auch berücksichtigt werden, dass sowohl anspruchsvolle Nachhaltigkeitsvorgaben als auch die Überprüfung der Einhaltung dieser mittels beispielsweise Audits (siehe hierzu Kapitel 5.2.3.1) gerade für KMUs eine hohe finanzielle und administrative Belastung darstellen kann. Daher sollte bei der Festlegung von Zielen stets auch die Größe der Lieferanten berücksichtigt werden. Ferner ist eine sukzessive Ausweitung der Nachhaltigkeitsvorgaben sinnvoll. Die Aufstellung von zu ambitionierten Zielen –sowohl was die grundsätzlichen Anforderungen als auch die zeitlichen Vorgaben anbelangt – birgt die Gefahr, Lieferanten zu überfordern und auszuschließen. Dadurch entsteht wiederum auch das Risiko, die Lieferantenauswahl auf eine unerwünschte Anzahl zu reduzieren.

---

14 Mit Zentralabteilung ist hier die Abteilung gemeint, die für die Entwicklung der Unternehmensstrategie und der Unternehmensziele verantwortlich ist.

Aus Glaubwürdigkeitsgründen ist es darüber hinaus wichtig, keine Ziele festzulegen, die von Lieferanten weitreichendere Nachhaltigkeitsleistungen einfordern, als vom eigenen Unternehmen erbracht werden.

Es geht beim nachhaltigen Lieferkettenmanagement nicht nur um ein kurzfristiges Ergebnis, wie zum Beispiel, dass eine Lieferantenschulung durchgeführt wird, sondern insbesondere um die Erzielung langfristiger positiver Auswirkungen. Folglich sollten die SSCM-Ziele nicht nur auf kurzfristige Ergebnisse, sondern vor allem auf positive Langzeiteffekte ausgerichtet sein.

Wird die Erfüllung der Anforderungen von Indizes, Ratingagenturen und/oder Standards angestrebt (beispielsweise Stoxx, DJSI, Sustainalytics, ISO 20400, SA 8000, usw.), sollten die entsprechenden Zielvorgaben geprüft und die eigenen SSCM-Ziele gegebenenfalls ergänzt werden.

Die Zielumsetzung sollte nachverfolgt und bewertet werden. Hierfür sollte ein Kontrollprozess definiert werden, der die zu prüfenden Indikatoren und die entsprechenden Prüfzeiten festlegt. Insbesondere bei Zielen, die man nicht quantifizieren kann, ist es wichtig festzulegen, wie man zu einer Einschätzung über die Zielerreichung kommen wird.[15] Bereits bei der Entwicklung der Ziele sollte daher darauf geachtet werden, dass diese nicht nur auf die SSCM-Strategie einzahlen, sondern auch messbar sind. Gemessen werden sollten idealerweise nicht nur die kurzfristigen Ergebnisse, sondern insbesondere auch die langfristigen Auswirkungen. Folglich sollte nicht nur geprüft werden, ob beispielsweise eine geplante Anzahl an Lieferantenschulungen durchgeführt wurde, sondern ferner, welche Veränderungen aufgrund der vermittelten Inhalte bei den Lieferanten festzustellen sind.

Mögliche Zielbereiche könnten beispielsweise sein:
- Anteil an Mitarbeitern, die an einer SSCM-Schulung teilgenommen haben
- Erfüllung bestimmter Mindestnachhaltigkeitsvorgaben an allen Tier-1-Lieferantenstandorten
- Transparente Lieferkette bis zum Rohstoffanbau beziehungsweise -abbau bei besonders relevanten Rohstoffen
- Anteil der auditierten Lieferanten im Verhältnis zur Gesamtanzahl aller Lieferanten
- Anteil der geschulten Lieferanten im Verhältnis zur Gesamtanzahl aller Lieferanten
- Anteil der Lieferanten, die ein zertifiziertes Umweltmanagementsystem (bspw. ISO 14001) eingeführt haben, im Verhältnis zur Gesamtanzahl aller Lieferanten
- Anteil der Lieferanten, die ein zertifiziertes Arbeitsschutzmanagementsystem (bspw. OHSAS 18001) eingeführt haben, im Verhältnis zur Gesamtanzahl aller Lieferanten

---

15 In Kapitel 7.7.2 der ISO 26000 (2011) wird dargelegt, welche Aspekte bei der Überwachung der Aktivitäten gesellschaftlicher Verantwortung beachtet werden sollten.

- Anteil der Lieferanten, die sich an Nachhaltigkeitsleitfäden orientieren (bspw. ISO 26000), im Verhältnis zur Gesamtanzahl aller Lieferanten
- Anteil der Lieferanten, die ihre Nachhaltigkeitsleistung in einem bestimmten Zeitraum verbessert haben (beispielsweise Umweltmanagementsysteme eingeführt haben, Nachhaltigkeitsrichtlinien erlassen haben, Nachhaltigkeitsberichte veröffentlicht haben, usw.), im Verhältnis zur Gesamtanzahl aller Lieferanten
- Ressourceneinsparungen in der Lieferkette (beispielsweise Materialien, Energie, Wasser, usw.)
- Treibhausgaseinsparungen in der Lieferkette (beispielsweise 50 % aller Tier-1-Lieferanten erreichen mindestens die Bewertung „B" im CDP Scoring[16])

Wenn es um die Einschätzung geht, welche Ziele das Potenzial haben positive Langzeiteffekte zu bewirken, und wie sich Fortschritte optimal messen lassen, bietet sich auch die Konsultation von beispielsweise NGOs, wissenschaftlichen Instituten und Multi-Stakeholder-/Branchenkooperationen an.

Eine wichtige Voraussetzung für die erfolgreiche Etablierung eines nachhaltigen Lieferkettenmanagementsystems ist, dass sich die Unternehmensleitung klar zur Unterstützung der SSCM-Strategie und den SSCM-Zielen positioniert („Tone from the top"). Wie UNGC Office (2012) erklärt, muss sich die Unternehmensleitung der Nachhaltigkeit in der Lieferkette verpflichtet fühlen. Sie muss die Maßnahmen unterstützen sowie überwachen, damit die Bemühungen nicht ins Leere laufen (UNGC Office, 2012). Dass die Unterstützung seitens der Unternehmensleitung für die Umsetzung eine wichtige Voraussetzung darstellt, bestätigt auch eine Fallstudie von Oelze (2015) sowie eine systematische Literaturstudie von Gimenez und Tachizawa (2012). Wie Oelze (2015) konstatiert, ist darüber hinaus eine generell unterstützende Unternehmenskultur von Bedeutung.

ZUSAMMENFASSUNG

3.3 Strategische Ziele

- Aus der SSCM-Strategie heraus sollten strategische Ziele für das nachhaltige Lieferkettenmanagement abgeleitet werden.
- Bei der Entwicklung von SSCM-Zielen ist es wichtig, sicherzustellen, dass diese im Einklang sind mit den Unternehmenszielen und auch keine Zielkonflikte mit übrigen Bereichszielen entstehen.

---

16 CDP steht für „Carbon Disclosure Project". Hierbei handelt es sich um ein globales Offenlegungssystem, das Unternehmen ermöglicht, ihre ökologischen Auswirkungen in Bezug auf Treibhausgas-Emissionen und Wasser zu messen und zu managen.

- Es geht beim nachhaltigen Lieferkettenmanagement nicht nur um kurzfristige Ergebnisse, wie zum Beispiel, dass eine Lieferantenschulung durchgeführt wird, sondern vor allem um die Erzielung langfristiger positiver Auswirkungen; folglich sollten die SSCM-Ziele insbesondere auf positive Langzeiteffekte ausgerichtet sein.
- Bei der Festlegung von Zielen sollte die Größe der Lieferanten berücksichtigt werden und die Nachhaltigkeitsvorgaben sollten sukzessive ausgeweitet werden.
- Aus Glaubwürdigkeitsgründen sollten keine Ziele festgelegt werden, die von Lieferanten weitreichendere Nachhaltigkeitsleistungen einfordern, als vom eigenen Unternehmen erbracht werden.
- Wird die Erfüllung der Anforderungen von Indizes, Ratingagenturen und/oder Standards angestrebt (beispielsweise Stoxx, DJSI, Sustainalytics, ISO 20400, SA 8000, usw.), sollten die entsprechenden Zielvorgaben geprüft und die eigenen SSCM-Ziele gegebenenfalls ergänzt werden.
- Die Zielumsetzung sollte nachverfolgt und bewertet werden; idealerweise sollten nicht nur die kurzfristigen Ergebnisse, sondern insbesondere auch die langfristigen Auswirkungen gemessen werden.
- Die Unternehmensleitung sollte sich klar zur Unterstützung der SSCM-Strategie und den SSCM-Zielen positionieren und eine insgesamt unterstützende Unternehmenskultur schaffen.

PRAXISBEISPIEL 3.3

SSCM-Ziele bei Unilever

Unilever ist einer der weltweit größten Hersteller von Verbrauchsgütern. Die Hauptgeschäftsbereiche liegen in der Produktion von Nahrungsmitteln, Kosmetika, Körperpflege- sowie Haushalts- und Textilpflegeprodukten.

2010 hat Unilever den sogenannten Sustainable Living Plan (USLP) verabschiedet. Im Rahmen dieses Programmes hat sich Unilever ambitionierte Nachhaltigkeitsziele gesetzt, die auch die Lieferkette betreffen. Bei der Entwicklung der Nachhaltigkeitsziele wurden sowohl die eigenen Mitarbeiter als auch externe Experten konsultiert.

Der Sustainable Living Plan beinhaltet drei übergeordnete strategische Ziele, die in mehrere untergeordnete Ziele unterteilt werden. Die drei übergeordneten Ziele sind:

- bis 2020 möchte Unilever einer Milliarde Menschen dabei helfen, Maßnahmen zu ergreifen zur Verbesserung ihrer Gesundheit und ihres Wohlbefindens,
- bis 2030 möchte Unilever wachsen und dabei gleichzeitig den ökologischen Fußabdruck halbieren,

– bis 2020 möchte Unilever die Lebensgrundlage von Millionen von Menschen verbessern (Unilever, 2019a).

Zu den untergeordneten Zielen, die bis 2020 umgesetzt werden sollen und sich auf den Beschaffungsbereich beziehen, gehören die folgenden:
– 40 % des Gesamtenergiebedarfs wird aus erneuerbaren Energiequellen beschafft
– Agrarrohstoffe werden zu 100 % aus nachhaltiger Landwirtschaft beschafft
– Papier und Karton für Verpackungen werden zu 100 % aus nachhaltig bewirtschafteten, zertifizierten Wäldern oder aus Recyclingmaterial beschafft
– 100 % der Beschaffungsausgaben gehen an Lieferanten, die sich dazu verpflichten, die fundamentalen Menschenrechte (wie in der Responsible Sourcing Policy von Unilever spezifiziert) zu unterstützen
– Fairness am Arbeitsplatz wird durch die Förderung von Menschenrechten in der erweiterten Lieferkette vorangetrieben
– Zur Verbesserung ihrer Existenzgrundlage wird Unilever mindestens 500.000 Kleinbauern im Lieferantennetzwerk helfen, ihre Anbaupraktiken zu optimieren (Unilever, 2019b).[17, 18]

Literatur Kapitel 3

Baumast, A. und Pape, J. (2013) *Betriebliches Nachhaltigkeitsmanagement*. Stuttgart: UTB
BMUB und Umweltbundesamt (2017) *Schritt für Schritt zum nachhaltigen Lieferkettenmanagement: Praxisleitfaden für Unternehmen*. Online verfügbar unter: https://www.umweltbundesamt.de/publikationen/schritt-fuer-schritt-nachhaltigen
BMW Group (2017) *Sustainable Value Report 2017*. Online verfügbar unter: https://www.bmwgroup.com/content/dam/bmw-group-websites/bmwgroup_com/ir/downloads/de/2017/BMW-Group-Nachhaltigkeitsbericht-2017--DE.pdf
Bundesregierung (2017) *Nationaler Aktionsplan Umsetzung der VN-Leitprinzipien für Wirtschaft und Menschenrechte 2016–2020*. Online verfügbar unter: https://www.auswaertiges-amt.de/de/newsroom/broschueren
DGCN (2014) *Leitprinzipien für Wirtschaft und Menschenrechte: Umsetzung des Rahmens der Vereinten Nationen „Schutz, Achtung und Abhilfe"*. Online verfügbar unter: https://www.globalcompact.de/wAssets/docs/Menschenrechte/Publikationen/leitprinzipien_fuer_wirtschaft_und_menschenrechte.pdf

---

17 Weiterführende Informationen zu den Zielen hat Unilever auf seiner Webseite veröffentlicht.
18 Das Praxisbeispiel beruht auf Texten, die Unilever auf der Unternehmenswebseite veröffentlicht hat, auf dem Unternehmensbericht „Unilever Sustainable Living Plan: 3-Year summary progress 2016–2018" und auf Angaben von Nachhaltigkeitsexperten des Unternehmens, die im Zuge der Bucherstellung im Rahmen von Interviews und/oder (persönlichen) Absprachen gemacht wurden. Für die Richtigkeit und Vollständigkeit der Angaben in diesem Praxisbeispiel können wir keine Gewähr übernehmen.

Fröhlich, E. (2015) *CSR und Beschaffung: Theoretische wie praktische Implikationen eines nachhaltigen Beschaffungsprozessmodells*. Berlin: Springer Gabler

Gimenez, C. und Tachizawa, E. M. (2012) 'Extending sustainablity to suppliers: a systematic literature review', *Supply Chain Management: An International Journal*, 17 (59), S. 531–543

GRI (2016) *Universal Standards: GRI 101: Foundation 2016*. Online verfügbar unter: https://www.globalreporting.org/standards/gri-standards-download-center/

Grün, O. und Brunner, J. C. (2019) Nachhaltiges Beschaffungsmanagement im Lebensmitteleinzelhandel – Eine Fallstudie, in: Wellbrock, W. und Ludin, D. (Hrsg.): *Nachhaltiges Beschaffungsmanagement: Strategien – Praxisbeispiele – Digitalisierung*. Berlin: Springer Gabler, S. 251–270

Köksal, D. (2019) *Social Responsibility in Apparel Supply Chains – Exploring drivers, enablers, and barriers in Vietnam and Indonesia*, Open Access Repositorium der Universität Ulm. Dissertation. Submitted

Möller, M. und Bogaschewsky, R. (2019) Digitale Trends und ihre Auswirkungen auf die Nachhaltigkeitsperformance in der Beschaffung, in: Wellbrock, W. und Ludin, D. (Hrsg.): *Nachhaltiges Beschaffungsmanagement: Strategien – Praxisbeispiele – Digitalisierung*. Berlin: Springer Gabler, S. 345–368

Oelze, N. (2015) Implementierung von Umwelt und Sozialstandards entlang der Wertschöpfungskette: Lernen aus den Erfahrungen führender Unternehmen, in: Fröhlich, E. (Hrsg.): *CSR und Beschaffung: Theoretische wie praktische Implikationen eines nachhaltigen Beschaffungsprozessmodells*. Berlin: Springer Gabler, S. 37–54

Otto Group (2018) *Geschäftsbericht 2017/2018*. Online verfügbar unter: https://www.ottogroup.com/media/docs/de/geschaeftsbericht/Otto_Group_Geschaeftsbericht_2017_18_DE.pdf

Schwarzkopf, J., Adam, K. und Wittenberg, S. (2018) Einsatz von Design Thinking im Rahmen der Entwicklung eines Blockchainprototyps, in: Knaut, M. (Hrsg.): *Kreativität + X = Innovation*. Berlin: Berliner Wissenschafts-Verlag, S. 72–79

Seuring, S. und Müller, M. (2008) 'From a literature review to a conceptual framework for sustainable supply chain management', *Journal of Cleaner Production*, 16 (15), S. 1699–1710

Seuring, S. und Müller, M. (2013) Nachhaltiges Management von Wertschöpfungsketten, in: Baumast, A. und Pape, J. (Hrsg.): *Betriebliches Nachhaltigkeitsmanagement*. Stuttgart: UTB, S. 245–258

Sternad, D. (2015) *Strategieentwicklung Kompakt: Eine praxisorientierte Einführung*. Wiesbaden: Springer Gabler

Telekom (2019) *Strategie & Management: Wesentlichkeit & Wertschöpfung*. Online unter: https://www.cr-bericht.telekom.com/site19/strategie-management/wesentlichkeit-wertschoepfung#atn-7281-7284,atn-7281-7283,atn-7281-7285,atn-7281-8892 (30.04.2019)

UNGC Office (2012) *Nachhaltigkeit in der Lieferkette: Ein praktischer Leitfaden zur kontinuierlichen Verbesserung*. Online verfügbar unter: https://www.globalcompact.de/wAssets/docs/Lieferkettenmanagement/nachhaltigkeit_in_der_lieferkette.pdf

Unilever (2019a) *Together we can change how the world does business*. Online verfügbar unter: https://www.unilever.com/sustainable-living/values-and-values/

Unilever (2019b) *Unilever Sustainable Living Plan: 3-Year summary progress 2016–2018*. Online verfügbar unter: https://www.unilever.com/Images/uslp-3-year-performance-summary-2016-2018-final_tcm244-536744_1_en.pdf

Wellbrock, W. und Ludin, D. (2019) *Nachhaltiges Beschaffungsmanagement: Strategien – Praxisbeispiele – Digitalisierung*. Berlin: Springer Gabler

4 Organisation eines nachhaltigen Lieferkettenmanagements

Basierend auf der SSCM-Strategie und den SSCM-Zielen gilt es, die bestehende Beschaffungsabteilung beziehungsweise in kleineren Unternehmen die Beschaffungsfunktionen unter Nachhaltigkeitsgesichtspunkten zu erweitern.[1] Eine allgemeingültige Empfehlung zur optimalen Ausgestaltung von Strukturen und Maßnahmen ist, wie Karlshaus (2011, S. 61) feststellt, *„aufgrund der Vielfalt unternehmensspezifischer Unterschiede und Einflüsse nicht möglich".* Entscheidend ist allerdings keine Parallelstruktur aufzubauen, sondern den Faktor Nachhaltigkeit in das bestehende Beschaffungssystem zu integrieren. Wie der Erweiterungsprozess gestaltet werden kann und welche Aspekte hierbei beachtet werden sollten, wird in den folgenden Kapiteln beschrieben.

Als erstes wird in Kapitel 4.1 auf das Thema „Veränderungsmanagement" eingegangen. Daran anschließend folgt in Kapitel 4.2 eine Auseinandersetzung mit dem Thema „Strukturanpassung". In Kapitel 4.3 geht es um die Anpassung der Vorschriften und Verfahrensbeschreibungen; das Kapitel unterteilt sich hierbei in die internen Vorschriften und Verfahrensbeschreibungen (4.3.1) und den Lieferanten Code of Conduct (4.3.2). Kapitel 4.4 widmet sich dem Thema Schulungen und Kapitel 4.5 der Beratung. In Kapitel 4.6 wird das Anreizsystem, in Kapitel 4.7 das Beschwerdesystem und in Kapitel 4.8 die Integrationsanalyse behandelt. Abgeschlossen wird das Kapitel mit dem Thema Systemüberprüfung (4.9).

4.1 Veränderungsmanagement

Strategien umzusetzen bedeutet in der Regel weitreichende organisationale Änderungen durchzuführen (Sternad, 2015). Dabei geht es laut Sternad (2015) nicht nur um die Einführung neuer Strukturen, Prozesse und Systeme, sondern auch um neue Verhaltensweisen der Mitarbeiter. Strategien können wie Sternad (2015) konstatiert nur dann erfolgreich umgesetzt werden, wenn sie nicht nur in Zielen und Kennzahlen abgebildet, sondern auch von den Mitarbeitern „gelebt" werden. Um Anpassungsprozesse in die richtige Richtung zu lenken, sollten diese laut Sternad (2015, S. 37) daher *„im Rahmen eines Veränderungsmanagements (Change Management) gezielt gesteuert und begleitet werden".* Müller-Stewens und Lechner (2016) beschreiben unterschiedliche konzeptionelle Change-Management-Ansätze auf die hier zurückgegriffen werden kann.

---

[1] Aus Vereinfachungsgründen wird im weiteren Verlauf des Textes lediglich die Bezeichnung „Abteilung" verwendet.

https://doi.org/10.1515/9783110652628-004

Bei einigen Mitarbeitern können Änderungspläne Unsicherheiten auslösen und zu Ablehnung und Widerständen führen. Es ist wichtig, solche Unsicherheiten gezielt zu adressieren (Sternad, 2015). In Veränderungsprozessen kommt einer guten Kommunikation daher eine besondere Rolle zu (Sternad, 2015).

Um Akzeptanz für die bevorstehenden Änderungen zu schaffen, sollten betroffene Mitarbeiter möglichst frühzeitig in den Veränderungsprozess involviert und von der Notwendigkeit zum Aufbau des nachhaltigen Lieferkettenmanagements überzeugt werden. Wie Sternad (2015) feststellt, geht es beim Veränderungsmanagement vor allem auch darum, Mitarbeitern die Möglichkeit zu geben, sich im Rahmen von beispielsweise Dialogveranstaltungen und Feedbackrunden einzubringen.

ZUSAMMENFASSUNG

4.1 Veränderungsmanagement

– Strategien umzusetzen bedeutet in der Regel weitreichende organisationale Änderungen durchzuführen; dabei geht es nicht nur um die Einführung neuer Strukturen, Prozesse und Systeme, sondern auch um neue Verhaltensweisen der Mitarbeiter.
– Um Anpassungsprozesse in die richtige Richtung zu lenken, sollten diese im Rahmen eines Veränderungsmanagements (Change Management) gezielt gesteuert und begleitet werden.
– Bei einigen Mitarbeitern können Änderungspläne Unsicherheiten auslösen und zu Ablehnung und Widerständen führen; es ist wichtig, solche Unsicherheiten zu adressieren.
– Um Akzeptanz für die bevorstehenden Änderungen zu schaffen, sollten betroffene Mitarbeiter möglichst frühzeitig in den Veränderungsprozess involviert und von der Notwendigkeit zum Aufbau des nachhaltigen Lieferkettenmanagements überzeugt werden.

4.2 Strukturanpassung

Die Verantwortlichkeiten und Berichtspflichten der SSCM-Abteilung sollten definiert und die Ressourcenausstattung in personeller und in finanzieller Hinsicht festgelegt werden. Die Höhe der Ausstattung mit Personal und Finanzmitteln sollte sich nach den SSCM-Zielen, der Komplexität der Lieferkette und den Nachhaltigkeitsrisiken richten. Unternehmen mit ambitionierten SSCM-Zielen, mit hohen Nachhaltigkeitsrisiken und/oder komplexen Lieferkettenstrukturen, haben einen erhöhten Ausstattungsbedarf. Auch die Frage, inwieweit man in nachhaltigkeitsorientierten

Brancheninitiativen eingebunden ist, hat Einfluss auf die Ausstattungsentscheidung. Da Brancheninitiativen viele Synergieeffekte bieten, wird der Ausstattungsbedarf grundsätzlich reduziert (siehe hierzu Kapitel 7). Verfolgt man das Ziel einer umfassenden Weiterentwicklung einer Brancheninitiative und/oder eine solche befindet sich erst im Aufbau, kann der Ausstattungsbedarf allerdings auch steigen.

Auch ist es wichtig, die Zusammenarbeit mit anderen Abteilungen zu regeln. Alle Abteilungen für die das Thema ebenfalls von Relevanz ist, wie zum Beispiel die Rechtsabteilung, die Kommunikation und der Vertrieb, sollten über die SSCM-Strategien, Ziele und Maßnahmen informiert werden. Dabei sollte auch festgelegt werden, welche Aufgaben die betroffenen Abteilungen zur Erreichung der SSCM-Ziele übernehmen werden.

Für gravierende Nachhaltigkeitsmissstände, die plötzlich auftreten, sollten Vertreter aus unterschiedlichen Abteilungen benannt werden, die diese Vorfälle gemeinsam als „Ad-hoc-Team" lösen. Das Verfahren in einem Ad-hoc-Fall sollte grundlegend festgelegt werden und der Fokus auf einer Bearbeitung binnen kürzester Zeit liegen.

In Unternehmen mit Tochtergesellschaften und/oder Standorten im Ausland ist darüber hinaus ein Netzwerk von Nachhaltigkeitsakteuren notwendig, das unter Berücksichtigung der jeweiligen nationalen Konditionen (Gesetze, Kulturen, usw.) als Multiplikator für die SSCM-Ziele und Maßnahmen dient. Zu diesem Zwecke sollten Nachhaltigkeitsbeauftragte benannt und in eine unternehmensweite Struktur eingebunden werden.

Zur Sicherstellung effektiver IT-Prozesse sollte bei der Strukturanpassung schließlich auch die IT-Abteilung möglichst frühzeitig eingebunden werden. Im Fokus beim Aufbau und der Anwendung des SSCM-Systems sollte insbesondere auch immer die Frage stehen, wie die Möglichkeiten der Digitalisierung genutzt werden können.

ZUSAMMENFASSUNG

4.2 Strukturanpassung

- Die Verantwortlichkeiten und Berichtspflichten der SSCM-Abteilung sollten definiert werden.
- Die Ressourcenausstattung der SSCM-Abteilung sollte in personeller und in finanzieller Hinsicht festgelegt werden; die Ausstattung sollte sich an den SSCM-Zielen, den Nachhaltigkeitsrisiken, der Komplexität der Lieferkette und der Beteiligung an Brancheninitiativen orientieren.
- Alle Abteilungen für die das Thema ebenfalls von Relevanz ist (zum Beispiel die Rechtsabteilung, die Kommunikation und der Vertrieb) sollten über die SSCM-Strategie sowie deren Ziele und Maßnahmen informiert werden; dabei sollte auch festgelegt werden, welche Aufgaben die betroffenen Abteilungen zur Erreichung der SSCM-Ziele übernehmen werden.

- Für gravierende Nachhaltigkeitsmissstände, die plötzlich auftreten, sollten Vertreter aus unterschiedlichen Abteilungen benannt werden, die diese Vorfälle gemeinsam als „Ad-hoc-Team" lösen.
- Bei Unternehmen mit Tochtergesellschaften und/oder Standorten im Ausland sollte ein Netzwerk von Nachhaltigkeitsbeauftragten aufgebaut werden, die, unter Berücksichtigung der jeweiligen nationalen Konditionen, als Multiplikator für die SSCM-Ziele und Maßnahmen dienen.
- Zur Sicherstellung effektiver IT-Prozesse sollte bei der Strukturanpassung die IT-Abteilung möglichst frühzeitig eingebunden werden.

4.3 Vorschriften und Verfahrensbeschreibungen

Unter diesem Punkt geht es um sämtliche Vorschriften und Verfahrensbeschreibungen für das nachhaltige Lieferkettenmanagement. Hier muss zwischen internen und externen Vorschriften und Verfahrensbeschreibungen unterschieden werden. Erstere adressieren die internen Bereiche des eigenen Unternehmens, während sich letztere auf Vorgaben für Lieferanten beziehen. Im Folgenden wird zuerst dargelegt, welche Aspekte bei der Erstellung der internen Vorschriften und Verfahrensbeschreibungen beachtet werden sollten (Kapitel 4.3.1), und anschließend, in Kapitel 4.3.2, wird der Fokus auf die Vorgaben für Lieferanten gelegt.

4.3.1 Interne Vorschriften und Verfahrensbeschreibungen

Auf Basis der in der SSCM-Strategie formulierten Prinzipien sollten entsprechende Vorschriften und Verfahrensbeschreibungen formuliert werden. Zunächst einmal ist es wichtig, eine Richtlinie für die nachhaltige Beschaffung aufzusetzen. Darüber hinaus sollten sämtliche Verfahrensbeschreibungen formuliert werden. So muss beispielsweise festgelegt werden, wie bei der Lieferantenauswahl vorzugehen ist, wann Maßnahmen der Lieferantenentwicklung durchzuführen sind, wie das Lieferanten-Eskalationsverfahren bei der Verletzung von Nachhaltigkeitsanforderungen aussieht, usw. (siehe hierzu Kapitel 5).

Noch einmal sei hier betont, dass es darauf ankommt, keine Parallelstruktur aufzubauen, sondern den Faktor Nachhaltigkeit in das bestehende Beschaffungssystem zu integrieren. Insofern geht es um eine Erweiterung der Vorschriften und Verfahrensbeschreibungen der Beschaffung. Dabei ist es besonders wichtig sicherzustellen, dass sämtliche Beschaffungsvorschriften insgesamt schlüssig sind. Dies bedeutet auch, dass der finanzielle und zeitliche Auftragsrahmen Lieferanten die Umsetzung sämtlicher Nachhaltigkeitsvorgaben ermöglicht und dabei auch das Risiko für Unterauftragsvergaben minimiert; vgl. Kapitel 3.3.

Als Beispiel für eine interne Vorschrift wird in Abbildung 4.1 ein Auszug aus der Richtlinie für verantwortungsbewusste Beschaffung der Adidas Group (2017) dargestellt.

adidas

Group Function

Global Policy Manual
Responsible Sourcing & Purchasing Policy

date effective: 01/07/2017
approved by: Gil Steyaert
Executive Board Member
Global Operations

1. Objective

adidas is routinely cited as a leader in sustainability and we are committed to operating responsibly in all areas of our business. Our leadership has been built around a clear set of Workplace Standards that set out expectations for our suppliers in relation human and labour rights, occupational safety and the environment. However, supplier compliance is just one element of a shared responsibility to source ethically.

This policy defines adidas' approach to responsible sourcing and purchasing practices. We are committed to working with our business partners, across our global and multi-layered supply chain, to ensure that sourcing and purchasing decisions, and other supporting processes, do not impede or conflict with the fulfilment of the adidas Workplace Standards.

2. Scope

This policy applies to business units of adidas engaged in sourcing and purchasing of trade products across all brands and product categories.

3. Policy

Responsible sourcing and purchasing practices are to be embedded in all relevant sourcing and purchasing policies and procedures. These shall support decision making and processes that are aligned with:

- Contractual and financial terms that do not adversely impact compliance with the adidas Workplace Standards, including the safeguarding of legally mandated wages, benefits & compensation;

- Product development, order placement/purchasing, and production lead times that reduce the risk of excessive overtime, unauthorized subcontracting, or other negative supply chain impacts; and

- A commitment to long term partnerships with suppliers, which recognise those suppliers delivering sustainable compliance, in accordance with the Workplace Standards, a track record in reducing environmental impacts and maintaining and achieving product safety standards.

Abb. 4.1: Auszug aus der Richtlinie für verantwortungsbewusste Beschaffung der Adidas Group. Quelle: Adidas Group (2017)[2]

---

2 Der Verhaltenskodex für Zulieferer von adidas („Workplace Standards") kann auf der Webseite des Unternehmens eingesehen werden.

Zudem ist es wichtig, eine Grundsatzerklärung aufzustellen, die zum Ausdruck bringt, dass das eigene Unternehmen seiner Verantwortung zur Achtung der Menschenrechte nachkommt; vgl. Nationaler Aktionsplan Wirtschaft und Menschenrechte der Bundesregierung (kurz NAP).[3] Diese Erklärung sollte laut der Bundesregierung (2017) von der Unternehmensleitung verabschiedet und sowohl intern als auch extern kommuniziert werden. In dieser Grundsatzerklärung sollten die wichtigsten menschenrechtlichen Herausforderungen des Unternehmens spezifiziert werden (DGCN und twentyfifty, 2014) und das Verfahren beschrieben werden, mit dem das eigene Unternehmen seiner menschenrechtlichen Sorgfaltspflicht nachkommt (Bundesregierung, 2017). Die Erklärung sollte gemäß Bundesregierung (2017) kontinuierlich weiterentwickelt werden.

ZUSAMMENFASSUNG

4.3.1 Interne Vorschriften und Verfahrensbeschreibungen

- Für das nachhaltige Lieferkettenmanagement sollten sämtliche Vorschriften und Verfahrensbeschreibungen formuliert werden (eine Richtlinie für nachhaltige Beschaffung, eine Grundsatzerklärung zur Achtung der Menschenrechte, Verfahrensbeschreibungen, die festlegen, wie bei der Lieferantenauswahl vorzugehen ist, wann Maßnahmen der Lieferantenentwicklung durchzuführen sind, usw.).
- Es sollte sichergestellt werden, dass alle Beschaffungsvorschriften insgesamt schlüssig sind; das schließt auch ein, dass der finanzielle und zeitliche Auftragsrahmen Lieferanten die Umsetzung sämtlicher Nachhaltigkeitsvorgaben ermöglicht und dabei auch das Risiko für Unterauftragsvergaben minimiert.

4.3.2 Lieferanten Code of Conduct

Im „Lieferanten Code of Conduct" (kurz LCoC) werden die Nachhaltigkeitsanforderungen für Lieferanten formuliert. Der LCoC bildet damit die normative Basis dessen, was Lieferanten umsetzen und einhalten müssen. Somit fungiert der LCoC als *„Schnittstelle zwischen unternehmensinternen Zielen und dem gewünschten Verhalten"* der Liefe-

---

3 Weiterführende Informationen zum Nationalen Aktionsplan der Bundesregierung für Wirtschaft und Menschenrechte sind online verfügbar auf der Webseite des Auswärtigen Amtes.

ranten (BMUB und Umweltbundesamt, 2017, S. 39). Insofern bildet der LCoC auch die Grundlage für die nachhaltigkeitsorientierte Lieferantenbewertung und -entwicklung (siehe hierzu Kapitel 5.2 und 5.3).

Bei der Erstellung eines LCoCs sind inhaltliche sowie organisatorische Anforderungen zu beachten. Hinsichtlich der inhaltlichen Ausgestaltung ist es zunächst wichtig, dass im LCoC alle vier übergeordneten Nachhaltigkeitsthemenbereiche (Umwelt, Menschenrechte, Arbeitspraktiken sowie Betriebs- und Geschäftspraktiken; vgl. Kapitel 1.2) abgedeckt werden und dieser auf anerkannten (internationalen) Leitsätzen, Normen und Standards beruht und hierbei mindestens die Konventionen der International Labour Organization (ILO), die zehn Prinzipien des United Nations Global Compact und die Menschenrechtserklärung der Vereinten Nationen einschließt. Weiterhin sollte die inhaltliche Ausgestaltung von der SSCM-Strategie und den SSCM-Zielen abgeleitet werden; vgl. Kapitel 3.

Die Vorgaben sollten genau spezifiziert sein. Eine Formulierung wie zum Beispiel, dass die Umwelt gefördert werden soll, ist nicht präzise genug, da sie zu viel Interpretationsspielraum bietet. Die Vorgaben sollten folglich so präzise sein, dass möglichst keine Unklarheiten entstehen. Es bietet sich auch an, einen E-Learning-Kurs und/oder Leitfaden zu veröffentlichen, der Lieferanten bei der Umsetzung des LCoCs unterstützt.

PRAXISHINWEIS

Als Inspirationsgrundlage für Lieferanten-Unterstützungselemente zur Umsetzung des LCoCs kann beispielsweise der Nachhaltigkeitsleitfaden für Lieferanten von Bayer sowie der interaktive LCoC-E-Learning Kurs der Deutschen Post dienen.

Sämtliche Tier-1-Lieferanten sollten zur Einhaltung des LCoCs verpflichtet werden. Dadurch können sehr spezifische Nachhaltigkeitsanforderungen allerdings nur eingeschränkt im LCoC abgebildet werden. So würden beispielsweise ökologische Vorgaben, die sehr detailliert zu regeln sind, wie zum Beispiel die Einhaltung bestimmter umweltrechtlicher Normen bei der Lieferung einer chemischen Anlage, den Rahmen eines LCoCs überstrapazieren (Schröder, 2015). Solche Vorgaben sollten daher besser mittels beispielsweise der Spezifikation des Liefergegenstandes geregelt werden (Schröder, 2015).

Die gravierendsten Nachhaltigkeitsverstöße finden oftmals nicht beim Tier 1, sondern in einer weiter vorgelagerten Lieferkettenstufe statt. Daher ist es wichtig, dass die Pflichten des LCoCs in die weiteren Lieferkettenstufen gelangen. Zu diesem Zwecke sollte eine Weitergabeklausel in den LCoC aufgenommen werden, die den Vertragspartner (Tier 1) dazu verpflichtet, die Nachhaltigkeitsvorgaben an seine (Unter-)Lieferanten weiterzugeben und durch geeignete Maßnahmen sicherzustellen, dass diese auch eingehalten werden (siehe hierzu auch Kapitel 6). Im Optimalfall werden die Anforderungen in den jeweiligen Vertragsbeziehungen so lange weitergegeben, bis der Beginn der Wertschöpfung erreicht ist und somit eine nachhaltigkeitsorientierte Kaskadierung der Lieferkette gelingt; siehe Abbildung 4.2.

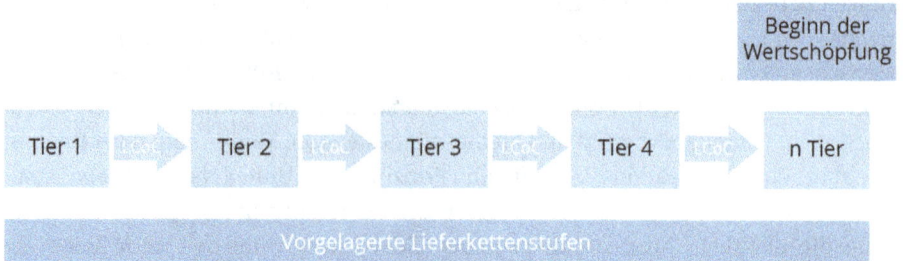

Abb. 4.2: Nachhaltigkeitsorientierte Kaskadierung der Lieferkette mittels Weitergabeklausel im LCoC. Quelle: eigene Darstellung

Wie bereits in Kapitel 3.3 dargelegt, ist es wichtig von Lieferanten keine weitreichenderen Nachhaltigkeitsleistungen einzufordern, als vom eigenen Unternehmen erbracht werden. Bei der Entwicklung des LCoCs sollte daher stets auch die eigene Nachhaltigkeitsleistung berücksichtigt werden.

Bei der inhaltlichen Ausgestaltung sollte auch beachtet werden, welche Selbstverpflichtungen man in Bezug auf Standards und Initiativen eingegangen ist und ob sich daraus Anforderungen ergeben, die in den LCoC mitaufgenommen werden müssen.

Da rechtliche und unternehmensspezifische Vorgaben unterschiedlich ausfallen können, sollten Lieferanten im LCoC dazu verpflichtet werden, stets die jeweils strengsten Anforderungen einzuhalten.

Wichtig ist darüber hinaus, dass dem eigenen Unternehmen das Recht eingeräumt wird, die Einhaltung der inhaltlichen Vorgaben, durch beispielsweise (unangekündigte) Audits, zu überprüfen (siehe hierzu Kapitel 5.2.3.1).

Historisch ist eine Vielzahl unterschiedlicher LCoCs entstanden. Viele Lieferanten müssen insofern multiple LCoCs implementieren, was zu Konfusion und Ineffizienzen führt (Locke et al., 2007). Ein Lieferant, der mehrere Unternehmen beliefert, die alle über einen eigenen LCoC und eigene Korrekturverfahren verfügen, wird wie UNGC Office (2012) feststellt, stark belastet. Diese Belastung kann der Compliance und der kontinuierlichen Verbesserung Ressourcen entziehen (UNGC Office und BSR, 2015). Die Vorgaben der LCoCs unterscheiden sich nicht nur, sondern sind teilweise sogar widersprüchlich (DGCN, 2010). Damit Lieferanten nicht mit divergierenden Verhaltenskodices konfrontiert werden, sollte möglichst auf standardisierte LCoCs zurückgegriffen werden, die bei Bedarf mit einzelnen unternehmensspezifischen Vorgaben ergänzt werden; siehe Abbildung 4.3. Branchenkooperationen, Multi-Stakeholder-Partnerschaften und auch Nachhaltigkeitsinitiativen, wie zum Beispiel der „Umweltpakt

Bayern" des Bayerischen Staatsministeriums für Umwelt und Verbraucherschutz, bieten standardisierte LCoC Vorlagen an.[4]

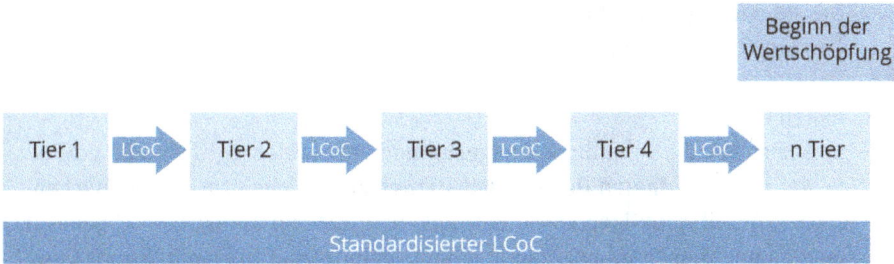

Beginn der
Wertschöpfung

Tier 1 → LCoC → Tier 2 → LCoC → Tier 3 → LCoC → Tier 4 → LCoC → n Tier

Standardisierter LCoC

Abb. 4.3: Nachhaltigkeitsorientierte Kaskadierung der Lieferkette auf Basis eines standardisierten LCoCs. Quelle: eigene Darstellung

Der wohl wichtigste organisatorische Aspekt in Bezug auf den LCoC ist, dass die inhaltlichen Vorgaben verbindlich sind. Hierzu können zwei Ansätze verfolgt werden: die Inhalte des LCoCs werden direkt in den Liefervertrag aufgenommen oder der LCoC repräsentiert ein separates Dokument, das zum Bestandteil des Liefervertrages deklariert wird. Für Letzteres muss im Liefervertrag darauf hingewiesen werden, dass der LCoC vertragswesentlich ist und der Verhaltenskodex sollte dem Vertrag als Anlage hinzugefügt werden. So wird sichergestellt, dass der LCoC einen verpflichtenden Vertragsbestandteil darstellt und ein Verstoß gegebenenfalls auch auf juristischem Wege geahndet werden kann.[5]

Um sicherzustellen, dass die Nachhaltigkeitsanforderungen potenziellen Vertragspartnern bekannt sind, sollte der LCoC bereits vor der Vertragsabwicklung aktiv an Lieferanten kommuniziert werden (siehe hierzu Kapitel 5.1).

Schließlich ist es wichtig, nachhaltigkeitsrelevante Entwicklungen zu verfolgen und in regelmäßigen Abständen zu überprüfen, ob der LCoC gegebenenfalls aktualisiert werden muss.

---

[4] Der Umweltpakt Bayern bietet auf der Webseite des Bayerischen Staatsministeriums für Umwelt und Verbraucherschutz auch weitere Arbeitshilfen für den Aufbau eines nachhaltigen Lieferkettenmanagements an.

[5] Welche rechtlichen Anforderungen von Unternehmen, die deutschem Recht unterliegen, bei der Gestaltung und Durchsetzung von Lieferanten Verhaltenskodices beachtet werden müssen, diskutiert Rechtsanwalt Sebastian Schröder in dem Artikel *„Supplier Code of Conduct: CSR und Vertragsgestaltung mit Lieferanten –Ansprüche an Compliance und Nachhaltigkeit glaubhaft vertreten und durchsetzen"*, der im Sammelband CSR und Beschaffung: Theoretische wie praktische Implikationen eines nachhaltigen Beschaffungsprozessmodells, in Fröhlich, E., (Hrsg.), im Jahr 2015 im Springer Gabler Verlag erschienen ist.

4.3.2 Lieferanten Code of Conduct

– Die Nachhaltigkeitsanforderungen für Lieferanten sollten in einem Code of Conduct (LCoC) zusammengefasst werden.
– Der LCoC bildet die normative Basis dessen, was Lieferanten umsetzen und einhalten müssen.
– In Bezug auf die inhaltliche Ausgestaltung ist es wichtig, dass im LCoC alle vier übergeordneten Nachhaltigkeitsthemenbereiche (Umwelt, Menschenrechte, Arbeitspraktiken sowie Betriebs- und Geschäftspraktiken) abgedeckt werden und dieser auf anerkannten (internationalen) Leitsätzen, Normen und Standards beruht und hierbei mindestens die Konventionen der International Labour Organization (ILO), die zehn Prinzipien des United Nations Global Compact und die Menschenrechtserklärung der Vereinten Nationen einschließt.
– Weiterhin sollte die inhaltliche Ausgestaltung des LCoCs von der SSCM-Strategie und den SSCM-Zielen abgeleitet werden.
– Um Unklarheiten vorzubeugen, sollten die Vorgaben so präzise formuliert sein, dass möglichst kein Interpretationsspielraum entsteht; es bietet sich auch an, einen E-Learning-Kurs und/oder Leitfaden zu veröffentlichen, der Lieferanten bei der Umsetzung des LCoCs unterstützt.
– Falls man Selbstverpflichtungen in Bezug auf Standards und/oder Initiativen eingegangen ist, sollten die darin enthaltenen Anforderungen geprüft und der LCoC gegebenenfalls ergänzt werden.
– Da rechtliche Vorgaben und die unternehmensindividuellen Anforderungen unterschiedlich ausfallen können, sollte im LCoC darauf hingewiesen werden, dass vom Lieferanten stets die jeweils strengsten Anforderungen einzuhalten sind.
– Um eine nachhaltigkeitsorientierte Kaskadierung in der Lieferkette zu erreichen, sollten Lieferanten dazu verpflichtet werden, die Vorgaben des LCoCs an ihre (Unter-)Lieferanten weiterzugeben und durch geeignete Maßnahmen sicherzustellen, dass diese auch eingehalten werden.
– Damit Lieferanten nicht mit einer Vielzahl divergierender Verhaltenskodices von unterschiedlichen Unternehmen konfrontiert werden, sollte möglichst auf standardisierte LCoCs zurückgegriffen werden, die bei Bedarf mit einzelnen unternehmensindividuellen Vorgaben ergänzt werden.
– Die Umsetzung der inhaltlichen Vorgaben des LCoCs sollte für alle Vertragspartner verbindlich sein und das eigene Unternehmen sollte das Recht haben, die Einhaltung der Vorgaben zu überprüfen.

– Auf Basis einer Beobachtung von nachhaltigkeitsrelevanten Entwicklungen sollte regelmäßig überprüft werden, ob der LCoC gegebenenfalls aktualisiert werden muss.

PRAXISBEISPIEL 4.1

Lieferanten Code of Conduct (LCoC) der Responsible Business Alliance (RBA)

Bei der Responsible Business Alliance (RBA) handelt es sich um die weltweit größte Brancheninitiative, die nachhaltigen Lieferketten gewidmet ist. Ursprünglich von einer kleinen Anzahl an Elektronikunternehmen gegründet, hat die Initiative heute mehr als 145 Mitglieder aus der Elektronik-, Handel-, Automobil- und Spielwarenindustrie. Als Teil des Leistungsspektrums erhalten Mitglieder der RBA einen standardisierten LCoC; siehe Abbildung 4.4.[6] Die RBA bietet sowohl zum LCoC als auch zu weiterführenden Themen E-Learning-Schulungen an.

Der LCoC wird alle drei Jahre aktualisiert. Das nächste Überarbeitungsverfahren beginnt 2020 und die neue Fassung wird voraussichtlich Anfang 2021 in Kraft treten.[7,8]

---

6 Der vollständige LCoC der RBA befindet sich im Anhang.

7 Die aktuellste Fassung des LCoCs wird stets auf der Webseite von RBA veröffentlicht.

8 Das Praxisbeispiel beruht auf Texten, die RBA auf seiner Webseite veröffentlicht hat und auf Angaben von Nachhaltigkeitsexperten der Organisation, die im Zuge der Bucherstellung im Rahmen von Interviews und/oder (persönlichen) Absprachen gemacht wurden. Für die Richtigkeit und Vollständigkeit der Angaben in diesem Praxisbeispiel können wir keine Gewähr übernehmen.

Responsible Business Alliance
Formerly the Electronic Industry Citizenship Coalition
Advancing Sustainability Globally

Version 6.0 (2018)

VERHALTENSKODEX DER RESPONSIBLE BUSINESS ALLIANCE

Der Verhaltenskodex der Responsible Business Alliance (RBA), ehemals die Electronic Industry Citizenship Coalition (EICC), legt Standards fest, um Arbeitsbedingungen in der Lieferkette der Elektronikbranche oder Branchen, in denen Elektronik eine Kernkomponente darstellt, zu schaffen, die sicherstellen, dass die Lieferkette sicher ist, dass Arbeitskräfte mit Respekt und Würde behandelt werden und dass die Geschäftstätigkeit in einer ökologisch und ethisch verantwortungsvollen Art und Weise ausgeübt wird.

Für die Zwecke dieses Kodex gelten jene Organisationen als Teil der Elektronikbranche, die Waren und Dienstleistungen entwickeln, vermarkten, produzieren bzw. erbringen, die zur Herstellung elektronischer Waren genutzt werden. Jedes Unternehmen in der Elektronikbranche kann diesen Kodex freiwillig einführen und anschließend gegenüber seiner Lieferkette und den Unterauftragnehmern, einschließlich der Anbieter von Leiharbeit, anwenden.

Ein Unternehmen, das den Kodex einführen und ein Teilnehmer („Teilnehmer") werden möchte, hat seine Unterstützung des Kodex zu erklären und sich aktiv für die Einhaltung des Kodex und seiner Standards entsprechend einem Managementsystem – wie nachfolgend beschrieben – zu engagieren.

Teilnehmer müssen den Kodex als eine Initiative betrachten, die für die gesamte Lieferkette gilt. Als Mindestanforderung sollten die Teilnehmer von ihren Lieferanten der nächsten Ebene verlangen, den Kodex anzuerkennen und umzusetzen.

Von grundlegender Bedeutung für die Einführung des Kodex ist die Auffassung, dass ein Unternehmen bei all seinen Aktivitäten die Gesetze, Regeln und Vorschriften der Länder, in denen es Geschäftstätigkeiten ausübt, in vollem Umfang einhalten muss.[1] Ferner ermutigt der Kodex die Teilnehmer, über die Erfüllung der gesetzlichen Erfordernisse hinauszugehen und sich dabei auf international anerkannte Standards zu stützen, um die soziale und ökologische Verantwortung zu erhöhen und die Geschäftsethik zu verbessern. In keinem Fall kann die Befolgung des Kodex zu Verstößen gegen lokale Gesetze führen. Falls es jedoch unterschiedliche Standards zwischen dem RBA-Kodex und dem lokalen Recht gibt, dann definiert der RBA-Kodex Rechtskonformität als Befolgung der strengsten Anforderungen. Die Bestimmungen dieses Kodex orientieren sich an den UN Guiding Principles on Business and Human Rights (UNO-Leitprinzipien für Wirtschaft und Menschenrechte) und wurden aus zentralen internationalen Menschenrechtsstandards, einschließlich der ILO Declaration on Fundamental Principles and Rights at Work (IAO-Erklärung über grundlegende Prinzipien und Rechte bei der Arbeit) und der UN Universal Declaration of Human Rights (Allgemeine Erklärung der Menschenrechte der Vereinten Nationen) abgeleitet.

Die RBA ist bestrebt, im Prozess der ständigen Weiterentwicklung und Umsetzung des Verhaltenskodex, regelmäßig Beiträge und Anregungen von Interessenvertretern zu erhalten.

Der Kodex besteht aus fünf Abschnitten. Die Abschnitte A, B und C beschreiben die Standards bezüglich Arbeit, Gesundheit und Sicherheit bzw. Umwelt. Abschnitt D enthält Standards in Bezug auf die Geschäftsethik und Abschnitt E skizziert die Elemente eines geeigneten Systems zur Gewährleistung der Einhaltung dieses Kodex.

Abb. 4.4: Auszug aus dem LCoC der Responsible Business Alliance. Quelle: RBA (2018)

Responsible Business Alliance
Formerly the Electronic Industry Citizenship Coalition
Advancing Sustainability Globally

A. ARBEIT

Die Teilnehmer verpflichten sich, die Menschenrechte der Arbeitskräfte zu wahren und sie entsprechend dem Verständnis der internationalen Gemeinschaft mit Würde und Respekt zu behandeln. Dies gilt für alle Arbeitskräfte, einschließlich Zeit- und Wanderarbeiter, Werkstudenten, Leiharbeiter, fest angestellte Arbeitnehmer und für alle sonstigen Arten von Arbeitskräften. Bei der Erarbeitung dieses Kodex wurden anerkannte Normen, wie in der Anlage aufgelistet, als Referenz verwendet; diese können eine nützliche Quelle für zusätzliche Informationen sein.

Die Arbeitsstandards sind:

1) Freie Wahl der Beschäftigung

Es darf keine Zwangsarbeit, Knechtschaft (einschließlich Schuldknechtschaft) oder Pflichtarbeit, unfreiwillige oder ausbeuterische Gefängnisarbeit, Sklavenarbeit oder Arbeit basierend auf Menschenhandel eingesetzt werden. Dies umfasst auch den Transport, die Beherbergung, Anstellung, Weitervermittlung oder Aufnahme von Personen zur Erbringung von Arbeits- oder Dienstleistungen unter Anwendung von Drohungen, Gewalt, Zwang oder mittels Entführung oder Betrug. Die Bewegungsfreiheit der Arbeitskräfte in der Einrichtung darf nicht in unangemessener Weise eingeschränkt sein; ebenso dürfen keine unangemessenen Beschränkungen für das Betreten bzw. Verlassen der vom Unternehmen bereitgestellten Einrichtungen bestehen. Als Teil des Einstellungsverfahrens ist den Arbeitskräften ein schriftlicher Arbeitsvertrag in deren Muttersprache mit einer Beschreibung der Beschäftigungsbedingungen vorzulegen, bevor diese ihr Ursprungsland verlassen; bei deren Ankunft im Empfangsland sind keine Ergänzungen oder Änderungen im Vertrag gestattet, es sei denn, es handelt sich um Anpassungen an das örtliche Recht und die Anpassungen sorgen für gleiche oder bessere Vertragsbedingungen. Die Arbeit muss auf freiwilliger Grundlage geleistet werden und die Arbeitskräfte können den Arbeitsplatz jederzeit verlassen oder ihren Vertrag kündigen. Arbeitgeber und Vermittler dürfen die Ausweis- oder Einwanderungsdokumente der Arbeitnehmer, zum Beispiel von einer Regierungsstelle ausgestellte Ausweisdokumente, Reisepässe oder Arbeitserlaubnisse nicht einbehalten, vernichten, verstecken, konfiszieren oder den Arbeitnehmern den Zugriff auf diese Dokumente verwehren, außer wenn das Einbehalten der Arbeitserlaubnisse gesetzlich vorgeschrieben ist. Die Arbeitskräfte haben die Einstellungsgebühren sowie sonstige mit der Einstellung verbundenen Gebühren nicht zu zahlen. Sollte sich herausstellen, dass die Arbeitskräfte solche Gebühren gezahlt haben, werden diese Gebühren entsprechend zurückgezahlt.

2) Junge Arbeitskräfte

Der Einsatz von Kinderarbeit ist in jeder Phase des Fertigungsprozesses verboten. Der Begriff „Kind" bezieht sich auf alle Personen unter 15 Jahren oder auf Personen im schulpflichtigen Alter oder Personen, die das in dem jeweiligen Land geltende Mindestalter für eine Beschäftigung noch nicht erreicht haben, wobei die höchste dieser Altersstufen maßgeblich ist. Der Einsatz zugelassener Ausbildungsprogramme am Arbeitsplatz, die alle Gesetze und Regelungen erfüllen, wird befürwortet. Arbeitskräfte unter 18 Jahren (junge Arbeitskräfte) dürfen keine gefährlichen Arbeiten ausführen, die ihre Gesundheit und Sicherheit gefährden könnten, einschließlich Nachtschichten und Überstunden. Teilnehmer müssen durch eine korrekte Führung der Studentenunterlagen, eine strenge und sorgfältige Prüfung der Ausbildungspartner und den Schutz der Rechte der Studenten gemäß den geltenden

Abb. 4.4: (Fortsetzung)

Responsible Business Alliance
Formerly the Electronic Industry Citizenship Coalition
Advancing Sustainability Globally

Gesetzen und Vorschriften einen ordnungsgemäßen Einsatz der Werkstudenten gewährleisten. Teilnehmer müssen allen Werkstudenten eine angemessene Unterstützung und

Schulung bieten. Sofern dies nicht durch lokales Recht geregelt ist, soll das Lohnniveau von Werkstudenten, Praktikanten und Auszubildenden mindestens dasselbe sein, wie das anderer Berufsanfänger, die gleiche oder ähnliche Arbeiten ausführen.

3) Arbeitszeiten

Aus Studien zu Geschäftspraktiken geht eindeutig hervor, dass zu stark beanspruchte Arbeitskräfte weniger produktiv sind, häufiger den Arbeitsplatz wechseln und sich häufiger verletzen bzw. krank werden. Die Arbeitszeit darf die nach lokalem Recht geltende maximale Stundenzahl nicht überschreiten. Darüber hinaus sollte die wöchentliche Arbeitszeit, einschließlich Überstunden, nicht mehr als 60 Stunden betragen. Ausnahmen bilden Notfälle und außergewöhnliche Umstände. Arbeitskräften ist mindestens alle sieben Tage ein arbeitsfreier Tag zu gewähren.

4) Löhne und Sozialleistungen

Die den Arbeitskräften gezahlte Vergütung hat sämtlichen einschlägigen Gesetzen zur Entlohnung zu entsprechen, wozu auch Gesetze zum Mindestlohn, zu Überstunden und zu gesetzlich festgelegten Sozialleistungen gehören. In Übereinstimmung mit den lokalen Rechtsvorschriften sind von Arbeitskräften geleistete Überstunden mit einem höheren als dem normalen Stundensatz zu vergüten. Abzüge vom Lohn als Disziplinarmaßnahme sind nicht zulässig. Für jeden Zahlungszeitraum müssen Arbeitskräfte zeitnah eine verständliche Lohnabrechnung erhalten, die ausreichende Informationen enthält, um zu überprüfen, dass die geleistete Arbeit korrekt vergütet wurde. Jeglicher Einsatz von Zeitarbeit, die Entsendung von Arbeitskräften und die Ausgliederung von Arbeit haben unter Einhaltung der lokalen Rechtsvorschriften zu erfolgen.

5) Menschenwürdige Behandlung

Die brutale oder unmenschliche Behandlung von Arbeitskräften ist nicht zulässig, dazu gehören auch sexuelle Belästigungen, sexueller Missbrauch, körperliche Maßregelungen, mentale oder physische Nötigung sowie verbale Angriffe. Dies gilt auch für die Androhung einer solchen Behandlung. Die disziplinarischen Grundsätze und Verfahren zur Unterstützung dieser Anforderungen müssen klar festgelegt und den Arbeitskräften kommuniziert werden.

6) Verbot der Diskriminierung

Die Teilnehmer sollten sich dazu verpflichten, in ihrer Belegschaft keine Belästigungen oder gesetzeswidrigen Diskriminierungen zu dulden. Unternehmen dürfen im Rahmen ihrer Einstellungs-und Beschäftigungspraktiken, wie zum Beispiel bei Entlohnungen, Beförderungen, Auszeichnungen und beim Zugang zu Weiterbildungsmöglichkeiten, Arbeitskräfte nicht aufgrund folgender Merkmale diskriminieren: ethnische Abstammung, Hautfarbe, Alter, Geschlecht, sexuelle Ausrichtung, Geschlechtsidentität und Ausdruck der Geschlechtlichkeit, ethnische Zugehörigkeit oder nationale Herkunft, Behinderung, Schwangerschaft, Religion, politische Zugehörigkeit, Gewerkschaftszugehörigkeit, ehemalige Militärangehörigkeit, geschützte genetische Informationen oder Familienstand. Arbeitskräften sind angemessene Räumlichkeiten zur Ausübung ihrer religiösen Praktiken zur Verfügung zu stellen. Des

Abb. 4.4: (Fortsetzung)

Responsible Business Alliance
Formerly the Electronic Industry Citizenship Coalition
Advancing Sustainability Globally

Weiteren dürfen derzeitige und zukünftige Arbeitskräfte keinen medizinischen Tests oder physischen Prüfungen unterzogen werden, die in diskriminierender Weise verwendet werden könnten.

7)   Vereinigungsfreiheit
Teilnehmer müssen im Einklang mit den lokalen Rechtsvorschriften das Recht aller Arbeitnehmer respektieren, Gewerkschaften zu gründen oder Gewerkschaften ihrer Wahl beizutreten, Tarifverhandlungen zu führen und friedliche Versammlungen durchzuführen, ebenso wie das Recht der Arbeitnehmer, sich von diesen Aktivitäten fernzuhalten. Arbeitskräften und/oder ihren Vertretern soll es möglich sein, mit der Unternehmensführung offen und ohne Angst vor Diskriminierung, Repressalien, Einschüchterung oder Belästigung zu kommunizieren und Ideen sowie Bedenken in Bezug auf Arbeitsbedingungen und Managementpraktiken vorzubringen.

Abb. 4.4: (Fortsetzung)

4.4 Schulungen

Schulungen sind ein zentrales Element eines nachhaltigen Lieferkettenmanagements. Zu unterscheiden sind hier Schulungen für die eigenen Mitarbeiter und Schulungen für Lieferanten. Letztere repräsentieren einen Teil der Lieferantenentwicklung und werden als solches in Kapitel 5.3 beschrieben.

Es ist wichtig, alle Mitarbeiter, die direkt oder indirekt von der Etablierung des SSCM-Systems betroffen sind, entsprechend zu schulen. Im Rahmen der Schulungen sollten sowohl die unternehmensindividuellen SSCM-Elemente (Strategie, Ziele, Organisation, Richtlinien, usw.) als auch grundlegendes Wissen zum Thema SSCM vermittelt werden. Dabei ist es vor allem auch wichtig zu erklären, weshalb die Etablierung des SSCM-Systems wichtig ist (vgl. Kapitel 2) und ein klares Bekenntnis seitens der Unternehmensleitung für das Thema aufzuzeigen; vgl. Kapitel 3.3.

Darüber hinaus ist es wichtig, Einkäufer zu den unter Nachhaltigkeitsgesichtspunkten erweiterten Prozessabläufen zu schulen, so dass sie verstehen, wie die Prinzipien im Tagesgeschäft in den einzelnen Arbeitsvorgängen anzuwenden sind.

Als Einstieg für SSCM-Schulungen bieten sich (webbasierte) E-Learning-Tools an.

PRAXISHINWEIS
Eine Orientierungshilfe für ein E-Learning-Programm zum Thema „nachhaltige Beschaffung" bietet das Schulungsvideo der Deutschen Telekom, das das Unternehmen auf der Webseite powtoon.com veröffentlicht hat. Darüber hinaus hat econsense auf seiner Webseite ein Trainingsvideo für Einkäufer zum Thema „Achtung der Menschenrechte in der Lieferkette" veröffentlicht.

Weiterführend sollten Präsenzschulungen durchgeführt werden, die Raum bieten für Rückfragen und Diskussionen. Hier sollte insbesondere auch die Möglichkeit bestehen, Zielkonflikte offen anzusprechen und zu diskutieren; vgl. Kapitel 3.3.

SSCM-Schulungen sollten in regelmäßigen Abständen wiederholt werden und die Teilnahme, insbesondere für neu eingestellte Mitarbeiter, verpflichtend sein.

ZUSAMMENFASSUNG

4.4 Schulungen

- Es ist wichtig, alle Mitarbeiter, die direkt oder indirekt von der Etablierung des SSCM-Systems betroffen sind, entsprechend zu schulen.
- Im Rahmen der Schulungen sollten sowohl die unternehmensindividuellen SSCM-Elemente (Strategie, Ziele, Organisation, Richtlinien, usw.) als auch grundlegendes Wissen zum Thema SSCM vermittelt werden; dabei ist es vor allem auch wichtig zu erklären, weshalb die Etablierung des SSCM-Systems wichtig ist und ein klares Bekenntnis seitens der Unternehmensleitung für das Thema aufzuzeigen.
- Auch ist es wichtig, Einkäufer zu den unter Nachhaltigkeitsgesichtspunkten erweiterten Prozessabläufen zu schulen, so dass sie verstehen, wie die Prinzipien im Tagesgeschäft in den einzelnen Arbeitsvorgängen anzuwenden sind.
- Als Einstieg bieten sich (webbasierte) E-Learning-Tools an; weiterführend sollten Präsenzschulungen angeboten werden, die Raum bieten für Rückfragen und Diskussionen.

4.5 Beratung

Für ein effektives Lieferkettenmanagement ist auch ein Beratungsangebot für die eigenen Mitarbeiter wichtig.[9] Beratungsleistungen können sich beispielsweise auf den Bereich Grundlagenwissen, Prozessanforderungen und Zielkonflikte beziehen. Gerade bei Zielkonflikten ist es wichtig, dass den Mitarbeitern Experten beratend zur Seite stehen.

Für die interne Beratung sollte eine zentrale Anlaufstelle geschaffen werden. Insbesondere am Anfang kann auch die Einrichtung einer wöchentlichen SSCM-Sprech-

---

9 Das Thema Beratung für Lieferanten, zugehörig zur Thematik Lieferantenentwicklung, wird in Kapitel 5.3 beschrieben.

stunde hilfreich sein. Dass die Mitarbeiter die Möglichkeit haben, sich zum Thema SSCM beraten zu lassen, sollte aktiv kommuniziert werden und die Hürde für eine Inanspruchnahme des Beratungsangebotes sollte gering sein. Letzteres kann gewährleistet werden durch die Möglichkeit der schnellen Kontaktaufnahme und durch die Zusage von Vertraulichkeit.

ZUSAMMENFASSUNG

4.5 Beratung

- Um ein effektives Lieferkettenmanagement sicherzustellen, sollte ein Beratungsangebot für die eigenen Mitarbeiter aufgestellt werden.
- Hierfür sollte eine zentrale Anlaufstelle geschaffen werden; insbesondere am Anfang kann auch die Einrichtung einer wöchentlichen SSCM-Sprechstunde hilfreich sein.
- Das Beratungsangebot sollte aktiv kommuniziert werden und die Hürde für eine Inanspruchnahme sollte gering sein.

4.6 Anreizsystem

Selbst wenn Nachhaltigkeit in den Prozessen der Beschaffung integriert ist, existiert ein gewisser Spielraum, um das Thema zu forcieren oder zu bremsen. Die Effektivität des nachhaltigen Lieferkettenmanagements wird gestärkt, wenn bestehende Anreizsysteme um den Faktor Nachhaltigkeit erweitert werden beziehungsweise neue Anreize geschaffen werden, die sowohl Führungskräfte als auch operative Einkäufer dazu bringen, das Thema aktiv zu fördern. Zur Effektivitätssteigerung können beispielsweise Ziel- und Bonusvereinbarungen auch an die SSCM-Performance gekoppelt werden.

Die Motivation, das Thema zu fördern, kann auch durch die Teilnahme an lieferkettenspezifischen Wettbewerben sowie durch das Anstreben hoher Platzierungen in Nachhaltigkeitsratings steigen (BMUB und Umweltbundesamt, 2017).

ZUSAMMENFASSUNG

4.6 Anreizsystem

- Selbst wenn Nachhaltigkeit in den Prozessen der Beschaffung integriert ist, existiert ein gewisser Spielraum, um das Thema zu forcieren oder zu bremsen.

> – Die Effektivität des nachhaltigen Lieferkettenmanagements wird gestärkt durch Anreize (beispielsweise Bonuszahlungen, Teilnahme an Wettbewerben, usw.), die sowohl Führungskräfte als auch operative Einkäufer dazu bringen, das Thema aktiv zu fördern.

4.7 Beschwerdesystem

Ein Beschwerdesystem, das dazu dient, (anonyme) Hinweise zu Nachhaltigkeitsmissständen entgegenzunehmen, zu dokumentieren und diesen nachzugehen, repräsentiert ein wichtiges SSCM-Element. Die Bedeutung lässt sich auch daran erkennen, dass der NAP der Bundesregierung explizit von Unternehmen fordert, ein eigenes Beschwerdesystem einzurichten oder sich aktiv an externen Beschwerdeverfahren zu beteiligen. Im Sinne einer Vereinheitlichung der Verfahren, ist die Bündelung mehrerer Beschwerdesysteme vorzugswürdig.

Laut der Bundesregierung (2017) ist es wichtig, dass der Beschwerdemechanismus zielgruppengerecht konzipiert ist. Bei der Gestaltung des Systems sollten die entsprechenden Zielgruppen daher miteingebunden werden (Bundesregierung, 2017). Es sollte ein faires, ausgewogenes und berechenbares Verfahren sichergestellt werden, *„das für alle potenziell Betroffenen zugänglich ist"* (Bundesregierung, 2017, S. 9). Das setzt voraus, dass sprachliche und technische Barrieren abgebaut werden (Bundesregierung, 2017). Das Beschwerdeverfahren sollte gemäß Bundesregierung (2017) im Einklang stehen mit internationalen Menschenrechtsstandards und gegenüber allen beteiligten Parteien ausreichend Transparenz bieten.

Die Verfahrensschritte sollten in einer Verfahrensordnung schriftlich festgehalten werden und diese angemessene Fristen für die Verfahrensschritte und Entscheidungen enthalten (BMZ, 2019). Sollte sich ein Hinweis als zutreffend erweisen, sollten geeignete Maßnahmen zur Eliminierung beziehungsweise Linderung der Missstände in die Wege geleitet werden.

Der Beschwerdemechanismus sollte so eingerichtet und betrieben werden, dass die Vertraulichkeit der Identität des Beschwerdeführers gewahrt bleibt und der Zugriff auf die Verfahrensunterlagen nicht befugten Personen verwehrt wird (BMZ, 2019). Dabei ist auch zu gewährleisten, dass Beschwerdeführer weder bestraft noch in einer anderen Form benachteiligt werden (BMZ, 2019).

Potenziell Betroffene sollten wissen, dass das Beschwerdesystem existiert. Informationen hierzu sollten daher über unterschiedliche Kanäle verbreitet werden. Dabei sollte allerdings beachtet werden, dass Betroffene ihre Rechte oftmals nicht kennen; vgl. beispielsweise Burckhardt (2017) sowie Barendt et al. (2005). Um die Effektivität des Beschwerdesystems zu stärken, kann es daher sinnvoll sein, Beschäftigten von Lieferanten entsprechende Informationen zur Verfügung zu stellen. Die

Brancheninitiative „ICTI Ethical Toy Program" beispielsweise verfügt über eine Beschwerdehotline, die unter anderem über die „ICTI Care Card" unter Arbeitskräften in Produktionsbetrieben bekannt gemacht wird (Bessas und Müller, 2017). Die „ICTI Care Card" ist ein Flyer, der neben den Kontaktinformationen zur Beschwerdehotline auch die grundlegenden Rechte von Arbeitskräften zusammenfasst (Bessas und Müller, 2017).

Es ist wichtig, die Wirksamkeit des Beschwerdesystems in regelmäßigen Abständen zu überprüfen (Bundesregierung, 2017). Hierzu bieten sich stichprobenartige Befragungen der eigenen Mitarbeiter als auch der Beschäftigten der Lieferanten an. Bei Letzteren sollte geprüft werden, ob sie das Beschwerdesystem kennen. Ferner sollte eruiert werden, ob die Beschäftigten ihre Rechte kennen. Auch evaluiert werden sollte die Zufriedenheit der Beschwerdeführer mit dem jeweils erzielten Ergebnis (BMZ, 2019). Darüber hinaus sollten Kennzahlenanalysen durchgeführt werden. Im Rahmen der Kennzahlenanalysen sollte untersucht werden, welche Beschwerden geäußert werden und ob sich diese im Zeitverlauf verändern. Sofern das Ergebnis der Evaluation dazu Anlass gibt, sollte die Verfahrensordnung angepasst werden (BMZ, 2019).

ZUSAMMENFASSUNG

4.7 Beschwerdesystem

- Zur Entgegennahme, Dokumentation und Bearbeitung (anonymer) Hinweise zu Nachhaltigkeitsmissständen ist die Einrichtung eines eigenen Beschwerdesystems oder die Beteiligung an externen Beschwerdeverfahren wichtig; im Sinne einer Vereinheitlichung der Verfahren, ist die Bündelung mehrerer Beschwerdesysteme vorzugswürdig.
- Das Beschwerdesystem sollte ein faires, ausgewogenes und berechenbares Verfahren sicherstellen und für alle potenziell Betroffenen zugänglich sein.
- Das Beschwerdeverfahren sollte im Einklang stehen mit internationalen Menschenrechtsstandards, gegenüber allen beteiligten Parteien ausreichend Transparenz bieten und keine sprachlichen oder technischen Barrieren aufweisen.
- Die Verfahrensschritte sollten in einer Verfahrensordnung schriftlich festgehalten werden und diese angemessene Fristen für die Verfahrensschritte und Entscheidungen enthalten.
- Sollte sich ein Hinweis als zutreffend erweisen, sollten geeignete Maßnahmen zur Eliminierung beziehungsweise Linderung der Missstände in die Wege geleitet werden.

- Der Beschwerdemechanismus sollte so eingerichtet und betrieben werden, dass die Vertraulichkeit der Identität des Beschwerdeführers gewahrt bleibt, der Zugriff auf die Verfahrensunterlagen nicht befugten Personen verwehrt wird und der Beschwerdeführer weder bestraft noch in anderer Form benachteiligt wird.
- Die Möglichkeit zur Beschwerde sollte potenziell Betroffenen bekannt sein; Informationen zur Beschwerdestelle sollten daher über unterschiedliche Kanäle verbreitet werden.
- Die Wirksamkeit der Beschwerdestelle sollte in regelmäßigen Abständen überprüft werden und sofern das Ergebnis der Evaluation dazu Anlass gibt, sollte die Verfahrensordnung angepasst werden.

PRAXISBEISPIEL 4.2

Beschwerdesystem bei Tchibo

Das Familienunternehmen Tchibo gehört zu den führenden Konsumgüter- und Einzelhandelsfirmen Deutschlands. Das Unternehmen orientiert sich am Leitbild des ehrbaren Kaufmanns und hat Nachhaltigkeit zum integralen Bestandteil der Tchibo Geschäftsstrategie erklärt.

Um zu erfahren, wann, wie und wo es zu Menschenrechtsverletzungen kommt und um diesen gezielt entgegenzusteuern, hat Tchibo unterschiedliche Beschwerdeverfahren etabliert.

Beschäftigte und Externe können (anonyme) Beschwerden zunächst einmal über die E-Mail-Adresse socialcompliance@tchibo.de einreichen. Die E-Mail-Adresse ist sowohl in Tchibos globaler Rahmenvereinbarung als auch im Lieferanten Code of Conduct (LCoC) vermerkt. Tchibo verpflichtet seine Produzenten dazu, diese Information allen Beschäftigten zusammen mit dem Verhaltenskodex offenzulegen. Produzenten von Gebrauchsartikeln werden über den LCoC ferner dazu verpflichtet, eigene Beschwerdeverfahren für Beschäftigte beziehungsweise deren Vertreter einzurichten.

Darüber hinaus hat Tchibo das Lieferanten Dialog- und Qualifizierungsprogramm „WE" (Worldwide Enhancement of Social Quality) etabliert, das Beschäftigten die Möglichkeit bietet, Missstände offen anzusprechen und gemeinsam mit dem Management entsprechende Verbesserungen zu erarbeiten. Tchibo informiert die Beschäftigten nicht nur über ihre Rechte, sondern unterstützt sie ferner dabei, diese auch einzufordern. Lokale Menschenrechtsexperten, die das WE-Programm in den Produktionsstätten durchführen, fungieren daher nicht nur als Trainer, sondern auch als Moderatoren sowie Dialog- und Prozessbegleiter. Da die Menschenrechtsexperten regelmäßig und über einen längeren Zeitraum vor Ort in den Produktionsstätten sind, können Beschäftigte das nötige Vertrauen zu ihnen aufbauen, um sie auf Menschenrechtsverletzungen hinzuweisen. Für Tchibo hat sich gezeigt, dass dieser gesprächs- und vertrauensorientierte Ansatz eine wesentlich bessere Wirksamkeit erzielt als rein technische Systeme.

Im Rahmen seiner globalen Rahmenvereinbarung setzt sich Tchibo darüber hinaus mit der internationalen Dachgewerkschaft „IndustriALL Global Union" für das Recht der Beschäftigten ein, sich gewerkschaftlich zu organisieren. Dadurch entstehen Strukturen, die laut Tchibo nicht nur das Risiko für Menschenrechtsverletzungen verringern, sondern zudem ermöglichen, dass Beschwerden direkt vor Ort durch Arbeitnehmervertreter und lokale Gewerkschaften gelöst werden können.

Im Rahmen der Initiative „Accord on Building and Fire Safety in Bangladesh" hat Tchibo ferner gemeinsam mit anderen Handelsunternehmen sowie mit Gewerkschaften und NGOs ein fabrikübergreifendes Beschwerdesystem aufgebaut. Dieses Beschwerdesystem bezieht sich im Kern auf Angelegenheiten des Arbeits- und Gesundheitsschutzes. Es wird von Beschäftigten und ihren Vertretern aber auch für andere arbeitsbezogene Beschwerden genutzt, die dann an die betroffenen Handelsunternehmen weitergeleitet werden.[10]

4.8 Integrationsanalyse

Die Wirksamkeit des SSCM-Systems wird maßgeblich durch den Kenntnisstand der Mitarbeiter und ihren Einstellungen gegenüber dem System beeinflusst. Im Rahmen einer Integrationsanalyse wird mit Hilfe von Befragungen überprüft, wie gut die eigenen Mitarbeiter die SSCM-Elemente kennen und wie ihre Einstellungen gegenüber dem System sind. Dies ist ein wichtiger Indikator, um den Grad der Umsetzung des SSCM-Systems beurteilen zu können. Man kann die Integrationsanalyse auch als Barometer für das Verständnis und die Akzeptanz des Systems betrachten. Aus den Ergebnissen der Integrationsanalyse lässt sich auch ein Stück weit der Erfolg der Schulungsmaßnahmen ermitteln und potenzielle Anpassungsnotwendigkeiten ableiten. Die Integrationsanalyse repräsentiert daher einen insgesamt wichtigen Prozessschritt, der in regelmäßigen Abständen wiederholt werden sollte.

---

10 Das Praxisbeispiel beruht auf dem Nachhaltigkeitsbericht 2017 von Tchibo und auf Angaben von Nachhaltigkeitsexperten des Unternehmens, die im Zuge der Bucherstellung im Rahmen von Interviews und/oder (persönlichen) Absprachen gemacht wurden. Für die Richtigkeit und Vollständigkeit der Angaben in diesem Praxisbeispiel können wir keine Gewähr übernehmen.

ZUSAMMENFASSUNG

4.8 Integrationsanalyse

– Die Wirksamkeit des SSCM-Systems wird maßgeblich durch den Kenntnisstand der eigenen Mitarbeiter und ihren Einstellungen gegenüber dem System beeinflusst; der Kenntnisstand und die Einstellungen der Mitarbeiter sollten daher in regelmäßigen Abständen im Rahmen einer Integrationsanalyse überprüft werden.

4.9 Systemüberprüfung

Im Rahmen einer SSCM-Systemüberprüfung geht es darum, die Wirksamkeit des Gesamtsystems und die Effektivität der einzelnen System-Komponenten zu überprüfen. Hierzu sollten regelmäßig Kennzahlen erhoben und evaluiert werden. So sollte beispielsweise in regelmäßigen Zyklen überprüft werden, wie sich die Performance der Lieferanten in Bezug auf die Erfüllung des LCoCs verändert. Dabei sollte insbesondere auch geprüft werden, welche Instrumente wirkungsvoller sind als andere und welche Gründe es hierfür gibt. Auch sollte die Ausgestaltung der Instrumente eine regelmäßige Angemessenheitsprüfung durchlaufen.

Zur Feststellung von Systemdefiziten und zur Ermittlung von Verbesserungspotenzialen sollte das System nicht nur intern, sondern idealerweise auch durch externe Experten evaluiert werden.

ZUSAMMENFASSUNG

4.9 Systemüberprüfung

– Die Wirksamkeit des SSCM-Gesamtsystems und die Effektivität der einzelnen Komponenten sollten in regelmäßigen Abständen überprüft werden.
– Die Ausgestaltung der Instrumente sollte eine regelmäßige Angemessenheitsprüfung durchlaufen.
– Zur Feststellung von Defiziten und zur Ermittlung von Verbesserungspotenzialen sollte das SSCM-System nicht nur intern, sondern idealerweise auch durch externe Experten evaluiert werden.

Literatur Kapitel 4

Adidas Group (2017) *Richtlinie zu verantwortungsbewussten Beschaffungspraktiken*. Online verfügbar unter: https://www.adidas-group.com/de/nachhaltigkeit/berichte-policies-und-daten/richtlinien-und-standards/#/workplace-standards-supporting-guidelines/

Barendt, R., Ewald, K., Lesić, V., Milenkova, K., Musiolek, B., Pop-Mitić, D., Seckin, B. und Zülch, T. (2005) *Workers voices: The situation of women in the Eastern European and Turkish garment industries*. Online unter: https://cleanclothes.org/resources/national-cccs/05-workers-voices.pdf/view (03.01.2019)

Bessas, Y. und Müller, M. (2017) *Potenziale von Brancheninitiativen zur nachhaltigen Gestaltung von Liefer- und Wertschöpfungsketten*. Online verfügbar unter: http://www.bmas.de/SharedDocs/Downloads/DE/PDF-Publikationen/Forschungsberichte/fb483-potenziale-von-brancheninitiativen.pdf?__blob=publicationFile&v=1

BMUB und Umweltbundesamt (2017) *Schritt für Schritt zum nachhaltigen Lieferkettenmanagement: Praxisleitfaden für Unternehmen*. Online verfügbar unter: https://www.umweltbundesamt.de/publikationen/schritt-fuer-schritt-nachhaltigen

BMZ (2019) *Gestaltungsmöglichkeiten eines Mantelgesetzes zur nachhaltigen Gestaltung globaler Wertschöpfungsketten und zur Änderung wirtschaftsrechtlicher Vorschriften (Nachhaltiges Wertschöpfungskettengesetz – NaWKG) einschließlich eines Stammgesetzes zur Regelung menschenrechtlicher und umweltbezogener Sorgfaltspflichten in globalen Wertschöpfungsketten (Sorgfaltspflichtengesetz – SorgfaltspflichtenG)*. Online verfügbar unter: https://die-korrespondenten.de/fileadmin/user_upload/die-korrespondenten.de/SorgfaltGesetzentwurf.pdf

Bundesregierung (2017) *Nationaler Aktionsplan Umsetzung der VN-Leitprinzipien für Wirtschaft und Menschenrechte 2016–2020*. Online verfügbar unter: https://www.auswaertiges-amt.de/de/newsroom/broschueren

Bungard, P. und Schmidpeter, R. (2017) *CSR in Nordrhein-Westfalen: Nachhaltigkeits-Transformation in der Wirtschaft, Zivilgesellschaft und Politik*. Berlin: Springer Gabler

Burckhardt, G. (2017) CSR in Mode: Ein kritischer Blick auf die Bekleidungsindustrie und FEMNETs Einsatz für bessere Arbeitsbedingungen, in: Bungard, P. und Schmidpeter, R. (Hrsg.): *CSR in Nordrhein-Westfalen: Nachhaltigkeits-Transformation in der Wirtschaft, Zivilgesellschaft und Politik*. Berlin: Springer Gabler, S. 407–422

DGCN (2010) *Sustainability in the Supply Chain: Nachhaltiges Lieferkettenmanagement entlang der 10 Global Compact Prinzipien mit Fokus auf die BRICS-Staaten*. Online verfügbar unter: https://www.globalcompact.de/wAssets/docs/Menschenrechte/dgcn_sp_10_scm_brics_hintergrundpapier.pdf

DGCN und twentyfifty (2014) *Stakeholder Beteiligung bei der Erfüllung der menschenrechtlichen Sorgfaltspflicht: Ein Leitfaden für Unternehmen*. Online verfügbar unter: https://www.globalcompact.de/wAssets/docs/Menschenrechte/Publikationen/stakeholderbeteiligung_bei_der_erfuellung_der_menschenrechtlichen_sorgfaltspflicht.pdf

Fröhlich, E. (2011) *Nachhaltigkeit in der Unternehmerischen Supply Chain*. Köln: Fördergesellschaft Produktmarketing

Fröhlich, E. (2015) *CSR und Beschaffung: Theoretische wie praktische Implikationen eines nachhaltigen Beschaffungsprozessmodells*. Berlin: Springer Gabler

Karlshaus, A. (2011) Organisationale Strukturen als Grundlage eines nachhaltigen Handelns, in: Fröhlich, E. (Hrsg.): *Nachhaltigkeit in der Unternehmerischen Supply Chain*. Köln: Fördergesellschaft Produktmarketing, S. 35–64

Locke, R. M., Qin, F. und Brause, A. (2007) 'Does Monitoring Improve Labor Standards? Lessons from Nike', *Industrial and Labor Relations Review*, 61 (1), S. 3–31

Müller-Stewens, G. und Lechner, C. (2016) *Strategisches Management. Wie strategische Initiativen zum Wandel führen.* Stuttgart: Schäffer-Poeschel

RBA (2018), *Responsible Business Alliance Code of Conduct: Version 6.0.* Online verfügbar unter: http://www.responsiblebusiness.org/media/docs/RBACodeofConduct6.0_English.pdf

RBA (2019) *About the RBA.* Online unter: http://www.responsiblebusiness.org/about/rba/. (18.03.2019)

Schröder, S. (2015) *Supplier Code of Conduct: CSR und Vertragsgestaltung mit Lieferanten –„Ansprüche an Compliance und Nachhaltigkeit glaubhaft vertreten und durchsetzen",* in: Fröhlich, E. (Hrsg.): *CSR und Beschaffung: Theoretische wie praktische Implikationen eines nachhaltigen Beschaffungsprozessmodells.* Berlin: Springer Gabler, S. 145–160

Sternad, D. (2015) *Strategieentwicklung Kompakt: Eine praxisorientierte Einführung.* Wiesbaden: Springer Gabler

Tchibo (2018) *Anbau, Verarbeitung, Menschen, Umwelt, Bildung, Recycling. 2017. Nachhaltigkeitsbericht.* Online verfügbar unter: https://tchibo-nachhaltigkeit.de/servlet/cb/1255826/data/-/TchiboNachhaltigkeitsbericht2017.pdf

UNGC Office (2012) *Nachhaltigkeit in der Lieferkette: Ein praktischer Leitfaden zur kontinuierlichen Verbesserung.* Online verfügbar unter: https://www.globalcompact.de/wAssets/docs/Lieferkettenmanagement/nachhaltigkeit_in_der_lieferkette.pdf

UNGC Office und BSR (2015) *Supply Chain Sustainability: A Practical Guide for Continuous Improvement Second Edition*

5 Nachhaltiger Beschaffungsprozess

Wie bereits zuvor dargelegt, ist das Ziel, Nachhaltigkeit in die bestehenden Abläufe der Beschaffung zu integrieren. Es geht folglich darum, Nachhaltigkeit nicht als einen zusätzlichen Faktor *neben* dem Beschaffungsprozess, sondern als einen festen Bestandteil des Beschaffungsprozesses zu etablieren. Fehlt die Prozessintegration, beeinträchtigt das nicht nur die Effektivität des SSCM-Systems, zudem entsteht die Gefahr, dass Green Washing Vorwürfe von beispielsweise Konsumenten, Geschäftspartnern und NGOs erhoben werden.

Wie der Faktor Nachhaltigkeit im Beschaffungsprozess verankert werden kann und welche Aspekte hierbei beachtet werden sollten wird in den folgenden Kapiteln beschrieben. Als erstes wird in Kapitel 5.1 die Prozessintegration aufgezeigt. Daran anschließend folgt in Kapitel 5.2 eine Auseinandersetzung mit dem Thema Lieferantenbewertung; das Kapitel unterteilt sich hierbei in die Risikobewertung (Kapitel 5.2.1), in die Bewertung der Nachhaltigkeitsleistung mittels einer Lieferantenselbstauskunft (Kapitel 5.2.2) und in die Bewertung auf Basis einer Überprüfung der Nachhaltigkeitsleistung am Lieferantenstandort (Kapitel 5.2.3) im Rahmen eines Audits (Kapitel 5.2.3.1) und eines Quick-Checks (Kapitel 5.2.3.2). Daran anschließend wird in Kapitel 5.3 die Thematik Lieferantenentwicklung diskutiert. Abgeschlossen wird das Kapitel mit dem Thema Sanktionen (5.4).

5.1 Prozessintegration

Die Prozessintegration setzt voraus, dass alle Bestandteile des Beschaffungsprozesses um den Faktor Nachhaltigkeit erweitert werden; vgl. Abbildung 5.1.

Abb. 5.1: Nachhaltigkeit als fester Bestandteil des Beschaffungsprozesses. Quelle: eigene Darstellung

Lieferanten, die laut Marktanalyse für eine Auftragsvergabe in Frage kommen könnten und angefragt werden, sollten bereits bei der Anfrage darüber informiert werden, dass die Nachhaltigkeitsleistung ein Lieferantenbewertungskriterium darstellt und somit Einfluss nimmt auf die Lieferantenauswahlentscheidung. Auch sollten Lieferanten be-

https://doi.org/10.1515/9783110652628-005

reits bei der Anfrage erfahren, dass die Nachhaltigkeitsvorgaben im LCoC spezifiziert sind und dieser einen verpflichtenden Liefervertragsbestandteil repräsentiert; vgl. Kapitel 4.3.2.

Damit die Bewertung beziehungsweise Auswahl eines Lieferanten neben den bestehenden Kriterien (Preis, Qualität, Flexibilität, usw.) auch auf Basis von Nachhaltigkeitsaspekten erfolgen kann, muss der Faktor Nachhaltigkeit als Lieferantenbewertungskriterium etabliert werden. Dies erfordert zunächst einmal, dass die Lieferanten-Risikobewertung um den Faktor Nachhaltigkeit erweitert wird. Wie man das Nachhaltigkeitsrisiko eines Lieferantenstandortes bestimmen kann, wird in Kapitel 5.2.1 ausführlich beschrieben.

Solange keine nachhaltigkeitsfokussierte Risikobewertung zu einem potenziellen Lieferanten vorliegt, sollten operative Einkäufer im Beschaffungssystem zur Einleitung des Bewertungsprozesses, als obligatorischen Schritt im Beschaffungsverfahren, aufgefordert werden. Damit der Aufwand und die Kosten nicht unverhältnismäßig hoch ausfallen, sollte die Risikobewertung für alle unkritischen Lieferanten (keine hohe funktionale Kritikalität, leichte Substituierbarkeit, usw.) erst ab einer bestimmten Auftragshöhe obligatorisch sein.

Je nachdem wie die Risikobewertung ausfällt, ergeben sich unterschiedliche Handlungsoptionen. Bei einem niedrigen Risiko sollte der Lieferant als vergabefähig eingestuft werden. Diese Einordnung bezieht sich lediglich auf den Nachhaltigkeitsbereich. Sollte ein Lieferant aufgrund anderer Kriterien nicht vergabefähig sein, bliebe diese Beurteilung von der Nachhaltigkeitsrisikobewertung folglich unberührt. Bei einem hohen Risiko sollte die Nachhaltigkeitsleistung mittels einer Lieferantenselbstauskunft (Self Assessment Questionnaire, kurz SAQ) überprüft werden; siehe Abbildung 5.2.

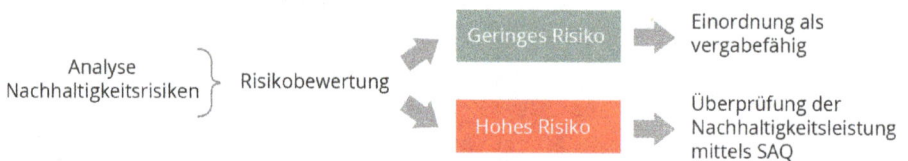

Abb. 5.2: Vorgehensweise auf Basis der Resultate einer nachhaltigkeitsorientierten Risikobewertung. Quelle: eigene Darstellung

Für die Bewertung der Nachhaltigkeitsleistung ist es wichtig, eine entsprechende Beurteilungssystematik zu entwickeln und hierbei auch festzulegen, welche Nachhaltigkeitsvorgaben zwingend zu erfüllen sind und somit Null-Toleranz-Kriterien (kurz NTK) darstellen. Die Beurteilungssystematik sollte sich aus dem LCoC ableiten.

Stellt sich im Rahmen der Bewertung mittels SAQ heraus, dass ein Lieferant zwar alle NTK erfüllt, aber die Nachhaltigkeitsleistung Optimierungspotenziale aufweist, sollte der Lieferant als vergabefähig eingeordnet werden, aber einen individuellen Korrekturmaßnahmenplan (Corrective Action Plan, kurz CAP) erhalten, der die Verbesserungspotenziale (ohne Umsetzungsfrist) zusammenfasst. Werden hingegen Verstöße gegen mindestens ein Null-Toleranz-Kriterium festgestellt, sollte im Beschaffungssystem ein Warnhinweis auftauchen, der die Vergabe an den Lieferanten unterbindet. Dies kann operativen Einkäufern beispielsweise durch eine rote Ampel signalisiert werden. Auf Basis aller identifizierten Defizite sollte dann ein individueller CAP erstellt werden und der Lieferant dazu aufgefordert werden, alle Mindestnachhaltigkeitsvorgaben bis zu einer bestimmten Frist zu erfüllen. Die Frist zur Umsetzung des CAPs sollte nach dem Vergabezeitplan, dem Schweregrad der Missstände und dem Zeitraum, der realistischerweise für die Nachbesserung benötigt wird, ausgerichtet sein. Nach Ablauf der Umsetzungsfrist sollte eine Neubewertung durchgeführt werden; siehe Abbildung 5.3.

Abb. 5.3: Vorgehensweise bei einem hohen Nachhaltigkeitsrisiko. Quelle: eigene Darstellung

Der Prozess sollte folglich so flexibel sein, dass Lieferanten, die gegen NTK verstoßen, die Möglichkeit haben Nachbesserungsforderungen umzusetzen und somit mehr als ein Mal bewertet zu werden. Insofern müssen im Prozess entsprechende Vorlaufzeiten eingeplant werden, die an dem unternehmensindividuellen Zeitraum für den Beschaffungsvorgang ausgerichtet sein sollten. Das Zurückgreifen auf eine bereits geprüfte Lieferantenbasis, mit der längerfristig zusammengearbeitet wird, bietet sich insofern gerade in Branchen mit vergleichsweise kurzen Zeiträumen für den Beschaffungsvorgang an.

Der Prozess sollte auch ausreichend Flexibilität für den Fall bieten, dass ein Lieferant Nachbesserungen durchführen muss, hierfür aber mehr Zeit benötigt als das Lieferantenauswahlverfahren zulässt. In diesem Fall sollten Lieferanten verbindlich bestätigen, dass sie alle Nachbesserungsforderungen bis zu einem bestimmten Termin nach dem Auswahlverfahren umsetzen werden. Es sollte grundlegend festgelegt werden, welche zeitliche Flexibilität operative Einkäufer Lieferanten hierfür höchstens einräumen dürfen. Sofern es im Rahmen des unternehmensindividuellen Beschaffungsprozesses zeitlich realistisch ist, könnte hier beispielsweise der Produktionsstart (SOP) als Richtungswert dienen. Lieferanten sollten erst dann im Beschaffungssystem als vergabefähig eingestuft werden (beispielsweise in Form einer grünen Ampel), wenn entweder alle Mindestnachhaltigkeitsvorgaben erfüllt werden oder die Bestätigung vorliegt, dass sie spätestens bis zur letztmöglichen Frist erfüllt sein werden. Bei letzterer Option sollte allerdings stets das Risiko einkalkuliert werden, dass ein Lieferant beauftragt wird, die Nachbesserungsforderungen jedoch nicht bis zur vereinbarten Frist umsetzt.

Alternativ zur Nachbesserungsforderung auf Basis der Defizite, die mittels eines SAQs identifiziert werden, kann die Nachhaltigkeitsleistung am Lieferantenstandort im Rahmen eines Audits oder Quick-Checks überprüft werden (siehe hierzu Kapitel 5.2.3). Werden am Standort Missstände festgestellt, finden die gleichen zuvor beschriebenen Prozessschritte Anwendung. Folglich sollten entsprechende Nachbesserungsforderungen gestellt werden und der Lieferant sollte erst dann als vergabefähig eingestuft werden, wenn entweder alle Mindestnachhaltigkeitsvorgaben erfüllt werden oder die Bestätigung vorliegt, dass sie spätestens bis zur letztmöglichen Frist erfüllt sein werden; siehe Abbildung 5.4.

Abb. 5.4: Vorgehensweise bei einer Überprüfung der Nachhaltigkeitsleistung am Lieferantenstandort. Quelle: eigene Darstellung

Da eine Überprüfung am Lieferantenstandort vergleichsweise hohe Kosten verursacht, sollte diese primär dann stattfinden, wenn ein Lieferant aufgrund von beispielsweise hohen Auftragssummen oder strategischer Bedeutung für das eigene Unternehmen von großer Relevanz ist und/oder besonders hohe Nachhaltigkeitsrisiken vorliegen. Letzteres kann beispielsweise bedeuten, dass ein Lieferant noch von keiner anderen Organisation am Standort überprüft wurde.

Fallweise sollten Audits auch an Lieferantenstandorten durchgeführt werden, die laut Risikoanalyse ein geringes Nachhaltigkeitsrisiko aufweisen. Werden im Rahmen dieser Standortprüfungen dennoch wesentliche Nachhaltigkeitsmissstände festgestellt, deutet dies darauf hin, dass das Risikomanagementsystem verbesserungswürdig ist. In diesem Fall sollte eine Systemüberprüfung durchgeführt werden und das Risikomanagementsystem auf Basis der Analyseergebnisse entsprechend angepasst werden. So kann sichergestellt werden, dass es sich um ein wirksames System handelt, das dem Anspruch gerecht wird, Risiken zu reduzieren bei einer gleichzeitig effizienten Inanspruchnahme von finanziellen und personellen Ressourcen.

Die Details der Integration in den Beschaffungsprozess werden in der Abbildung 5.5 noch einmal mit Hilfe eines Zeitstrahls verdeutlicht.

Anfrage: Lieferant wird darüber informiert, dass die Nachhaltigkeitsleistung ein Lieferantenbewertungskriterium darstellt und einen verpflichtenden Liefervertragsbestandteil repräsentiert

Bewertung des Nachhaltigkeitsrisikos

Bei einem niedrigen Nachhaltigkeitsrisiko: Einordnung als vergabefähig

Bei einem hohen Nachhaltigkeitsrisiko: Überprüfung der Nachhaltigkeitsleistung mittels SAQ

Ergebnis SAQ Bewertung:

Kein Verstoß gegen NTK: Einordnung als vergabefähig.

Verstoß gegen NTK: Lieferant vorerst nicht vergabefähig; Überprüfung am Lieferantenstandort oder Nachbesserungsforderung hinsichtlich der mittels SAQ identifizierten Missstände

Neubewertung nach Ablauf der Frist zur Umsetzung der Nachbesserungsforderung

Vergabe

t

Abgabe des Angebotes

Um vergabefähig zu sein, müssen alle Mindestanforderungen zur Nachhaltigkeit erfüllt werden oder eine Bestätigung vom Lieferanten vorliegen, dass diese spätestens bis zur letztmöglichen Frist erfüllt sein werden

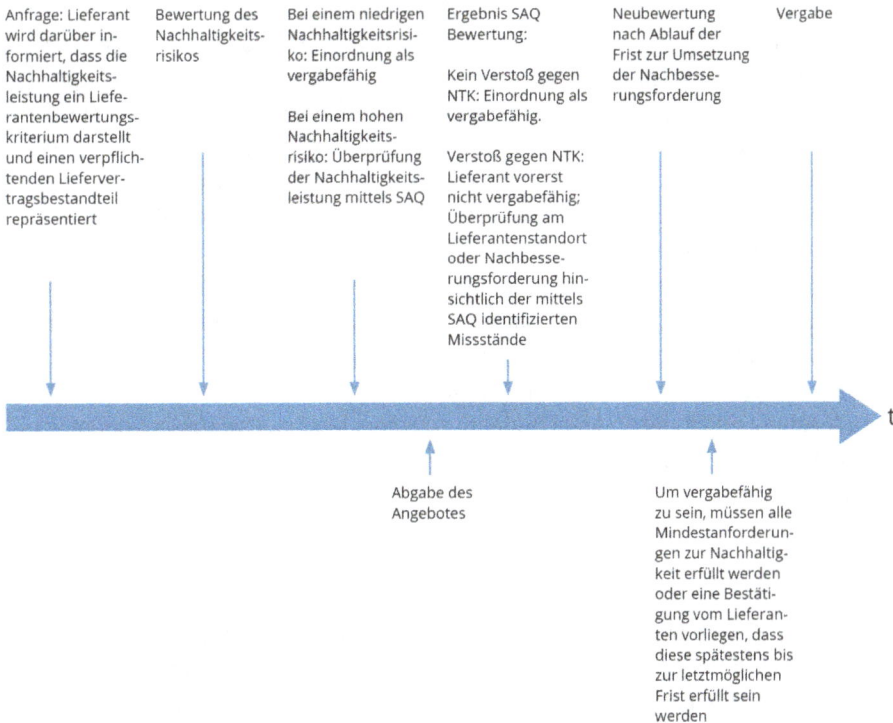

Abb. 5.5: Integration des Faktors Nachhaltigkeit in den Beschaffungsprozess im zeitlichen Verlauf. Quelle: eigene Darstellung

Fällt die Vergabeentscheidung positiv aus und ein Lieferant erhält den Zuschlag, verpflichtet sich dieser mit der Unterzeichnung des Liefervertrages zur Einhaltung des LCoCs; vgl. Kapitel 4.3.2.

Um sicherzustellen, dass Lieferanten die Vorgaben des LCoCs auch nach der Vergabe erfüllen, sollte der Faktor Nachhaltigkeit fest in der Lieferantenbeobachtung verankert werden. Das bedeutet zunächst einmal, dass die Nachhaltigkeitsleistung einen Bestandteil der Lieferanten-Jahresgespräche darstellen sollte. Ferner bedeutet es, dass Lieferanten automatisch dazu aufgefordert werden sollten, den SAQ zu aktualisieren, wenn bestimmte Daten nicht mehr aktuell sind, da beispielsweise ein Zertifikat seine Gültigkeit verloren hat. Insbesondere vor einer potenziellen Vertragsverlängerung beziehungsweise Neubeauftragung sollte sichergestellt werden, dass alle nachhaltigkeitsrelevanten Daten aktuell sind. Auch das Beschwerdesystem repräsentiert einen wichtigen Bestandteil der Lieferantenbeobachtung; vgl. Kapitel 4.7. Um festzustellen, ob bei einem (Unter-)Lieferanten Nachhaltigkeitsmissstände auftreten, ist darüber hinaus eine laufende Medienbeobachtung empfehlenswert.

Sollte sich im Zuge der Lieferantenbeobachtung herausstellen, dass ein Lieferant gegen den LCoC verstößt, sollte der Fokus nicht darauf liegen ihn zu sanktionieren, sondern durch Lieferantenentwicklungsansätze zu befähigen, die Anforderungen des LCoCs dauerhaft einzuhalten (siehe hierzu Kapitel 5.3). Folglich sollte das Ziel sein, einen Lieferantenbefähigungszyklus zu etablieren; siehe Abbildung 5.6. Nur bei Lie-

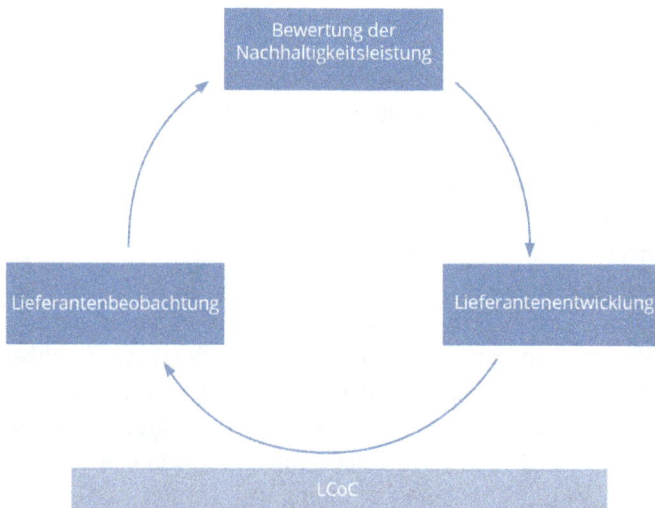

Abb. 5.6: Lieferantenbefähigungszyklus auf Basis des LCoCs. Quelle: eigene Darstellung

---

[1] Hierbei handelt es sich lediglich um Beispiele für Unternehmen, die diese Dienstleistung anbieten und nicht um eine Empfehlung.

feranten, die grundsätzlich keine Bereitschaft zur Einhaltung der Nachhaltigkeitsanforderungen signalisieren oder trotz wiederholter Ermahnung Missstände nicht beseitigen, sollten Sanktionen erfolgen (siehe hierzu Kapitel 5.4).

Abschließend ist festzuhalten, dass aufgrund unternehmensindividueller Gegebenheiten bei der Prozessintegration unterschiedliche Ansätze verfolgt werden können. So gibt es beispielsweise Unternehmen, die keine Risikobeurteilung durchführen und stattdessen gleich einen SAQ einsetzen. Auch gibt es Unternehmen, die keinen SAQ nutzen, sondern direkt eine Überprüfung am Lieferantenstandort initiieren. Es sollte daher individuell geprüft werden, ob die hier dargelegte Vorgehensweise oder gegebenenfalls eine andere für die eigene Unternehmenssituation den besten Ansatz darstellt.

ZUSAMMENFASSUNG

5.1 Prozessintegration

- Der Faktor Nachhaltigkeit sollte in den Beschaffungsprozess integriert werden.
- Alle Bestandteile des Beschaffungsprozesses (Analysieren, Anfragen, Bewerten, Entscheiden, Beobachten und Entwickeln) sollten unter Nachhaltigkeitsgesichtspunkten erweitert werden.
- Potenzielle Lieferanten sollten bereits bei der Anfrage erfahren, dass die Nachhaltigkeitsleistung ein Lieferantenbewertungskriterium darstellt und einen verpflichtenden Liefervertragsbestandteil repräsentiert.
- Solange keine nachhaltigkeitsfokussierte Risikobewertung zu einem potenziellen Lieferanten vorliegt, sollten operative Einkäufer im Beschaffungssystem zur Einleitung des Bewertungsprozesses, als obligatorischen Schritt im Beschaffungsverfahren, aufgefordert werden; damit der Aufwand und die Kosten nicht unverhältnismäßig hoch ausfallen, sollte die Risikobewertung für alle unkritischen Lieferanten (keine hohe funktionale Kritikalität, leichte Substituierbarkeit, usw.) erst ab einer bestimmten Auftragshöhe obligatorisch sein.
- Bei einem niedrigen Risiko sollten Lieferanten als vergabefähig eingestuft werden; bei einem hohen Risiko sollte die Nachhaltigkeitsleistung mittels einer Lieferantenselbstauskunft (Self Assessment Questionnaire, kurz SAQ) überprüft werden.
- Für die Bewertung der Nachhaltigkeitsleistung ist es wichtig, eine entsprechende Beurteilungssystematik zu entwickeln und hierbei auch festzulegen, welche Nachhaltigkeitsvorgaben zwingend zu erfüllen sind und somit Null-Toleranz-Kriterien darstellen.
- Werden im Rahmen der Überprüfung der Nachhaltigkeitsleistung mittels SAQ Verstöße gegen mindestens ein Null-Toleranz-Kriterium festgestellt, sollte im

Beschaffungssystem ein Warnhinweis auftauchen, der die Vergabe an den Lieferanten vorerst unterbindet.

- Auf Basis aller identifizierten Defizite sollte dann ein individueller Korrekturmaßnahmenplan (Corrective Action Plan, kurz CAP) erstellt werden und der Lieferant dazu aufgefordert werden, alle Mindestnachhaltigkeitsvorgaben bis zu einer bestimmten Frist zu erfüllen.
- Die Frist zur Umsetzung des CAPs sollte nach dem Vergabezeitplan, dem Schweregrad der Missstände und dem Zeitraum, der realistischerweise für die Nachbesserung benötigt wird, ausgerichtet sein; nach Ablauf der Umsetzungsfrist sollte eine Neubewertung durchgeführt werden.
- Alternativ zur Nachbesserungsforderung auf Basis der mittels SAQ identifizierten Defizite kann die Nachhaltigkeitsleistung am Lieferantenstandort, im Rahmen eines Audits oder Quick-Checks, überprüft werden; da eine Überprüfung am Lieferantenstandort vergleichsweise hohe Kosten verursacht, sollte diese primär dann stattfinden, wenn ein Lieferant aufgrund von beispielsweise hohen Auftragssummen oder strategischer Bedeutung für das eigene Unternehmen von großer Relevanz ist und/oder besonders hohe Nachhaltigkeitsrisiken vorliegen.
- Der Prozess sollte so flexibel sein, dass Lieferanten die gegen Null-Toleranz-Kriterien verstoßen, die Möglichkeit haben, Nachbesserungsforderungen umzusetzen und somit mehr als ein Mal bewertet zu werden; welche zeitliche Flexibilität operative Einkäufer Lieferanten zur Umsetzung von Nachbesserungen höchstens einräumen können, sollte grundlegend festgelegt werden.
- Lieferanten sollten erst dann als vergabefähig eingestuft werden, wenn entweder alle Mindestnachhaltigkeitsvorgaben erfüllt werden oder eine Bestätigung vom Lieferanten vorliegt, dass sie spätestens bis zur letztmöglichen Frist erfüllt sein werden.
- Fällt die Vergabeentscheidung positiv aus und ein Lieferant erhält den Zuschlag, verpflichtet sich dieser mit der Unterzeichnung des Liefervertrages zur Einhaltung des LCoCs.
- Um sicherzustellen, dass Lieferanten die Vorgaben des LCoCs auch nach der Vergabe erfüllen, sollte der Faktor Nachhaltigkeit fest in der Lieferantenbeobachtung verankert werden.
- Sollte sich im Zuge der Lieferantenbeobachtung herausstellen, dass ein Lieferant gegen den LCoC verstößt, sollte der Fokus nicht darauf liegen ihn zu sanktionieren, sondern durch Lieferantenentwicklungsansätze zu befähigen, die Anforderungen des LCoCs dauerhaft einzuhalten.

5.2 Lieferantenbewertung

Im vorigen Kapitel wurde dargelegt, dass der Faktor Nachhaltigkeit als Lieferantenbewertungskriterium etabliert werden soll. Ziel dieses Kapitels ist es aufzuzeigen,
welche Aspekte bei der nachhaltigkeitsorientierten Lieferantenbewertung beachtet
werden sollten. Das Kapitel befasst sich als erstes mit der Risikobewertung (Kapitel 5.2.1) und widmet sich anschließend der Bewertung der Nachhaltigkeitsleistung
mittels einer Lieferantenselbstauskunft (Kapitel 5.2.2). Danach, in Kapitel 5.2.3.1, wird
die Bewertung der Nachhaltigkeitsleistung auf Basis einer Überprüfung am Lieferantenstandort im Rahmen eines Audits und anschließend, in Kapitel 5.2.3.2, im Rahmen
eines Quick-Checks beschrieben.

5.2.1 Risikobewertung

Damit in die Gesamtrisikobeurteilung eines Lieferantenstandortes auch Nachhaltigkeitsrisiken einfließen, muss die bestehende Lieferantenrisikobewertung um den Faktor Nachhaltigkeit ergänzt werden. Die Durchführung einer Risikobewertung soll die
Gefahr reduzieren, dass ein Lieferant beauftragt wird, bei dem Missstände vorliegen,
die eine Verletzung des LCoCs darstellen würden.

Wie hoch das Risiko ist wird durch unterschiedliche Faktoren bestimmt. Zunächst
einmal wird das Risiko durch die Größe des Lieferanten beeinflusst. Große Unternehmen können ein höheres Risiko aufweisen als kleinere. Wie beispielsweise der Ein-
sturz des Rana Plaza Gebäudes verdeutlicht, ist in großen Unternehmen zum einen
das Ausmaß (die Anzahl potenziell Betroffener, die Großflächigkeit von Umweltver-
schmutzungen, usw.) größer als in kleineren Unternehmen. Zum anderen haben Locke et al. (2007) in einer empirischen Untersuchung festgestellt, dass die Arbeitsbedingungen in kleineren Unternehmen besser sind als in größeren. Eine mögliche Erklärung hierfür, könnte laut Locke et al. (2007, S. 16) sein,

> dass kleinere Fabriken (die, [...] im Durchschnitt mehr als 1.000 Angestellte haben) einfacher zu
> kontrollieren und zu überwachen sind als größere Einrichtungen, von denen einige zehntausende
> Arbeiter beschäftigen.[2]

Das Risiko wird darüber hinaus durch die Branche beeinflusst. Je nachdem welcher
Branche ein Lieferant angehört, können die Risiken erheblich differieren. Laut Bundesministerium für wirtschaftliche Zusammenarbeit und Entwicklung (2019) reprä-

---

2 Originaltext in englischer Sprache: „that smaller factories (which, [...], have on average over 1,000
employees) are easier to control and monitor than larger facilities, some of which employ tens of
thousands of workers". (Übersetzt von den Autoren).

sentieren folgende Branchen Hochrisikosektoren:

- Land- und Forstwirtschaft, Fischerei
- Bergbau und Gewinnung von Steinen und Erden
- Energieversorgung
- Herstellung von Nahrungs- und Futtermitteln
- Herstellung von Textilien
- Herstellung von Bekleidung
- Herstellung von Leder, Lederwaren und Schuhen
- Herstellung von Datenverarbeitungsgeräten, elektronischen und optischen Erzeugnissen.[3]

In einer Studie haben die United Nations (2017) darüber hinaus für die Branchen „Extraktion, Bergbau und natürliche Ressourcen", „Landwirtschaft und Lebensmittelproduktion", „Infrastruktur und Bau", sowie „Textilien und Herstellung von Kleidung" ein besonderes Risiko für gravierende Auswirkungen auf die Menschenrechte identifiziert. United Nations (2017) weisen in diesem Zusammenhang allerdings darauf hin, dass die Klassifizierung dieser Branchen als Risikosektoren nicht bedeutet, dass dies die einzigen Branchen sind, die potenziell hohe Risiken für schwerwiegende Auswirkungen auf die Menschenrechte bergen.

Die Risikoanfälligkeit wird auch durch den Gegenstand der Leistung beeinflusst. Hierbei geht es um Risiken, die mit den verwendeten Ressourcen und dem spezifischen Herstellungsprozess verbunden sind. Produkte sind in der Regel stärker mit Nachhaltigkeitsproblemen verbunden als Dienstleistungen und bestimmte Produkte weisen ein höheres Risiko auf als andere (MVO Nederland und Nevi, 2014). Besonders bei Produkten die Konfliktmineralien enthalten ist das Risiko für Nachhaltigkeitsmissstände vergleichsweise hoch; vgl. Kapitel 2.1.3. Kommt bei der Herstellung überwiegend ungelerntes Personal zum Einsatz, liegt ebenfalls ein höheres Risiko vor. Besonders hoch ist das Risiko, wenn sogenannte „Three-D-Tätigkeiten" durchgeführt werden. Darunter werden schmutzige, gefährliche und schwierige Tätigkeiten verstanden.[4] So können Produktionsmitarbeiter zum Beispiel starker Hitze, Enge oder Absturzgefahr ausgesetzt sein. Kommen bei der Produktion Gefahrstoffe oder Metho-

---

3 Die OECD (2019) erklärt, dass der extrahierende Sektor (Bergbau-, Öl- und Gasindustrie) mit weitreichenden sozial-ökologischen Auswirkungen einhergeht und hat für Praktiker eine spezifische Orientierungshilfe für die Stakeholder-Involvierung veröffentlicht: „OECD Due Diligence Guidance for Meaningful Stakeholder Engagement in the Extractive Sector". Darüber hinaus hat die OECD die „OECD Due Diligence Guidance for Responsible Supply Chains in the Garment and Footwear Sector" und die „OECD-FAO Guidance for Responsible Agricultural Supply Chains" veröffentlicht. Ferner planen adelphi und EY im Auftrag des BMAS Ende 2019 eine Studie zur Identifikation von Risikobranchen und -regionen zu veröffentlichen.
4 Englisch: dirty, dangerous, difficult.

den wie Sandblasting zum Einsatz, ist das Risiko ebenfalls erhöht. Auch der Automatisierungsgrad beeinflusst das Risiko. Manuelle Prozesse, insbesondere solche, die in Heimarbeit durchgeführt werden (beispielsweise Stick- oder Flechtarbeiten) weisen ein erhöhtes Risiko auf für soziale Missstände wie zum Beispiel Kinderarbeit und exzessive Mehrarbeit (econsense, 2017).

Das Risiko wird darüber hinaus durch das Umfeld, in dem die Leistungserbringung erfolgt, beeinflusst. Entscheidend ist hier nicht der Unternehmenssitz, sondern der Ort der tatsächlichen Leistungserbringung. Hat der Lieferant seinen Sitz beispielsweise in Frankreich, die Fertigung findet aber in Äthiopien statt, sollte folglich letzteres Land Gegenstand der Risikoanalyse sein.

Das Umfeldrisiko hängt zunächst davon ab, wie gut die rechtlichen und ordnungspolitischen Rahmenbedingungen eines Landes sind. So haben beispielsweise Locke et al. (2007) in einer empirischen Untersuchung nachgewiesen, dass Fabriken, die sich in Ländern mit besseren rechtlichen oder ordnungspolitischen Rahmenbedingungen befinden, die Vorgaben eines LCoCs zu den Arbeitsbedingungen im Durchschnitt besser erfüllen. Auch econsense (2017) stellt fest, dass Mängel in der staatlichen Governance zu inakzeptablen Arbeitsbedingungen und Umweltstandards führen können. Folglich steigt das Risiko, wenn die Leistungserbringung in einem Land mit suboptimalen rechtlichen und ordnungspolitischen Rahmenbedingungen erfolgt. Handelt es sich um ein Konflikt- oder Hochrisikogebiet wird das Risiko zusätzlich erhöht.[5] Das Umfeldrisiko wird darüber hinaus durch das länderspezifische Risiko für Korruption beeinflusst. So erklärt beispielsweise die Deutsche Gesellschaft für Internationale Zusammenarbeit (2017), dass Korruption nicht selten mit der Verletzung von Menschenrechten und der Umgehung von Umweltstandards einhergeht.

> ▰▰▰ PRAXISHINWEIS ▰▰▰▰▰▰▰▰▰▰▰▰▰▰▰▰▰▰▰▰▰▰
> United Nations OHRLLS veröffentlicht regelmäßig eine Liste der am wenigsten entwickelten Länder der Welt („Least developed countries", kurz LDCs). Diese Länder repräsentieren laut United Nations OHRLLS (2019) die ärmsten und schwächsten Segmente der internationalen Gemeinschaft. Sie zeichnen sich aus durch schwache personelle und institutionelle Kapazitäten, geringe und ungleich verteilte Einkommen und einen Mangel an einheimischen Finanzmitteln (United Na-

---

5 Das Bundesministerium für wirtschaftliche Zusammenarbeit und Entwicklung (2019, S. 5) definiert Konflikt- und Hochrisikogebiete wie folgt: „*Gebiete, in denen bewaffnete Konflikte geführt werden oder die sich nach Konflikten in einer fragilen Situation befinden, sowie Gebiete, in denen Staatsführung und Sicherheit schwach oder nicht vorhanden sind, z. B. gescheiterte Staaten, und in denen weit verbreitete und systematische Verstöße gegen internationales Recht, einschließlich Menschenrechtsverletzungen stattfinden*".

tions OHRLLS, 2019). Oft leiden sie auch an Regierungskrisen, politischer Instabilität und in manchen Fällen an internen und externen Konflikten (United Nations OHRLLS, 2019).

Die Weltbank (2019) veröffentlicht die sogenannten Worldwide Governance Indicators (WGI). Hierbei handelt es sich um aggregierte und individuelle Governance Indikatoren für mehr als 200 Länder und Gebiete in insgesamt sechs Governance Dimensionen: Mitspracherecht und Verantwortlichkeit, politische Stabilität und Abwesenheit von Gewalt, Wirksamkeit des Regierungshandelns, Regulierungsqualität, Rechtsstaatlichkeit und Kontrolle von Korruption (Weltbank, 2019). Auf Basis der WGI erstellt amfori BSCI eine Länderrisikoklassifizierung und veröffentlicht diese kostenlos auf der Webseite der Organisation.

Das Heidelberg Institute für International Conflict Research (HIIK) fasst weltweite Konfliktdaten im sogenannten „Konfliktbarometer" zusammen.

Der internationale Gewerkschaftsbund (IGB) veröffentlicht den sogenannten „Globalen Rechtsindex", der Länder anhand von 97 Indikatoren bewertet und aufzeigt, wo Arbeitnehmerrechte, sowohl in der Gesetzgebung als auch in der Praxis, am schlechtesten geschützt werden.

Ein Korruptionsindex wie zum Beispiel der „Corruption Perceptions Index" von Transparency International listet Länder und Regionen nach dem Grad auf, wie Korruption im öffentlichen Sektor durch Experten sowie Geschäftsleute wahrgenommen wird.

Um das Umfeldrisiko einzuschätzen, kann auch auf die kostenlose Datenbank von MVO Nederland zurückgegriffen werden. Die Datenbank zeigt auf, welche Nachhaltigkeitsrisiken weltweit bestehen. Sofern MVO Nederland Daten vorliegen, wird für jedes Land angezeigt, welche Risiken in den Bereichen „Menschenrechte und Ethik", „Umwelt", „Arbeitsrechte" und „Geschäftspraktiken" vorliegen. Die identifizierten Risiken werden dabei in spezifischen Unterkategorien wie zum Beispiel „Zwangsarbeit und Menschenhandel", „Biodiversität" und „Tierschutz" konkretisiert.[6]

MVO Nederland bietet auch den sogenannten „CSR Risiko Check" an. Auf Basis der Angabe welches Produkt beziehungsweise welche Dienstleistung beschafft wird und aus welchem Land das Produkt/die Dienstleistung ursprünglich stammt, wird ein Bericht erstellt, der potenzielle Nachhaltigkeitsrisiken zusammenfasst. Der Risikobericht erläutert auch, was gegen die Risiken unternommen werden kann und gibt ferner Auskunft zu weiterführenden Informationen wie zum Beispiel nachhaltigkeitsbezogenen Lieferketteninitiativen, Labels und Richtlinien.

---

6 Um zu ermitteln, in welchen Ländern und Warengruppen ein erhöhtes Risiko für Menschenhandel vorliegt, kann beispielsweise auf das kostenlose „Responsible Sourcing Tool" zurückgegriffen werden.

Die beschriebenen Einflussfaktoren auf die Risikoanfälligkeit eines Lieferantenstandortes werden in der Abbildung 5.7 noch einmal grafisch zusammengefasst.

Branche

Größe

Risikokategorien

Umfeld

Gegenstand
der Leistung

Abb. 5.7: Einflussfaktoren auf die Risikoanfälligkeit eines Lieferantenstandortes. Quelle: eigene Darstellung

Es ist wichtig, alle vier Risikokategorien zusammen zu betrachten. Die Kombination aus allen vier Risikokategorien bildet folglich die Grundlage für die Schätzung, wie hoch das Risiko ist. Auf Basis von Erfahrungen mit dem SSCM-System sowie zukünftiger Forschung sollte die Risikobewertung sukzessive weiterentwickelt werden.

ZUSAMMENFASSUNG

5.2.1 Risikobewertung

- Um die Gefahr zu reduzieren, dass ein Lieferant beauftragt wird, bei dem Missstände vorliegen, die eine Verletzung des LCoCs darstellen würden, sollte die Risikobeurteilung eines potenziellen Lieferanten um den Faktor Nachhaltigkeit ergänzt werden.
- Die Risikoanfälligkeit eines Lieferantenstandortes wird beeinflusst durch die Faktoren Größe des Lieferanten, Branche, Gegenstand der Leistung und Umfeld; die Kombination aus allen vier Risikokategorien bildet die Grundlage für die Schätzung, wie hoch das Risiko ist.

5.2.2 Bewertung der Nachhaltigkeitsleistung mittels Lieferantenselbstauskunft

Beim SAQ wird die Nachhaltigkeitsleistung auf Basis eigenständig vom Lieferanten beantworteter Fragen und eingereichter Nachweise bewertet. Durch die ortsunabhängige Prüfung repräsentiert der SAQ ein Instrument, das zeitlich sehr flexibel eingesetzt werden kann. Flexibel ist das Instrument auch bezüglich der inhaltlichen Ausgestaltung. So können grundsätzlich viele verschiedene Aspekte abgefragt werden. Dadurch, dass ein SAQ selbstständig vom Lieferanten ausgefüllt wird und die Auswertung der Angaben weitestgehend softwarebasiert erfolgen kann, entsteht insbesondere auch die Chance, eine relativ große Anzahl an Lieferanten zu bewerten. Gleichermaßen entsteht dadurch der Vorteil eine Bewertung, bei einer vergleichsweise geringen Aufwands- und Kostenverursachung, bei Bedarf zu wiederholen. Allerdings sollte der Aufwand gerade bei einer großen Anzahl von Lieferanten nicht unterschätzt werden. Selbst wenn der Prozess weitestgehend automatisiert ist, verbleibt ein gewisser Organisationsaufwand, wenn Lieferanten beispielsweise der Aufforderung zum Ausfüllen des SAQs nicht nachkommen oder Verständnisfragen haben. Dieser Aufwand kann auch mit Hilfe von E-Learning-Programmen zum Verständnis des SAQs nicht ganz vermieden werden.

Um die Nachhaltigkeitsleistung eines Lieferantenstandortes bewerten zu können, sollte im SAQ gefragt werden, welche Maßnahmen vom Lieferanten umgesetzt werden, um nachteilige Auswirkungen auf Mensch und Umwelt zu verhüten und zu mindern. So kann beispielsweise gefragt werden, ob Nachhaltigkeitsrichtlinien im Unternehmen gelten, es Nachhaltigkeitsbeauftrage gibt, die Mitarbeiter zum Thema Nachhaltigkeit geschult werden, usw. Da der LCoC die Grundlage für die nachhaltigkeitsorientierte Lieferantenbewertung bildet (vgl. Kapitel 4.3.2), sollten sich alle Fragen aus diesem ableiten. Um einen Einblick in die weiter vorgelagerte Lieferkette zu erhalten, sollte im SAQ auch gefragt werden, welche Maßnahmen vom Lieferanten umgesetzt werden, um sicherzustellen, dass auch seine Zulieferer die Anforderungen des LCoCs einhalten; vgl. Kapitel 4.3.2.

Bei allen passenden Fragen sollten Lieferanten automatisch dazu aufgefordert werden, ihre Antwort mit einem entsprechenden Nachweis (Richtlinie, Bericht, Zertifikat, usw.) zu belegen.

Um den Bearbeitungsaufwand zu minimieren, sollte der SAQ ein Fragenrouting enthalten. Das bedeutet, Lieferanten sollten nur mit Fragen zu Themengebieten konfrontiert werden, von denen sie auch tatsächlich betroffen sind. So würde es beispielsweise wenig Sinn machen, einen Lieferanten, der Beratungsdienstleistungen anbietet, mit Fragen zum Einsatz von Konfliktmineralien oder Gefahrstoffen zu konfrontieren.

Ein SAQ bietet den entscheidenden Vorteil ortsunabhängig zu ermitteln, ob bereits eine andere Organisation eine Überprüfung am Lieferantenstandort durchgeführt hat und das eigene Unternehmen insofern gegebenenfalls keine weitere initiieren muss. Lieferanten sollten im SAQ daher gefragt werden, ob und wenn ja welche Art von Standortüberprüfung stattgefunden hat und welches Ergebnis diese brachte. Die Überprüfung am Standort kann sich beispielsweise auf einen Quick-Check oder ein Audit beziehen. Auch kann sich die Standortüberprüfung auf einen zertifizierungswürdigen Umwelt- und/oder Sozialstandard beziehen, wie zum Beispiel EMAS, ISO 14001 oder OHSAS 18001.[7]

---

7 Auf der Plattform www.siegelklarheit.de werden Umwelt- und Sozialsiegel bewertet.

Aus wissenschaftlicher Sicht existieren an der Aussagekraft von Zertifizierungen für Umwelt- und Sozialstandards allerdings Zweifel. So haben beispielsweise Berkhout et al. (2008) Daten in Bezug auf die Umweltperformance von insgesamt 274 Unternehmen ausgewertet. Sie kommen zu der Schlussfolgerung, dass die Umweltperformance von Unternehmen, die nach ISO 14001 oder EMAS zertifiziert sind, in den meisten Fällen nicht signifikant besser ist als die von Unternehmen ohne ein Umweltmanagementsystem. Im Rahmen ihrer Untersuchung haben Berkhout et al. (2008) zudem nachgewiesen, dass nachdem ein Umweltmanagementsystem im Unternehmen implementiert wurde, sich die Umweltperformance in lediglich 60 % der Fälle verbesserte. Bei 4 % der Unternehmen blieb die Umweltperformance unverändert und bei 36 % verschlechterte sie sich sogar. Eine mögliche Erklärung hierfür sehen Berkhout et al. (2008) in Defiziten bei der Umsetzung sowie Durchsetzung der Verfahren. Auch andere Wissenschaftler argumentieren, dass das Ergebnis eines Umweltmanagementsystems einerseits davon abhängt, welcher spezifische Standard (beispielsweise ISO 14001, EMAS, usw.) eingehalten wird; vgl. Coglianese und Nash (2001). Andererseits können laut Coglianese und Nash (2001) auch in Systemen, die auf dem gleichen Standard basieren, wesentliche Unterschiede bestehen. Da bei der Umsetzung der Anforderungen ein gewisser Flexibilitätsrahmen geboten wird, hängt das Ergebnis davon ab, mit welcher Intensität ein Umweltmanagementsystem im Unternehmen umgesetzt wird (Coglianese und Nash, 2001).

Gleiches gilt für Sozialstandards wie zum Beispiel SA 8000 und OHSAS 18001. So weisen beispielsweise Hiscox et al. (2009) darauf hin, dass es eine laufende Debatte darüber gibt, ob Sozialstandards einen echten und substantiellen Fortschritt oder reine Symbolik darstellen. Gemäß Hiscox et al. (2009) bestehen Bedenken, dass Standards wie der SA 8000 die laufenden Geschäftskosten erhöhen ohne die sozialen Ergebnisse wesentlich zu verbessern.

Eine Umwelt- und/oder Sozialstandard-Zertifizierung sollte daher in erster Linie als Indiz für eine bestimmte Nachhaltigkeitsleistung gewertet werden. Für eine genaue Einschätzung ist eine exakte Analyse der operativen Prozesse und Strukturen nötig (Dahl, 2019).

Im Verlauf der Zeit haben viele Unternehmen ihre eigenen SAQs entwickelt und diese sukzessive ausgeweitet. Infolgedessen ist eine Vielzahl unterschiedlicher Fragebögen entstanden. Lieferanten sind dadurch oftmals mit der Herausforderung konfrontiert, viele individuelle SAQs beantworten zu müssen, was zu Ineffizienzen und auch zu unnötigen Mehrfachbewertungen führt. Um Aufwand und Kosten sowohl für die Lieferanten als auch für das eigene Unternehmen zu reduzieren, ist es daher sinnvoll, sich innerhalb einer oder mehrerer Branchen auf einen SAQ-Standard zu einigen (siehe hierzu auch Kapitel 7). In der Abbildung 5.8 wird die Bewertung der Nachhaltigkeitsleistung auf Basis eines SAQ-Branchenstandards grafisch dargelegt.

Abb. 5.8: Bewertung der Nachhaltigkeitsleistung auf Basis eines SAQ-Branchenstandards.
Quelle: eigene Darstellung

In einigen Branchen haben sich Unternehmen im Rahmen einer Branchenkooperation bereits auf einen SAQ-Standard geeinigt. So setzen beispielsweise Mitglieder der Brancheninitiative Together for Sustainability (Chemiesektor), SAC (Textilbranche) und Drive Sustainabillity (Automobilsektor) einen standardisierten SAQ ein (für Letzteres siehe Praxisbeispiel 5.1).

ZUSAMMENFASSUNG

5.2.2 Bewertung der Nachhaltigkeitsleistung mittels Lieferantenselbstauskunft

- Ein Instrument zur ortsunabhängigen Einschätzung der Nachhaltigkeitsleistung eines Lieferantenstandortes ist die Lieferantenselbstauskunft (Self Assessment Questionnaire, kurz SAQ).
- Beim SAQ wird die Nachhaltigkeitsleistung auf Basis eigenständig vom Lieferanten beantworteter Fragen und eingereichter Nachweise bewertet.
- Um die Nachhaltigkeitsleistung eines Lieferantenstandortes bewerten zu können, sollte im SAQ gefragt werden, welche Maßnahmen vom Lieferanten umgesetzt werden, um nachteilige Auswirkungen auf Mensch und Umwelt zu verhüten und zu mindern; so kann beispielsweise gefragt werden, ob Nachhaltigkeitsrichtlinien im Unternehmen gelten, es Nachhaltigkeitsbeauftrage gibt, die Mitarbeiter zum Thema Nachhaltigkeit geschult werden, usw.
- Da der LCoC die Grundlage für die nachhaltigkeitsorientierte Lieferantenbewertung bildet, sollten sich alle Fragen im SAQ aus diesem ableiten.
- Um den Aufwand und die Kosten sowohl für Lieferanten als auch für das eigene Unternehmen zu reduzieren, ist es sinnvoll, sich innerhalb einer oder mehrerer Branchen auf einen SAQ-Standard zu einigen.

Einsatz eines OEM-übergreifenden SAQs bei der BMW Group

Die BMW Group hat den Faktor Nachhaltigkeit zum verbindlichen Vergabekriterium deklariert. Vor jeder Vergabe wird bei produktionsbezogenen Aufträgen (direktes Material), die mehr als 2 Mio. Euro betragen und bei nicht-produktionsbezogenen Aufträgen (indirektes Material), die bei über 10 Mio. Euro liegen, die Nachhaltigkeitsleistung des potenziellen Lieferanten überprüft. Hierdurch wurden im Jahr 2018 97 % des Vergabevolumens für direktes Material und 80 % des Vergabevolumens für indirektes Material abgedeckt.

Zur Einschätzung der Nachhaltigkeitsleistung setzt die BMW Group den SAQ der Brancheninitiative „Drive Sustainability" ein.[8] Der SAQ besteht aus insgesamt 23 Frageblöcken zu den Themengebieten Generelles Management, Soziale Nachhaltigkeit, Geschäftsverhalten und Compliance, Ökologische Nachhaltigkeit, Lieferantenmanagement und Konfliktmineralien. In der Abbildung 5.9 wird ein Auszug aus dem SAQ gezeigt.[9]

Die Bewertung der Nachhaltigkeitsleistung basiert auf einer BMW-spezifischen Logik. Dabei unterscheidet die BMW Group danach, wie groß der Lieferant ist (> 50/ > 100/> 500 Mitarbeiter) und welche Art der Leistung erbracht wird (Teilelieferanten und Investitionsgüter versus Dienstleister). Je nachdem wie viele Mitarbeiter der Lieferant beschäftigt und welche Art der Leistung erbracht wird, bestehen unterschiedliche Mindestnachhaltigkeitsanforderungen, um als vergabefähig deklariert zu werden. Tabelle 5.1 zeigt einen Auszug aus den Anforderungen an Teilelieferanten und Investitionsgüter, die bei Nicht-Erfüllung zu einem Vergabestopp führen.

---

8 „Drive Sustainability" ist eine Branchenkooperation mit insgesamt zehn Mitgliedern aus der Automobilindustrie (BMW Group, Daimler AG, Ford, Honda, Jaguar Land Rover, Scania CV AB, Toyota Motor Europe, Volkswagen Group, Volvo Cars und Volvo Group). Die Initiative hat sich das Ziel gesetzt, Nachhaltigkeit in der Lieferkette der Automobilindustrie durch die Förderung eines gemeinsamen Konzeptes voranzutreiben. Im Zuge dieser Bestrebung hat die Branchenkooperation für die nachhaltigkeitsorientierte Lieferantenbewertung einen SAQ-Standard entwickelt, der von allen Mitgliedern eingesetzt werden kann. Der SAQ wird alle zwei Jahre von Drive Sustainability aktualisiert.
9 Der vollständige SAQ ist im Anhang abgebildet.

drive **D**
sustainability

A. GESCHÄFTSFÜHRUNG (ALLGEMEIN)	HINTERGRUNDINFORMATIONEN

1a. Gibt es in Ihrem Unternehmen eine für soziale Nachhaltigkeit hauptverantwortliche Person?*

☐ Nein

☐ Ja*, auf Unternehmensebene

☐ Ja*, auf Standortebene

Wenn ja, bitte angeben:

Name: _____

E-Mail: _____

1b. Gibt es in Ihrem Unternehmen eine für Compliance hauptverantwortliche Person?*

☐ Nein

☐ Ja*, auf Unternehmensebene

☐ Ja*, auf Standortebene

Wenn ja, bitte angeben:

Name: _____

E-Mail: _____

1c. Gibt es in Ihrem Unternehmen eine für ökologische Nachhaltigkeit hauptverantwortliche Person?*

☐ Nein

☐ Ja*, auf Unternehmensebene

☐ Ja*, auf Standortebene

Wenn ja, bitte angeben:

Name: _____

E-Mail: _____

* Bitte geben Sie die Kontaktdaten an, selbst wenn es dieselbe Person ist wie oben.

HINTERGRUNDINFORMATIONEN

Soziale Nachhaltigkeit bezieht sich auf Praktiken, die zur Lebensqualität sowohl von Arbeitnehmern als auch von Gemeinschaften beitragen, auf die sich die Geschäftstätigkeiten des Unternehmens auswirken könnte. Unternehmen sollten wie von der internationalen Gemeinschaft anerkannt die Menschenrechte ihrer Beschäftigten respektieren und alle Menschen mit Würde behandeln. Zu den anzugehenden sozialen Themen zählen beispielsweise das Diskriminierungsverbot, die Vereinigungsfreiheit, Arbeitsschutz usw. (siehe Abschnitt B – Arbeitsbedingungen und Menschenrechte).

Compliance bezieht sich auf die Grundsätze, die das unternehmerische Verhalten in den Beziehungen zu Geschäftspartnern und Kunden bestimmen. Von den Unternehmen wird erwartet, hohe Integritätsstandards einzuhalten und über die gesamte Lieferkette hinweg in Übereinstimmung mit den nationalen Gesetzen ehrlich und ausgewogen zu handeln. Zu den Beispielen unethischer Geschäftspraktiken gehören Korruption, unlauterer Wettbewerb, Interessenkonflikte usw. (siehe Abschnitt C – Unternehmensethik).

Ökologische Nachhaltigkeit bezieht sich auf Praktiken, die sich langfristig positiv auf die Qualität der Umwelt auswirken. Es wird erwartet, dass die Unternehmen proaktiv Verantwortung für die Umwelt übernehmen durch den Schutz der Umwelt, den schonenden Umgang mit natürlichen Ressourcen und die Verringerung der Umweltbelastung durch ihre Produktion, Produkte und Dienstleistungen über ihren gesamten Lebenszyklus hinweg. Unternehmenspraktiken können unter anderem Programme zur Verringerung von Treibhausgasemissionen oder zur Verringerung von Abfällen usw. betreffen (siehe Abschnitt D – Umwelt).

Es wird erwartet, dass die Unternehmen einen Vertreter der Geschäftsführung ernennen, der ungeachtet sonstiger Zuständigkeiten als hauptverantwortliche Person sicherstellt, dass das Unternehmens seinen Verpflichtungen bezüglich sozialer Nachhaltigkeit, Unternehmensethik sowie ökologischer Nachhaltigkeit nachkommt.

Die auf diese Frage hin benannte Person wird nicht ohne vorherige Benachrichtigung kontaktiert. Zunächst werden Anfragen an die Person gerichtet, die diesen Selbstauskunftsfragebogen ausfüllt.

Abb. 5.9: Auszug aus dem SAQ der Drive Sustainability Brancheninitiative. Quelle: Drive Sustainability (2019)

drive
sustainability

A. GESCHÄFTSFÜHRUNG (ALLGEMEIN)	HINTERGRUNDINFORMATIONEN
2. Veröffentlicht Ihr Unternehmen einen CSR-/ Nachhaltigkeitsbericht? ☐ Nein ☐ Ja, nach GRI-Standards Bitte Bericht hochladen. ☐ Ja, nach anderen international anerkannten Standards Bitte geben Sie den Namen des international anerkannten Standards an [_____] Bitte Bericht hochladen	Ein CSR-/Nachhaltigkeitsbericht ist ein Organisationsbericht, der Informationen über die wirtschaftliche, ökologische, soziale und ethische Leistung bereitstellt. Zu den international anerkannten Standards und Rahmenbedingungen für CSR-/Nachhaltig-keitsberichte gehören beispielsweise: > Global Reporting Initiative (GRI) Standards; > Sustainability Accounting Standards Board (SASB); > Climate Disclosure Standards Board (CDP-CDSB); > United Nations Global Compact - Communication on Progress (UNGC-COP).
2a. Ist eine Prüfung/Bestätigung Ihres jüngsten Berichts durch einen Dritten erfolgt? ☐ Nein ☐ Ja Wenn ja, bitte den Namen des Dritten angeben sowie das Bestätigungsschreiben zur Verfügung stellen: [_____]	In der Europäischen Union legt die <u>Richtlinie des Europäischen Parlaments und des Rates im Hinblick auf die Angabe nicht finanzieller und die Diversität betreffender Informationen</u> die Regeln für die Offenlegung von nicht finanziellen und die Diversität betreffenden Informationen für in EU-Mitgliedstaaten geschäftlich tätige Unternehmen fest, die alle der folgenden Kriterien erfüllen:
2b. Sind sämtliche Geschäftstätigkeiten all Ihrer Unternehmensstandorte in dem Bericht enthalten? ☐ Nein ☐ Ja	1. Ihr Unternehmen ist eine große Gruppe (im Sinne von Art. 3 Abs. 7 der Richtlinie 2013/34/EU), die entweder eine konsolidierte Bilanzsumme von EUR 20 Mio. ODER einen Nettoumsatz von EUR 40 Mio. aufweist., 2. UND Ihr Unternehmen ist ein Unternehmen von öffentlichem Interesse gemäß Definition durch Art. 2 Abs. 1 (a, b, c, d) der Richtlinie 2013/34/EU, 3. UND wenn die durchschnittliche Mitarbeiterzahl Ihres Unternehmens während eines Geschäftsjahres 500 Mitarbeiter übersteigt.
3. Verfügt Ihr Unternehmen über einen Verhaltenskodex? ☐ Nein ☐ Ja Bitte entsprechende Belege hochladen **3a.** Gilt der Verhaltenskodex für diesen Standort? ☐ Nein ☐ Ja	Ein Verhaltenskodex ist ein Regelwerk, in dem die Verantwortlichkeiten oder die sachgerechte Praxis für eine Person (Mitarbeiter) und eine Organisation dargelegt sind. Dabei sollten soziale, ethische und ökologische Aspekte berücksichtigt werden.

Abb. 5.9: (Fortsetzung)

drive sustainability

A. GESCHÄFTSFÜHRUNG (ALLGEMEIN)	HINTERGRUNDINFORMATIONEN
4. Organisieren Sie Schulungen, um das Verständnis von CSR/Nachhaltigkeit zu verbessern? ☐ Nein ☐ Ja, auf Standortebene ☐ Ja, auf Unternehmensebene **4a. Wenn ja, für welche der folgenden Themen organisieren Sie Schulungen?** ☐ Unternehmensethik Bitte Nachweise hochladen ☐ Umwelt Bitte Nachweise hochladen ☐ Arbeitsbedingungen und Menschenrechte Bitte Nachweise hochladen **4b. Wenn ja, wie häufig werden Schulungen durchgeführt?** Bitte angeben	Schulungen, die das Verständnis von CSR/**Nachhaltigkeit verbessern sollen, betreffen** Unternehmen, die ihre Mitarbeiter bezüglich der Erwartungen, Richtlinien und Verfahren zur sozialen Verantwortung von Unternehmen im betrieblichen Rahmen schulen. Die Schulung soll das Bewusstsein für CSR-/Nachhaltigkeitsthemen schärfen, so **dass Personen in spezifischen Funktionen** Probleme, denen sie im Tagesgeschäft **begegnen, identifizieren und entsprechend** handeln können. **Schulungen können aufgabenspezifisch** (z. B. Schulungen für Einkäufer, Manager usw.) oder themenbezogen sein (z. B. zu Menschenrechten, Korruptionsbekämpfung, Arbeitsschutz, Chemikalienmanagement usw.). Beispiele für CSR-/Nachhaltigkeitsthemen, zu denen Unternehmen Schulungen durchführen könnten, sind in den globalen Leitlinien für Nachhaltigkeit in der Automobilindustrie enthalten. </316
OPTIONAL **5. Haben Mitarbeiter dieses Standorts an externen Schulungen zu CSR/Nachhaltigkeit teilgenommen?** ☐ Nein ☐ Ja **5a. Falls Sie mit „Ja" geantwortet haben: Wer hat die Schulung organisiert?** ☐ Ein OEM Bitte angeben: (Monat/Jahr) ☐ Die Automotive Industry Action Group (AIAG) Bitte angeben: (Monat/Jahr) ☐ Drive Sustainability Bitte angeben: (Monat/Jahr) ☐ Sonstiges (bitte angeben)	
OPTIONAL **6. Nimmt Ihr Unternehmen an freiwilligen CSR-/Nachhaltigkeitsinitiativen teil?** ☐ Ja (bitte angeben) ☐ Nein	Freiwillige CSR-/Nachhaltigkeitsinitiativen können beispielsweise das United Nations Global Compact – UNGC, das CDP – Carbon Disclosure Project oder branchenspezifische Initiativen sein.

Abb. 5.9: (Fortsetzung)

drive **D**
sustainability

| B. ARBEITSBEDINGUNGEN UND MENSCHENRECHTE | HINTERGRUNDINFORMATIONEN |

7. Für welche der folgenden Fragestellungen zu Arbeitsbedingungen und Menschenrechten gibt es in Ihrem Unternehmen eine bestehende Richtlinie?

☐ Kinderarbeit und junge Arbeitnehmer

☐ Löhne und Sozialleistungen

☐ Arbeitszeit

☐ Zwangs- oder Pflichtarbeit und Menschenhandel

☐ Vereinigungsfreiheit und Tarifverhandlungen

☐ Arbeitsschutz

☐ Belästigung

☐ Nichtdiskriminierung

Bitte entsprechenden Beleg hochladen

7a. Nutzt Ihr Unternehmen einen der folgenden Kanäle, um den Mitarbeitern die Richtlinie zu vermitteln?

☐ Intranet/Meetings/Broschüren usw.
Bitte entsprechende **Belege** hochladen

☐ Schulungen
Bitte entsprechende **Belege** hochladen

☐ Sonstiges (bitte angeben): [＿＿＿＿＿＿＿]
Bitte entsprechende **Belege** hochladen

Eine Unternehmensrichtlinie behandelt die Position des Unternehmens zu einer bestimmten Fragestellung und enthält allgemeine Grundsätze und/oder nützliche Anweisungen zum Vorgehen. Eine Richtlinie kann beispielsweise Komponenten wie verbotene Verhaltensweisen, Rechte und Verfahren zur Beilegung von Streitigkeiten enthalten. Soziale Aspekte können u. a. in den CSR-, HR-, Menschenrechtsrichtlinien des Unternehmens enthalten sein. Die folgende Aufstellung bezieht sich auf die Global Automotive Sustainability Guiding Principles (Leitlinien für globale Nachhaltigkeit in der Automobilindustrie).

Menschenrechte sind die Rechte, die uns einfach zustehen, weil wir Menschen sind. Sie verkörpern die allgemein vereinbarten Mindestvoraussetzungen, damit jeder Mensch seine Würde wahren kann. Über Menschenrechte verfügen wir alle – unabhängig von Nationalität, Wohnsitz, Geschlecht, der nationalen oder ethnischen Herkunft, Hautfarbe, Religion oder einem sonstigen Status.
Quelle: Allgemeine Erklärung der Menschenrechte

Kinderarbeit und junge Arbeitnehmer bezieht sich auf das Beschäftigungsverbot von Kindern unterhalb des gesetzlichen Mindestalters. Darüber hinaus wird von Lieferanten erwartet, sicherzustellen, dass in Einklang mit dem IAO-Übereinkommen Nr. 138 über das Mindestalter für die Zulassung zu einer Beschäftigung junge Arbeitnehmer unter 18 Jahren keine Nachtarbeit oder Überstunden leisten und vor Arbeitsbedingungen geschützt werden, die für ihre Gesundheit, Sicherheit und Entwicklung schädlich sind. Vereinbar mit IAO-138 hinsichtlich leichter Arbeit (Artikel 6, 7). Der Lieferant sollte gewährleisten, dass die Aufgaben der jungen Arbeitnehmer den Schulbesuch nicht beeinträchtigen. Die Dienst- und Unterrichtszeit junger Arbeitnehmer darf insgesamt nicht mehr als 10 Stunden betragen.
Quelle: Charta der Grundrechte der Europäischen Union & IAO

Löhne & Sozialleistungen beziehen sich auf die Grund- oder Mindestlöhne und -gehälter sowie alle darüber hinausgehenden Ansprüche, die dem Arbeitnehmer vom Arbeitgeber direkt oder indirekt in Form von Geld- oder Sachleistungen zu bezahlen sind, und die aus dem Arbeitsverhältnis des Arbeitnehmers resultieren. Dazu zählen bezahlte Krankheitstage, krankheitsbedingte Fehlzeiten, Urlaub aus familiären Gründen, bezahlte Überstunden usw.
Quelle: IAO-UNGC.

Arbeitszeit bezieht sich auf eine reguläre Arbeitswoche, die 48 Stunden nicht überschreiten sollte. In Ausnahmesituationen kann eine Arbeitswoche höchstens 60 Stunden inklusive Überstunden umfassen. Alle Überstunden werden auf freiwilliger Basis geleistet. Arbeitnehmer sollten alle sieben Tage mindestens einen freien Tag haben. Gesetze und Verordnungen zur Höchstarbeitszeit und Urlaubszeit sind zu respektieren.
Quelle: Ethical Trading Initiative, auf der Grundlage von IAO-Übereinkommen

Abb. 5.9: (Fortsetzung)

Anforderung an Teilelieferanten und Investitionsgüter (gültig ab 01. Januar 2019)	Unternehmensgröße*
Verantwortlichkeit für soziale Nachhaltigkeit im oberen Management	> 500 MA
Verantwortlichkeit für ökologische Nachhaltigkeit im oberen Management	> 500 MA
Veröffentlichung eines CSR-/Nachhaltigkeitsberichts	> 500 MA
Verhaltenskodex	> 500 MA
Schulungen zu CSR/Nachhaltigkeit, d.h. zu folgenden Themen: -Umwelt -Arbeitsbedingungen und Menschenrechte	 > 500 MA > 500 MA
Richtlinie zu folgenden Sozialthemen: -Kinderarbeit und junge Arbeitnehmer -Löhne und Sozialleistungen -Arbeitszeit -Zwangs- oder Pflichtarbeit und Menschenhandel -Vereinigungsfreiheit, einschl. Tarifverhandlungen -Nichtdiskriminierung	> 50 MA
Arbeitsschutzrichtlinie	> 50 MA
Zertifiziertes Arbeitsschutzmanagementsystem nach BS OHSAS 18001 bzw. ISO 45001 oder vergleichbar	> 500 MA
Umweltrichtlinie	> 50 MA
Zertifiziertes Umweltmanagementsystem nach ISO 14001, EMAS oder vergleichbar	> 50 MA
CSR-/Nachhaltigkeitsanforderungen für Lieferanten zu folgenden Themen: -Kinderarbeit und junge Arbeitnehmer -Löhne und Sozialleistungen -Arbeitszeit -Zwangs- oder Pflichtarbeit und Menschenhandel -Vereinigungsfreiheit, einschließlich Tarifverhandlungen -Arbeitsschutz -Nichtdiskriminierung -Energieverbrauch und Treibhausgasemissionen -Wasserqualität und -verbrauch -Luftqualität -Management natürlicher Ressourcen und Abfallvermeidung -Verantwortungsbewusstes Chemikalienmanagement	> 100 MA
Übermittlung bzw. Kommunikation der CSR-/Nachhaltigkeitsanforderungen an Lieferanten	> 100 MA
Prozess zur Überprüfung der Einhaltung der Nachhaltigkeitsanforderungen bei Lieferanten	> 100 MA

*MA: Anzahl der Mitarbeiter unternehmensweit

◄ **Tab. 5.1:** Auszug aus den Nachhaltigkeitsanforderungen der BMW Group an Teilelieferanten und Investitionsgüter, die bei Nicht-Erfüllung zu einem Vergabestopp führen. Quelle: eigene Darstellung in Anlehnung an die BMW Group

Stellt sich im Rahmen der Auswertung des SAQs heraus, dass ein Lieferant eine oder mehrere Mindestanforderungen nicht erfüllt, erhält er einen roten Ampelstatus und ist zunächst nicht vergabefähig. Gemeinsam mit dem zuständigen Einkäufer der BMW Group kann der Lieferant dann korrektive Maßnahmen vereinbaren. Erst wenn alle Mindestanforderungen umgesetzt sind oder der Lieferant verbindlich bestätigt, die korrektiven Maßnahmen spätestens bis zum Beginn der Leistungserbringung (SOP) zu erfüllen, qualifiziert er sich für eine Vergabe; siehe Abbildung 5.10.[10]

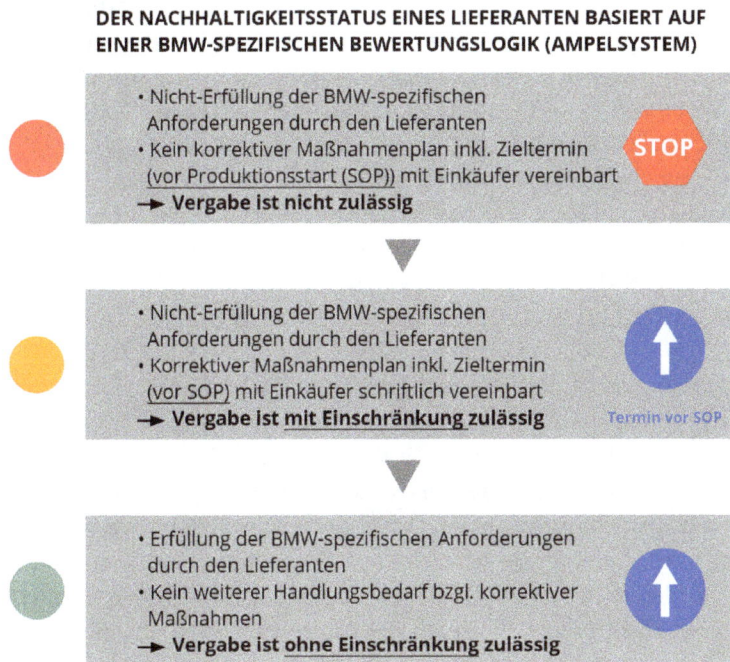

DER NACHHALTIGKEITSSTATUS EINES LIEFERANTEN BASIERT AUF EINER BMW-SPEZIFISCHEN BEWERTUNGSLOGIK (AMPELSYSTEM)

- Nicht-Erfüllung der BMW-spezifischen Anforderungen durch den Lieferanten
- Kein korrektiver Maßnahmenplan inkl. Zieltermin (vor Produktionsstart (SOP)) mit Einkäufer vereinbart
→ **Vergabe ist nicht zulässig**

STOP

- Nicht-Erfüllung der BMW-spezifischen Anforderungen durch den Lieferanten
- Korrektiver Maßnahmenplan inkl. Zieltermin (vor SOP) mit Einkäufer schriftlich vereinbart
→ **Vergabe ist mit Einschränkung zulässig**

Termin vor SOP

- Erfüllung der BMW-spezifischen Anforderungen durch den Lieferanten
- Kein weiterer Handlungsbedarf bzgl. korrektiver Maßnahmen
→ **Vergabe ist ohne Einschränkung zulässig**

Abb. 5.10: Nachhaltigkeitsorientierte Bewertungslogik (Ampelsystem) im Beschaffungssystem der BMW Group. Quelle: eigene Darstellung in Anlehnung an die BMW Group

---

10 Das Praxisbeispiel beruht auf internen Vorgaben und Verfahrensbeschreibungen der BMW Group und auf Angaben von Nachhaltigkeitsexperten des Unternehmens, die im Zuge der Bucherstellung im Rahmen von Interviews und/oder (persönlichen) Absprachen gemacht wurden. Für die Richtigkeit und Vollständigkeit der Angaben in diesem Praxisbeispiel können wir keine Gewähr übernehmen.

5.2.3 Bewertung der Nachhaltigkeitsleistung am Lieferantenstandort

Die Überprüfung und Bewertung der Nachhaltigkeitsleistung am Lieferantenstandort kann mittels eines Audits oder eines Quick-Checks erfolgen. Unter Berücksichtigung der Faktoren Aussagekraft, Aufwand- und Kostenverursachung, weisen die Ansätze jeweils andere Vor- und Nachteile auf. Dieses Kapitel zeigt auf, welche Aspekte bei der Überprüfung am Lieferantenstandort beachtet werden sollten und stellt die spezifischen Unterschiede beider Ansätze heraus. Als erstes wird in Kapitel 5.2.3.1 das Audit und anschließend, in Kapitel 5.2.3.2, der Quick-Check beschrieben.

5.2.3.1 Audit

Der stärkste Ansatz zur Beurteilung der Nachhaltigkeitsleistung eines Lieferantenstandortes ist das Nachhaltigkeitsaudit (kurz Audit), das sowohl durch Mitarbeiter des Lieferanten (1st Party Audit), Mitarbeiter des beschaffenden Unternehmens (2nd Party Audit) als auch durch externe Dritte (3rd Party Audit) durchgeführt werden kann. Die Stärke eines Audits liegt darin, dass ein Lieferantstandort umfassend vor Ort überprüft werden kann. Nachteilig ist jedoch, dass die Durchführung eines Audits relativ aufwendig ist und vergleichsweise hohe Kosten verursacht.

Durch die Beteiligung an einer Brancheninitiative, die ihren Mitgliedern standardisierte Auditverfahren sowie den Austausch von Auditdaten ermöglicht, können sowohl der Aufwand als auch die Kosten zumindest reduziert werden (siehe hierzu Kapitel 7).[11] Eine Standardisierung von Auditverfahren bietet insbesondere auch die bereits im Kontext des LCoCs und SAQs diskutierten Vorteile (Reduktion von Ineffizienzen, Vermeidung von Widersprüchlichkeiten, usw.); vgl. Kapitel 4.3.2. und 5.2.2.

Ob die Durchführung eines 2nd Party Audits oder eines 3rd Party Audits sinnvoller ist, hängt von individuellen Faktoren ab, wie der Praktikabilität aufgrund der Entfernung des Lieferantenstandortes, den Kompetenzen der eigenen Auditoren und der Beteiligung an einer Branchenkooperation. Daher sollte einzelfallabhängig geprüft werden, welcher Ansatz, unter den gegebenen Konditionen, am sinnvollsten ist. Beachtet werden sollte hierbei allerdings, dass NGOs 2nd Party Audits für weniger glaubwürdig erachten können als Audits, die durch unabhängige Dritte durchgeführt werden. Die Einbeziehung von NGOs bei der Durchführung von 2nd Party Audits könnte die Glaubwürdigkeit stärken. Die Partizipation von NGOs könnte jedoch eine umfassendere Auseinandersetzung erfordern, die über den Punkt als reiner Auditbegleiter hinausgeht und infolgedessen mehr zeitliche Kapazitäten beansprucht. Der Einbezug sollte daher im Rahmen einer Gesamtstrategie für den Umgang mit NGOs durchdacht werden.

---

11 Das „Global Social Compliance Programme" des United Nations Global Compact (kurz UNGC) bündelt bewährte Audit-Verfahren zu verschiedenen Referenztools, die Unternehmen übernehmen können (UNGC Office, 2012).

Wie aussagekräftig die Ergebnisse eines Audits sind, hängt von unterschiedlichen Faktoren ab. Eine wesentliche Rolle spielt zunächst die Qualifikation der Auditoren sowie die Frage, ob sie unabhängig sind. Auch wird die Aussagekraft dadurch beeinflusst, wie gut die Auditoren die jeweilige Landessprache beherrschen. Die Aussagekraft wird darüber hinaus maßgeblich dadurch bestimmt, wie umfangreich und tiefgründig die Kontrolle ist. Die Chance auf eine realitätsnahe Einschätzung steigt, wenn alle vier übergeordneten Themengebiete (Umwelt, Menschenrechte, Arbeitspraktiken, Betriebs- und Geschäftspraktiken) umfassend geprüft werden; vgl. LCoC als Lieferantenbewertungsbasis in Kapitel 4.3.2. Dies setzt voraus, dass Gespräche mit der Geschäftsleitung und den fachverantwortlichen Ansprechpartnern für Umweltschutz, Arbeitssicherheit, Personal und Beschaffung zu den bestehenden Systemen, Prozessen und Maßnahmen geführt werden. Ein Vertreter aus der Beschaffung ist wichtig, um zu eruieren, ob der Lieferant die Nachhaltigkeitsvorgaben des LCoCs an seine (Unter-)Lieferanten weitergibt und durch geeignete Maßnahmen sicherstellt, dass diese auch eingehalten werden (vgl. Weitergabeklausel in Kapitel 4.3.2).

Ferner ist eine umfassende Unterlagenprüfung (Richtlinien, Zertifizierungen, Kennzahlen, Personalakten, usw.) wichtig. Wesentlich ist darüber hinaus eine gründliche und systematische Begehung der Produktion und des nicht produzierenden Bereichs (Umkleidekabinen, Kantine, Gefahrstofflager, Abfallbereich, Außenbereich der Betriebsstätte, usw.) und ein Abgleich dieser Eindrücke mit den Ergebnissen aus der Unterlagenprüfung.

Auch ist es wichtig, Erkenntnisse aus Mitarbeiter-Interviews zu gewinnen. Um die Befragten zu schützen, sollten die Angaben vertraulich behandelt werden (UNGC Office, 2012). Damit Beschäftigte Missstände offen ansprechen können, sollten die Gespräche an einem möglichst neutralen Ort und lediglich unter Anwesenheit der Befragten und der Auditoren stattfinden.[12] Andere Mitarbeiter des Lieferanten, insbesondere Vorgesetzte sowie das Top-Management, sollten von den Gesprächen ausgeschlossen werden. Den Befragten sollte zugesichert werden, dass die Angaben anonymisiert werden und sie daher keine negativen Konsequenzen befürchten müssen. Die Befragten sollten sich zudem möglichst in ihrer Muttersprache äußern können (UNGC Office und BSR, 2015). Die Beschäftigten sollten nicht vom Lieferanten vorgegeben werden, sondern selbstständig von den Auditoren ausgewählt werden.[13] Um ein differenziertes Bild zu erhalten, sollten Beschäftigte aus unterschiedlichen Altersgruppen, aus heterogenen Abteilungen und Hierarchiestufen, mit variierenden Vertragsverhält-

---

12 Ein „neutraler" Ort bedeutet hier nicht im Büro oder in unmittelbarer Nähe des Büros eines Vorgesetzten, da Befragte hierdurch eingeschüchtert werden können und ihre Bereitschaft, wahrheitsgemäße Angaben zu machen, infolgedessen beeinträchtigt werden könnte.

13 UNGC Office und BSR (2015) weisen darauf hin, dass es zahlreiche Beispiele dafür gibt, dass Lieferanten ihre Arbeiter anweisen, bei Audits während der Interviews falsche Angaben zu machen. Werden die Mitarbeiter zufällig von den Auditoren für die Interviews ausgesucht, kann dieses Risiko zumindest reduziert werden.

nissen (Festangestellte, Zeitarbeiter, Praktikanten, usw.) und sowohl Männer als auch Frauen befragt werden. Die Anzahl der Interviews sollte repräsentativ sein und sich nach der Größe des Lieferanten richten.

In der Abbildung 5.11 werden die Audit-Komponenten noch einmal grafisch zusammengefasst:

Gespräche mit der Geschäftsleitung und den fachverantwortlichen Ansprechpartnern für Umweltschutz, Arbeitssicherheit, Personal und Beschaffung: Bestehende Systeme, Prozesse und Maßnahmen

Unterlagenprüfung: Richtlinien, Zertifizierungen, Kennzahlen, Personalakten, Stechkarten, usw.

AUDIT

Standortbegehung: Sichtprüfung des Standortes auf offensichtliche Vorschriftswidrigkeiten

Gespräche mit Mitarbeitern: Befragungen zu den Arbeitsbedingungen mit einer repräsentativen Auswahl an Beschäftigten

Abb. 5.11: Audit-Komponenten. Quelle: eigene Darstellung in Anlehnung an UNGC Office (2012)

Die Frage, ob Audits angekündigt oder unangekündigt durchgeführt werden sollten, kann nicht pauschal beantwortet werden, da beide Ansätze jeweils unterschiedliche Vor- und Nachteile haben. Bei unangekündigten Audits kann ein Lieferant die Bedingungen nicht vorweg verändern. Somit hat der Lieferant nicht die Möglichkeit, Missstände gegebenenfalls zu vertuschen. Die Tatsache, dass der Lieferant sich nicht auf das Audit vorbereiten kann hat dafür den Nachteil, dass die gesamte Organisation von beispielsweise Unterlagen und Personen kurzfristig geregelt werden muss. Dies kann die Durchführung eines Audits verlangsamen und auch dazu führen, dass nicht alle Unterlagen zur Verfügung gestellt werden können und/oder wichtige Ansprechpartner fehlen. Die Effizienz und die Effektivität des Audits kann somit beeinträchtigt werden. Auch besteht bei unangekündigten Audits das Risiko, dass sich ein Lieferant überrumpelt und kontrolliert fühlt, was sich negativ auf das Vertrauensverhältnis auswirken kann. Angekündigte Audits bieten hingegen die Chance, einem Lieferanten partnerschaftlich zu begegnen und die Geschäftsbeziehung dadurch sogar zu stärken. In der Zusammenarbeit mit Lieferanten stellt gerade die partnerschaftliche Begegnung auf Augenhöhe einen wichtigen Faktor dar (siehe hierzu auch Kapitel 5.3).

Wird ein Audit angekündigt, hat der Lieferant ferner die Chance, die Vorbereitung vorweg sicherzustellen, so dass die Effizienz und die Effektivität nicht durch fehlende Unterlagen oder Ansprechpartner beeinträchtigt wird. Allerdings besteht bei angekündigten Audits das Risiko, dass der Lieferant Missstände gegebenenfalls vertuscht und diese infolgedessen nicht erkannt und damit auch nicht beseitigt werden.

ZUSAMMENFASSUNG

5.2.3.1 Audit

- Der stärkste aber gleichzeitig aufwendigste und kostenintensivste Ansatz zur Lieferantenbewertung ist das Audit; durch die Beteiligung an einer Brancheninitiative, die ihren Mitgliedern standardisierte Auditverfahren und den Austausch von Auditdaten ermöglicht, können Aufwand und Kosten zumindest reduziert werden.
- Die Chance auf eine realitätsnahe Einschätzung steigt, wenn Auditoren gut qualifiziert sowie unabhängig sind, und die vier übergeordneten Kernthemenbereiche (Umwelt, Menschenrechte, Arbeitspraktiken, Betriebs- und Geschäftspraktiken) umfassend geprüft werden.
- Ein Audit sollte beinhalten: Gespräche mit der Geschäftsleitung und den fachverantwortlichen Ansprechpartnern für Umweltschutz, Arbeitssicherheit, Personal und Beschaffung, eine Unterlagenprüfung, eine Begehung des Standortes sowie Mitarbeiter-Interviews.

PRAXISBEISPIEL 5.2

Nachhaltigkeitsassessment bei der BMW Group

Audits repräsentieren bei der BMW Group ein zentrales SSCM-Element. Es werden sowohl 2nd Party als auch 3rd Party Audits durchgeführt. Erstere werden bei der BMW Group als „Nachhaltigkeitsassessment" (kurz Assessment) bezeichnet.

Sowohl Nachhaltigkeitsassessments als auch 3rd Party Audits werden bei der BMW Group bei ausgewählten Risiko-Lieferantenstandorten durchgeführt. Welche Lieferantenstandorte ein hohes Nachhaltigkeitsrisiko aufweisen, wird auf Basis einer Lieferantenselbstauskunft und eines BMW-spezifischen Risikofilters ermittelt. In den Risikofilter fließen länder- und produktspezifische Faktoren ein. Zusätzlich dazu wird die Risikobewertung durch Informationen aus einem Medienscreening und einer internen Beschwerdestelle ergänzt.

Die Entscheidung, ob ein Nachhaltigkeitsassessment oder ein 3rd Party Audit durchgeführt werden soll, basiert auf einer fallspezifischen Abwägung unterschiedlicher Faktoren. So wird zunächst einmal die Praktikabilität der Durchführung eines Nachhaltigkeitsassessments auf Basis der Entfernung des Lieferantenstandortes geprüft. Darüber hinaus wird geprüft, ob das interne Assessment-Team über adäquate Sprachkenntnisse verfügt. Im Entscheidungsprozess, ob ein Assessment oder ein 3rd Party Audit durchgeführt werden soll, kann auch die Präferenz des Lieferanten berücksichtigt werden. Bei einem 3rd Party Audit haben Lieferanten den Vorteil, dass sie ein Zertifikat erhalten, das sie auch anderweitig nutzen können. Die BMW Group erstellt zwar einen Abschlussbericht, jedoch erhält der Lieferant kein Zertifikat und die Ergebnisse des Abschlussberichts dürfen auch nur intern vom Lieferanten genutzt werden. Wird ein Assessment durch die BMW Group durchgeführt, hat der Lieferant dafür den Vorteil, dass die Kosten von BMW getragen werden, während die Kosten für ein 3rd Party Audit grundsätzlich vom Lieferanten zu tragen sind. Die Entscheidung, ob ein Assessment oder ein 3rd Party Audit durchgeführt werden soll, wird schließlich auch durch die Tier-Stufe beeinflusst. Assessments setzt die BMW Group vorrangig bei Tier-1- und bei Setzlieferanten an, wohingegen 3rd Party Audits auch in der n-Tier-Lieferkette durchgeführt werden.

Ist die Entscheidung zur Durchführung eines Nachhaltigkeitsassessments gefallen, wird ein standardisierter Prozess durchgeführt, der in die folgenden Prozessschritte unterteilt ist:

1) Vorbereitung
- Der ausgewählte Lieferant wird darüber informiert, dass die BMW Group ein Assessment durchführen möchte.
- Organisatorische und terminliche Absprache: für das Assessment wird ein Termin festgelegt; der Lieferant wird darüber informiert, wie der grobe Ablauf aussehen wird, welche Personen anwesend sein müssen und welche Unterlagen bereitzustellen sind.
- Die wichtigsten Informationen zur SSCM-Strategie der BMW Group, zum geplanten Vor-Ort-Ablauf und zum Nachbearbeitungsprozess werden dem Lieferanten via E-Mail zugeschickt.

2) Durchführung
- Das Assessment wird in der Regel von ein bis zwei Personen durchgeführt und geht üblicherweise mit einem Aufenthalt beim Lieferanten von ein bis zwei Tagen einher.

3) Nachbereitung
- Der Lieferant erhält einen Abschlussbericht mit den Ergebnissen des Assessments.
- Bei identifizierten Missständen werden Korrekturmaßnahmen vereinbart.
- Die Umsetzung der Korrekturmaßnahmen wird überprüft.

Im Rahmen des Assessments werden die drei übergeordneten Themengebiete Umwelt, Soziales und Unternehmensführung geprüft, die in die folgenden inhaltlichen und prozessrelevanten Aspekte unterteilt werden:

Inhaltliche Aspekte			Prozessuale Aspekte	
Ökologische Nachhaltigkeit	Soziale Nachhaltigkeit	Nachhaltigkeit in der Unternehmensführung	Management Prozesse	Monitoring & Ergebnisse
Emissionen (Treibhausgase)	Kinder- / Zwangsarbeit	Korruption	Management-systeme	Zertifizierungen
Energie-, Wasser-verbrauch, Müllproduktion	Diskriminierung	Allgemeine Geschäfts-bedingungen	Einhaltung der Prinzipien entlang der gesamten Lieferkette	Dokumentation / Nachweis / Reporting
Verwendung von erneuerbaren, knappen oder gefährlichen Ressourcen	Arbeitssicherheit / Arbeitsbedingungen	Management Commitment	Eskalations- und Entwicklungsprozess für festgestellte Abweichungen	Verstöße / Strafen
Eutrophierung / Versauerung	Vereinigungsfreiheit und Recht auf Kollektivverhandlungen		Mitarbeitertrainings	
Umweltpolitik	Gesellschaftliche Auswirkungen			
Werks- und Transportsicherheit				

Abb. 5.12: Übersicht über die inhaltlichen und prozessrelevanten Aspekte, die im Rahmen eines BMW-Nachhaltigkeitsassessments geprüft werden. Quelle: eigene Darstellung in Anlehnung an econsense (2013) und die BMW Group

Beim Assessment steht für die BMW Group nicht nur die Bewertung der Nachhaltigkeitsleistung im Vordergrund, sondern die gezielte Weiterentwicklung des Lieferanten. Eine Auseinandersetzung mit den fachverantwortlichen Ansprechpartnern des Lieferanten ist für die BMW Group daher besonders wichtig. Um die Teilnahme von allen relevanten fachverantwortlichen Ansprechpartnern (Umweltschutz, Arbeitssicherheit, Personal und Beschaffung) am Assessment sicherzustellen, führt die BMW Group ausschließlich angekündigte Assessments durch.[14] Handelt es sich um einen Kon-

---

14 Ein Vertreter aus der Beschaffung ist wichtig, da die BMW Group eine nachhaltigkeitsorientierte Durchdringung der Lieferkette bis zum Rohstoffanbau beziehungsweise -abbau anstrebt und daher einfordert, dass Lieferanten die Nachhaltigkeitsvorgaben an die Unterlieferkette weitergeben; vgl. SSCM-Strategie der BMW Group in Praxisbeispiel 3.2.

zern, muss zusätzlich zu den fachverantwortlichen Ansprechpartnern auch ein Vertreter aus der Zentrale anwesend sein. Hierauf legt die BMW Group wert, damit alle Themen, die im Konzern zentral geregelt werden, auch an den übrigen Standorten des Lieferanten eingeführt werden und somit ein Multiplikator-Effekt erreicht wird. Die BMW Group ist überzeugt davon, dass das Thema Nachhaltigkeit nur dann erfolgreich im Unternehmen etabliert werden kann, wenn es durch die Unternehmensleitung unterstützt wird und verpflichtend ist. Für die BMW Group ist es daher unerlässlich, dass auch das Top-Management des Lieferanten am Assessment teilnimmt.

Jedes Assessment beginnt mit einem Eröffnungsmeeting im Rahmen dessen das Assessment-Team als erstes die wichtigsten Informationen zum BMW-spezifischen SSCM-Ansatz, zu den Nachhaltigkeitsvorgaben für Lieferanten, den Zielen des Assessments und dem geplanten Ablauf präsentiert. Im Anschluss an die BMW-Präsentation hat der Lieferant die Möglichkeit, sein Unternehmen und die wichtigsten standortspezifischen Parameter vorzustellen.

Nach dem Eröffnungsmeeting folgen die Dokumentenprüfung und die themenspezifische Auseinandersetzung mit den fachverantwortlichen Ansprechpartnern. Jedes der drei übergeordneten Themengebiete wird in Bezug auf Strategien, Ziele, Richtlinien, Maßnahmen und Kennzahlen überprüft.

Bei der Dokumentenprüfung wird zum einen die grundsätzliche Einhaltung gesetzlicher und BMW-spezifischer Nachhaltigkeitsvorgaben kontrolliert, und zum anderen, die Schlüssigkeit der Dokumente eruiert. Steht beispielsweise in der Krankenakte, dass ein Mitarbeiter nach einem betriebsbedingten Unfall krankgeschrieben war, dieser Unfall taucht jedoch nicht in der Unfallstatistik auf, werden die Unterlagen, in Bezug auf diesen Faktor, als unschlüssig gewertet.

Im Anschluss an die dokumentenbasierte Prüfung folgt die Begehung der Betriebsstätte. Bei der Begehung werden alle Nachhaltigkeitsaspekte (vgl. Abbildung 5.12) kontrolliert und mit den Erkenntnissen aus der Dokumentenprüfung abgeglichen. So wird zum Beispiel der bauliche und organisatorische Brandschutz, das Notfallmanagement, die Maschinensicherheit und der Umgang mit Gefahrstoffen begutachtet. Um einen Gesamteindruck des Standortes zu erhalten, umfasst die Begehung die Produktion, den nicht produzierenden Bereich (beispielsweise Umkleidekabinen, Kantine, Gefahrstofflager, usw.) sowie den Außenbereich der Betriebsstätte. Um ein umfassendes Bild zu erhalten, werden bei Nachhaltigkeitsassesments möglichst auch Mitarbeiter-Interviews durchgeführt.

Die gesammelten Informationen werden dem Lieferanten in einer Abschlusspräsentation vorgetragen. Im Anschluss an das Assessment werden die Ergebnisse detailliert in einem Abschlussbericht aufbereitet und dem Lieferanten via E-Mail zugeschickt.

Liegen Missstände beim Lieferanten vor, werden entsprechende Korrekturmaßnahmen vereinbart. Die Fristen für die Umsetzung der Korrekturmaßnahmen variieren in Abhängigkeit von der Art und des Ausmaßes des Defizites. Die BMW Group unterscheidet hierbei drei Schweregrade: „Abweichungen", „Feststellungen" und „Hinweise".

„Abweichungen" repräsentieren die schwerwiegendsten Missstände. Hierunter fallen Gesetzesverstöße oder Missstände die entweder Personen und/oder die Umwelt konkret schädigen können. Die Einatmung von Aluminiumstaub durch Fabrikmitarbeiter, Kinderarbeit oder die Kontaminierung von Grundwasser würden beispielsweise in diese Klassifizierung fallen. Bei Abweichungen fordert die BMW Group Lieferanten dazu auf, Sofortmaßnahmen einzuleiten, die die unverzügliche Beseitigung der Defizite sicherstellen.

Bei „Feststellungen" handelt es sich um Abweichungen von der Norm, die aber nicht so gravierend oder dringend sind, dass Sofortmaßnahmen nötig wären. Die Frist für die Umsetzung entsprechender Korrekturmaßnahmen beträgt bei Missständen dieses Schweregrades mehrere Wochen oder Monate.

Bei „Hinweisen" handelt es sich nicht um Verstöße im engeren Sinne, sondern um Faktoren die Verbesserungspotenziale aufweisen. Hier setzt die BMW Group keine Umsetzungsfristen an.

Für die BMW Group ist es entscheidend, eine langfristige Beseitigung von Defiziten zu erreichen. Voraussetzung hierfür ist, dass die Ursachen, die für die Entstehung eines Missstandes verantwortlich sind, beseitigt werden. Daher fordert die BMW Group Lieferanten nicht nur dazu auf, Missstände zu beseitigen, sondern auch zu analysieren, wodurch diese Defizite entstanden sind. So stellt die BMW Group sicher, dass Nachhaltigkeitsmissstände nicht nur punktuell und kurzfristig, sondern grundsätzlich und damit langfristig behoben werden. Die Ursachen-Analyse ist Teil des Korrekturmaßnahmenplans und muss von Lieferanten binnen 40 Tagen erstellt und bei der BMW Group eingereicht werden. Die BMW Group bewertet die Ursachen-Analyse und stellt gegebenenfalls Nachbesserungsforderungen.

Die Überprüfung, ob vereinbarte Korrekturmaßnahmen umgesetzt wurden, erfolgt in der Regel telefonisch, via Skype oder durch ein Anschluss-Assessment. Ein Anschluss-Assessment wird üblicherweise durchgeführt, wenn gravierende Missstände festgestellt wurden. Steht bei einem Lieferanten in Kürze eine Qualitätskontrolle an, kann die Umsetzung der vereinbarten Korrekturmaßnahmen auch durch einen Qualitätsprüfer der BMW Group kontrolliert werden.

Für den Fall, dass ein Lieferant die vereinbarten Nachbesserungsfristen nicht einhält, wird die BMW Group in einem gemeinsamen Gespräch versuchen zu ermitteln, welche Gründe es hierfür gibt. Sollte dem Lieferanten beispielsweise Expertise fehlen, um die Korrekturmaßnahmen umzusetzen, wird die BMW Group entsprechende Unterstützung anbieten. Sollte der Lieferant jedoch nicht bereit sein die Defizite zu beheben, behält sich die BMW Group das Recht vor einen Eskalationsprozess zu starten, der in letzter Konsequenz dazu führen kann, dass der Lieferanten von weiteren Aufträgen ausgeschlossen wird.[15]

5.2.3.2 Quick-Check

Bei einem „Quick-Check" wird die Nachhaltigkeitsleistung am Lieferantenstandort mittels einer komprimierten Überprüfung eruiert. Die Komprimierung kann sowohl die Breite als auch die Tiefe der Überprüfung betreffen. Im Vergleich zu einem Audit werden bei einem Quick-Check somit weniger Nachhaltigkeitsfaktoren überprüft und/oder die Begutachtung fällt weniger tiefgründig aus. Letzteres kann beispielsweise bedeuten, dass lediglich eine visuelle Prüfung stattfindet.

Unter Effizienzgesichtspunkten ist ein Quick-Check sicherlich gut und wie econsense (2017) erklärt, kann eine Beschränkung des Prüfumfangs auch sinnvoll sein, um den Fokus auf wenige, aber wesentliche Kernpunkte zu legen. Wie in Kapitel 5.2.3.1 erörtert, wird die Aussagekraft der gesammelten Daten zur Nachhaltigkeitsleistung allerdings maßgeblich dadurch beeinflusst, wie umfassend und tiefgründig die Kontrolle ist. Aufgrund der spezifischen Herangehensweise, sollte die Aussagekraft eines Quick-Checks daher besonders kritisch hinterfragt werden.

In der Bestrebung, unterschiedliche Vor-Ort-Überprüfungen zu bündeln, haben einige Unternehmen den Quick-Check so konzipiert, dass eine andere Überprüfung (beispielsweise Qualitätskontrolle) um Nachhaltigkeitskriterien erweitert wird. In dem Fall wird der Quick-Check nicht durch Umwelt- und/oder Sozialauditoren, sondern durch beispielsweise Qualitätsprüfer durchgeführt. Im vorigen Kapitel wurde erörtert, dass die Aussagekraft der gesammelten Daten wesentlich von der Qualifikation der Auditoren abhängt. Wird die Kontrolle nicht durch qualifizierte Umwelt- und/oder Sozialauditoren durchgeführt, besteht ein erhöhtes Risiko dafür, dass Nachhaltigkeitsmissstände übersehen werden.

Um Nachhaltigkeitsmissstände zu erkennen, muss für die Überprüfung vor allem auch ausreichend Zeit zur Verfügung stehen. Die Bündelung mehrerer Kontrollen birgt das Risiko, dass nicht genügend Zeit für die Überprüfung der Nachhaltigkeitsleistung eingeplant wird. Die Aussagekraft eines Quick-Checks im Rahmen einer anderen Kontrolle, die bereits ohne Erweiterung um Nachhaltigkeitskriterien zeitlich ambitioniert ist, sollte daher besonders kritisch hinterfragt werden.

Falls wegen eingeschränkten Prüfumfangs, mangelnder Tiefgründigkeit, fehlender Zeit oder unzureichender Qualifikation etwas Wesentliches übersehen wird, könn-

---

[15] Das Praxisbeispiel beruht auf internen Vorgaben und Verfahrensbeschreibungen der BMW Group und auf Angaben von Nachhaltigkeitsexperten des Unternehmens, die im Zuge der Bucherstellung im Rahmen von Interviews und/oder (persönlichen) Absprachen gemacht wurden. Für die Richtigkeit und Vollständigkeit der Angaben in diesem Praxisbeispiel können wir keine Gewähr übernehmen.

te dies die Bewertung verfälschen und infolgedessen gegebenenfalls zu suboptimalen Folgeentscheidungen führen.

> **PRAXISHINWEIS**
>
> Bei der Durchführung eines Quick-Checks können technische Hilfsmittel wie zum Beispiel Apps nützlich sein. Im Zuge der Bestrebung, das Thema nachhaltiger Lieferketten voranzutreiben, hat der Verein econsense[16] das Vervielfältigungsrecht an einer von der Robert Bosch GmbH entwickelten App erworben. Die App ist auf eine rein visuelle Beobachtung von Auffälligkeiten in Bezug auf Nachhaltigkeitsthemen eines Lieferantenstandortes ausgerichtet und kann kostenlos heruntergeladen werden.[17]

ZUSAMMENFASSUNG

5.2.3.2 Quick-Check

- Bei einem „Quick-Check" wird die Nachhaltigkeitsleistung am Lieferantenstandort mittels einer komprimierten Überprüfung eruiert; die Komprimierung kann sowohl die Breite als auch die Tiefe der Kontrolle betreffen.
- Unter Effizienzgesichtspunkten ist ein Quick-Check sicherlich gut und eine Beschränkung des Prüfumfangs kann auch sinnvoll sein, um den Fokus auf wenige aber wesentliche Kernpunkte zu legen.
- Aufgrund der Herangehensweise bei einem Quick-Check sollte die Aussagekraft der gesammelten Daten allerdings kritisch hinterfragt werden.
- In der Bestrebung, unterschiedliche Vor-Ort-Kontrollen zu bündeln, haben einige Unternehmen den Quick-Check so konzipiert, dass eine andere Überprüfung (beispielsweise Qualitätskontrolle) um gewisse Nachhaltigkeitskriterien erweitert wird.

---

16 Der Verein „econsense" wurde im Jahr 2000 auf Initiative des Bundesverbandes der Deutschen Industrie (BDI) gegründet und ist auf die Förderung einer nachhaltigen Entwicklung der Deutschen Wirtschaft ausgerichtet. econsense unterstützt Unternehmen dabei, Nachhaltigkeit sowohl in den eigenen Geschäftsprozessen als auch in der Lieferkette zu verankern.

17 Die App „econsense Supplier Sensor" beinhaltet insgesamt 16 Fragen zu den Themenbereichen „Gesundheit und Sicherheit am Arbeitsplatz", „Arbeitsbedingungen", „Umwelt" und „Abweichungen zum unternehmensindividuellen LCoC". Konkret müssen Fragen beantwortet werden, wie zum Beispiel ob verstellte Fluchtwege, ungewöhnliche Emissionen oder Mängel bei der Arbeitssicherheit beobachtet werden. Zu den einzelnen Fragen können Erklärungshinweise aufgerufen werden, die zur Verdeutlichung potenzieller Missstände teilweise auch Beispielbilder enthalten. Zu jeder Antwort können sowohl individuelle Notizen als auch Fotos gespeichert werden. Weiterführende Informationen zur App sind auf der Webseite von econsense verfügbar.

- Wird die Kontrolle nicht durch qualifizierte Umwelt- und/oder Sozialauditoren durchgeführt, besteht ein erhöhtes Risiko dafür, dass Nachhaltigkeitsmissstände übersehen werden.
- Die Bündelung mehrerer Kontrollen birgt insbesondere auch das Risiko, dass für die Überprüfung der Nachhaltigkeitsleistung nicht ausreichend Zeit zur Verfügung steht.
- Falls wegen eingeschränkten Prüfumfangs, mangelnder Tiefgründigkeit, fehlender Zeit oder unzureichender Qualifikation etwas Wesentliches übersehen wird, könnte dies die Bewertung verfälschen und infolgedessen gegebenenfalls zu suboptimalen Folgeentscheidungen führen.

PRAXISBEISPIEL 5.3

Nachhaltiges Lieferkettenmanagement bei Merck

Merck ist ein deutsches Wissenschafts- und Technologieunternehmen, das in den Bereichen Healthcare, Life Science und Performance Materials tätig ist. Die Einhaltung von Umwelt- und Sozialstandards in der vorgelagerten Lieferkette repräsentiert bei Merck einen wichtigen Bestandteil der eigenen Nachhaltigkeitsstrategie. Das Unternehmen erwartet von seinen Lieferanten, dass sie die gleichen ethischen, sozialen und Compliance-Standards einhalten wie Merck selbst. Die Umwelt- und Sozialstandards basieren hierbei vor allem auf dem Global Compact der Vereinten Nationen und den ILO Kernarbeitsnormen.

Merck weist Lieferanten bereits in Ausschreibungen auf seine Responsible Sourcing Principles hin. Während der Geschäftsanbahnung findet eine Risikoabschätzung statt und je nach Höhe des Risikos werden weitere Maßnahmen festgelegt und gegebenenfalls auch vor der Beauftragung durchgeführt. Das Risikopotenzial wird hierbei ermittelt auf Basis einer Kombination aus den Risikokategorien „Land", „Produktkategorie" und „Umsatz".

Liegt ein erhöhtes Risiko vor, wird der potenzielle Lieferant dazu aufgefordert, sich anhand eines Self Assessment Questionnaires (SAQ) oder eines Audits entsprechend den Vorgaben von Together For Sustainabilty (kurz TfS) bewerten zu lassen.

Bei TfS handelt es sich um eine Brancheninitiative der chemischen Industrie, die auf die Vereinheitlichung globaler Nachhaltigkeitsstandards in der Lieferkette ausgerichtet ist. Hierzu hat TfS einen standardisierten Ansatz für die Bewertung und die Verbesserung der Nachhaltigkeitsleistung von Lieferanten der Chemieindustrie entwickelt (TfS, 2019).[18]

---

[18] Weiterführende Informationen zu TfS können auf der Webseite der Organisation abgerufen werden.

Im Rahmen von TfS wird die Nachhaltigkeitsleistung von Lieferanten bewertet anhand von SAQs in Kombination mit Veröffentlichungen Dritter (von beispielsweise NGOs, Gewerkschaften und internationalen Organisationen) und mittels Audits. Erstere Bewertung führt die unabhängige Ratingagentur EcoVadis durch. Dabei adressiert EcoVadis die Kategorien „Umwelt", „Soziales", „Ethik" und „nachhaltige Beschaffung". Zur Effizienzsteigerung können die Daten zur Nachhaltigkeitsleistung der Lieferanten unter den TfS-Mitgliedern geteilt werden (siehe hierzu auch Kapitel 7).

In ausgewählten Fällen (zum Beispiel bei besonderer Bedeutung des Lieferanten sowie spezifischen Risiken) führt Merck bei seinen Lieferanten außerdem 2nd Party Audits durch.

Werden im Rahmen der Überprüfung der Nachhaltigkeitsleistung mittels SAQ und/oder Audit Missstände beziehungsweise Verbesserungspotenziale festgestellt, werden auf Basis eines Korrekturmaßnahmenplans (CAP) gezielte Verbesserungen bei den Lieferanten angestoßen. Lieferanten werden dazu angehalten, die Nachbesserungsforderungen in einem angemessenen Zeitraum umzusetzen. Merck arbeitet während dieses Zeitraums mit den Lieferanten zusammen, um sie bei der Umsetzung der Anforderungen zu unterstützen. Nach Ablauf der Umsetzungsfrist wird die Nachhaltigkeitsleistung erneut bewertet. Gelingt es einem Lieferanten nicht, die Anforderungen innerhalb dieses Zeitraums zu erfüllen, kann Merck, in Abhängigkeit von den erzielten Fortschritten und der Bedeutung der Anforderungen, eine Fristverlängerung einräumen. Wenn schwerwiegende Verstöße gegen die Responsible Sourcing Principles des Unternehmens vorliegen, kommt eine Geschäftsbeziehung für Merck nicht in Frage.

Wird ein Lieferant von Merck beauftragt, überprüft das Unternehmen, ob die Nachhaltigkeitsvorgaben auch nach der Vergabe erfüllt werden. Der Faktor Nachhaltigkeit repräsentiert folglich einen festen Bestandteil der Lieferantenbeobachtung. Merck hat hierzu ein spezifisches Warnsystem eingerichtet, das den Einkauf benachrichtigt, wenn bei einem Lieferanten eine Störung droht beziehungsweise ein Missstand aufgetreten ist. Das Warnsystem schließt hierbei Daten aus einem Medienscreening sowie einer Beschwerdestelle ein. Werden bei einem bestehenden Lieferanten soziale und/oder ökologische Missstände festgestellt, muss der Lieferant, zur Aufrechterhaltung der Zusammenarbeit, die Defizite in einem angemessenen Zeitraum vollständig beseitigen.[19]

---

19 Das Praxisbeispiel beruht auf dem Corporate Responsibility Bericht 2018 von Merck, auf Texten, die TfS auf seiner Webseite veröffentlicht hat und auf Angaben von Nachhaltigkeitsexperten von Merck, die im Zuge der Bucherstellung im Rahmen von Interviews und/oder (persönlichen) Absprachen gemacht wurden. Für die Richtigkeit und Vollständigkeit der Angaben in diesem Praxisbeispiel können wir keine Gewähr übernehmen.

5.3 Lieferantenentwicklung

Wie in Kapitel 5.1 dargelegt, sollte der Faktor Nachhaltigkeit auch in der Lieferantenentwicklung fest verankert werden. Bei einer unzureichenden Nachhaltigkeitsleistung sollte der Fokus nicht darauf liegen, Lieferanten von der Vergabe auszuschließen beziehungsweise im Nachgang an die Auftragsvergabe in Form von beispielsweise Vertragskündigungen zu sanktionieren. Vielmehr sollte der Fokus darauf liegen, Lieferanten zu befähigen, die Anforderungen des LCoCs dauerhaft einzuhalten. Das Fundament hierfür sollte eine partnerschaftliche, vertrauensvolle Zusammenarbeit mit Lieferanten auf Augenhöhe sein.

Ein Ansatz zur Befähigung wurde bereits in Kapitel 5.1 beschrieben: die Erstellung individueller Korrekturmaßnahmenpläne (CAPs) auf Basis von Missständen, die im Rahmen eines Audits, Quick-Checks oder SAQs festgestellt werden. All diese Instrumente dienen folglich nicht allein der Lieferantenbewertung (Einschätzung der Nachhaltigkeitsleistung beziehungsweise der Nachhaltigkeitsrisiken), sondern repräsentieren gleichermaßen Instrumente der Lieferantenbefähigung. Die Einschätzung zu den Nachhaltigkeitskonditionen, die mittels dieser Instrumente gewonnen werden kann, sollte folglich als Basis genutzt werden, um Lieferanten zu befähigen, ihre Nachhaltigkeitsleistung zu optimieren.

Entscheidend bei der Lieferantenentwicklung ist, dass Defizite nicht nur kurzfristig, sondern grundlegend und damit langfristig beseitigt werden. Eine wichtige Voraussetzung hierfür ist, dass die Ursachen, die für die Entstehung eines Missstandes verantwortlich sind, verändert werden. Lieferanten sollten daher nicht nur dazu aufgefordert werden einen Missstand zu beseitigen, sondern auch zu analysieren *wodurch* dieser entstanden ist. Auf Basis der Analyseergebnisse sollten dann grundlegende Veränderungen vorgenommen werden, die ein erneutes Entstehen dieses Missstandes möglichst verhindern. Dabei sollte allerdings auch die Tatsache berücksichtigt werden, dass bestimmte Missstände nicht allein auf Lieferantenebene gelöst werden können, sondern eine strukturelle Veränderung verlangen.

Beachtet werden sollte auch, dass fehlende Expertise ein wesentliches Hindernis für Lieferanten darstellen kann, ihre Nachhaltigkeitsleistung zu optimieren. Wie UNGC Office (2012, S. 38) feststellt, sind Korrekturmaßnahmen daher insbesondere dann erfolgreich, *„wenn sie mit gezielten Anstrengungen zum Auf- und Ausbau der Management-Fähigkeiten des Lieferanten einhergehen"*. Dazu gehören Maßnahmen wie zum Beispiel Lieferanten-E-Learning-Programme, Präsenzschulungen und/oder eine individuelle Beratung.

Wie Ageron et al. (2012) verdeutlichen, können auch kulturelle Unterschiede die Implementierung von nachhaltigen Praktiken in der Lieferkette verhindern. Bei der Lieferantenentwicklung sollten daher stets auch kulturelle Faktoren berücksichtigt werden.

Im Jahr 2005 hat Mamic eine Studie zum Implementierungsprozess von LCoCs durchgeführt. Im Kontext von Schulungen konstatiert Mamic (2005), dass es wichtig ist, die Inhalte eines LCoCs nicht auf einer abstrakten Ebene zu vermitteln, sondern konkrete Beispiele aufzuzeigen. Der effektivste Schulungsansatz weist laut Mamic (2005) auch einen gewissen Grad an Partizipation seitens der Teilnehmer auf. Statt eines reinen Klassenzimmertrainings zu den Prinzipien beinhaltet die Schulung somit zum Beispiel Rollenspiele und/oder eine Begehung der Produktionshalle, bei der auf mögliche Sicherheits- und Gesundheitsrisiken hingewiesen wird (Mamic, 2005).

Bei Schulungen besteht allerdings auch immer das Risiko, dass die Inhalte bereits nach wenigen Wochen nicht mehr oder nur teilweise erinnert werden und sich wieder alte Verhaltensroutinen einstellen. Gegebenenfalls kann es daher sinnvoll sein, eine Wirksamkeitskontrolle durchzuführen, indem Lieferanten nach einer gewissen Zeit dazu befragt werden, welche konkreten Maßnahmen sie aufgrund der Teilnahme an der Schulung umgesetzt haben.

Um eine nachhaltigkeitsorientierte Kaskadierung in der Lieferkette zu erzielen, sollten Lieferanten, die entwickelt wurden, angehalten werden, ihr Wissen wiederum an ihre Lieferanten weiterzugeben (siehe hierzu auch Kapitel 6).

Um die Effektivität der Lieferantenentwicklung zu steigern, ist es wichtig, das Verständnis zu fördern, weshalb eine gute Nachhaltigkeitsleistung von Bedeutung ist und welche Vorteile den Lieferanten hierdurch entstehen können. Besonders wichtig ist darüber hinaus, dass sich unterschiedliche Lieferkettenakteure darüber austauschen können, welche Nachhaltigkeitsstrategien und Maßnahmen sich bewähren und welche nicht. Die Erstellung von Online-Informationsplattformen und die Ausrichtung von Veranstaltungen, die den Austausch von Erfahrungswerten und Best Practice Ansätzen ermöglichen, stellen daher wichtige Elemente der Lieferantenbefähigung dar.

Um die Einflussmöglichkeiten des eigenen Unternehmens bei der Lieferantenentwicklung zu erhöhen und von Effektivitätssteigerungen zu profitieren, bieten sich Kooperationen mit weiteren Akteuren im Rahmen von Brancheninitiativen sowie (Multi)-Stakeholder-Partnerschaften an (siehe hierzu Kapitel 7). Kooperationen können laut UNGC Office (2012) Ressourcen bündeln, die Reichweite und Wirksamkeit der Maßnahmen erhöhen, sowie helfen, redundante oder widersprüchliche Botschaften zu vermeiden. Wie UNGC Office und BSR (2015) anmerken, sind Kooperationen besonders wichtig, um Herausforderungen zu begegnen, die zu groß oder zu komplex sind, um sie alleine anzugehen.[20]

Abschließend soll festgehalten werden, dass die Bereitschaft von Lieferanten, ihre Nachhaltigkeitsleistung zu optimieren, durch Anreize gesteigert werden kann, wie zum Beispiel höhere Auftragsvolumina, längere Vertragslaufzeiten und höhere Preise. Wie UNGC Office und BSR (2015) erklären, werden Lieferanten durch Anreize oftmals stärker motiviert als durch negative Konsequenzen. Das bestätigt auch eine Fallstudie

---

20 Die Deutsche Gesellschaft für Internationale Zusammenarbeit (GIZ) verfügt über eine breite internationale Erfahrung und hat bereits vielzählige Entwicklungsprojekte in Zusammenarbeit mit Unternehmen durchgeführt, um sozial-ökologische Missstände in der Lieferkette zu verhüten. Für weiterführende Informationen siehe Webseite der GIZ.

von Grimm et al. (2014). Im Rahmen ihrer Untersuchung haben Grimm et al. (2014) festgestellt, dass Lieferanten bereit sind mehr Zeit und Ressourcen in die Nachhaltigkeitsanforderungen ihrer Auftraggeber zu investieren, wenn die Beziehung langfristig angelegt ist. Dabei sollte allerdings bedacht werden, dass Anreize wenig bewirken, wenn es sich bei den Missständen um illegale Aktivitäten handelt, die aktiv verdeckt werden. So weisen Gold et al. (2015) darauf hin, dass von beispielsweise Sklavenhaltern keine Veränderung zu erwarten ist als Antwort auf Premiumpreis-Anreize für soziale Standards. Stattdessen könnten sie den Aufschlag nehmen und gleichzeitig ihr bestehendes Geschäftsmodel ausweiten (Gold et al., 2015). Bei der Konzipierung von Anreizen für Lieferanten sollte dieses Risiko berücksichtigt werden.

ZUSAMMENFASSUNG

5.3 Lieferantenentwicklung

- Das Beschaffungssystem sollte nicht darauf ausgerichtet sein, Lieferanten mit einer unzureichenden Nachhaltigkeitsleistung von der Vergabe auszuschließen beziehungsweise im Nachgang an eine Auftragsvergabe in Form von beispielsweise Vertragskündigungen zu sanktionieren.
- Vielmehr sollte der Fokus darauf liegen, Lieferanten zu befähigen, die Anforderungen des LCoCs dauerhaft einzuhalten; das Fundament hierfür sollte eine partnerschaftliche, vertrauensvolle Zusammenarbeit mit Lieferanten auf Augenhöhe sein.
- Ein Ansatz zur Befähigung von Lieferanten ist die Erstellung individueller Korrekturmaßnahmenpläne auf Basis von Missständen, die mittels eines SAQs, Audits oder Quick-Checks festgestellt werden.
- Entscheidend ist, dass Defizite nicht nur kurzfristig, sondern grundlegend und damit langfristig beseitigt werden; eine wichtige Voraussetzung hierfür ist, dass die Ursachen, die für die Entstehung eines Missstandes verantwortlich sind, verändert werden.
- Lieferanten sollten daher nicht nur dazu aufgefordert werden einen Missstand zu beseitigen, sondern ferner zu analysieren, wodurch dieser entstanden ist; auf Basis der Analyseergebnisse sollten dann grundlegende Veränderungen vorgenommen werden, die ein erneutes Entstehen des Missstandes möglichst verhindern.
- Korrekturmaßnahmen sind insbesondere dann erfolgreich, wenn sie mit gezielten Anstrengungen zum Auf- und Ausbau der Management-Fähigkeiten des Lieferanten einhergehen; dazu gehören Maßnahmen wie zum Beispiel Lieferanten-E-Learning-Programme, Präsenzschulungen und/oder eine individuelle Beratung.

- Um die Effektivität der Lieferantenentwicklung zu steigern, ist es wichtig, das Verständnis zu fördern, weshalb eine gute Nachhaltigkeitsleistung von Bedeutung ist und welche Vorteile den Lieferanten hierdurch entstehen können.
- Besonders wichtig ist darüber hinaus, dass sich unterschiedliche Lieferkettenakteure darüber austauschen können, welche Nachhaltigkeitsstrategien und Maßnahmen sich bewähren und welche nicht.
- Um eine nachhaltigkeitsorientierte Kaskadierung in der Lieferkette zu erzielen, sollten Lieferanten, die entwickelt wurden, aufgefordert werden, ihr Wissen wiederum an ihre Lieferanten weiterzugeben.
- Um die Einflussmöglichkeiten des eigenen Unternehmens bei der Lieferantenentwicklung zu erhöhen und von Effektivitätssteigerungen zu profitieren, bieten sich Kooperationen mit weiteren Akteuren im Rahmen von Brancheninitiativen sowie (Multi)-Stakeholder-Partnerschaften an.
- Um die Bereitschaft zur Verbesserung der Nachhaltigkeitsleistung zu erhöhen, können auch Anreize für Lieferanten gesetzt werden, wie zum Beispiel höhere Auftragsvolumina, längere Vertragslaufzeiten und höhere Preise.

PRAXISBEISPIEL 5.4

Anreize für Lieferanten bei Neumarkter Lammsbräu

Die Neumarkter Lammsbräu Gebr. Ehrnsperger KG ist ein mittelständischer Bio-Getränkehersteller. Bei der Gestaltung der Lieferkette setzt das Unternehmen auf eine langjährige und vertrauensvolle Zusammenarbeit mit seinen Lieferanten auf Augenhöhe. Seine Braurohstoffe (Gerste, Weizen, Dinkel und Hopfen) bezieht die Neumarkter Lammsbräu in erster Linie aus der Region (im Umkreis von 100 km) von der Erzeugergemeinschaft für ökologische Braurohstoffe (EZÖB).[21] Durch den regionalen Fokus sollen möglichst kurze Transportwege sichergestellt werden.

Die regionalen Bio-Landwirte erhalten eine Garantie dafür, dass die angebauten Rohstoffmengen zu einem festgelegten Preis abgenommen werden, der über dem üblichen Marktniveau liegt. Im Rahmen der Kampagne „Fair zum Bauern" wurde zum Beispiel pro 20er-Kiste Bier ein Euro mehr an die Landwirte gezahlt als bei anderen Brauereien.

Mittels Audits überprüft die Neumarkter Lammsbräu regelmäßig, inwieweit die Nachhaltigkeitsanforderungen (Bodenbearbeitungsformen, Biodiversitätsmaßnahmen, usw.) von den Bio-Landwirten umgesetzt werden. Wird im Rahmen eines Audits

---

21 Bei der EZÖB handelt es sich um einen Zusammenschluss von über 160 Bio-Landwirten aus der Region Neumarkt.

eine unzureichende Nachhaltigkeitsleistung festgestellt, liegt der Fokus darauf, die Landwirte dazu anzuregen, Maßnahmen zur Verbesserung umzusetzen. Neumarkter Lammsbräu bietet den Mitgliedern der EZÖB auch Weiterbildungsmöglichkeiten im Rahmen von beispielsweise Seminaren oder Kulturlandplänen an. Bei Letzteren handelt es sich um auf mehrere Jahre ausgelegte und auf die spezifischen Gegebenheiten der Bio-Landwirte angepasste Maßnahmenpläne, die sie dabei unterstützen, aktiv zum Schutz von Pflanzen und Tieren beizutragen.[22]

5.4 Sanktionsverfahren

Wie zuvor dargelegt, ist das primäre Ziel eines nachhaltigen Lieferkettenmanagements nicht das Sanktionieren von Lieferanten, sondern deren Befähigung die Anforderungen des LCoCs dauerhaft einzuhalten. Nur bei Lieferanten, die grundsätzlich keine Bereitschaft zur Einhaltung der Nachhaltigkeitsanforderungen signalisieren oder trotz wiederholter Ermahnung Missstände nicht beseitigen, sollten Sanktionen erfolgen. Hierbei sollte allerdings bedacht werden, dass Sanktionen in Form von beispielsweise Strafzahlungsforderungen oder der Beendigung bestehender Vertragsverhältnisse weitreichende negative Konsequenzen haben können, und zwar sowohl für Lieferanten und ihre Mitarbeiter als auch für das eigene Unternehmen. Sanktionen können dazu führen, dass es zu Entlassungen von Mitarbeitern oder gar zur Schließung einer Fabrik kommt. Es besteht somit das Risiko, dass betroffene Personen in eine noch schwierigere Situation geraten. Wie Adidas (2007) berichtet, kann es auch zu Protesten seitens Gewerkschaften oder Arbeitern kommen sowie zu Beschwerdeeinreichungen bei Regierungsbehörden oder internationalen Organisationen wie der ILO oder der OECD. Möglich ist auch, dass NGOs oder Aktivisten eine Kampagne starten und damit die Unternehmensreputation oder das Image von Marken schädigen (Adidas, 2007). Daher sollte der Fokus darauf liegen, Lieferanten nicht zu sanktionieren, sondern ihnen Möglichkeiten zur Behebung von Missständen einzuräumen und sie bei der Beseitigung der Defizite gegebenenfalls zu unterstützen. Sanktionen sollten nur erfolgen, wenn die Lieferantenentwicklung scheitert und alle negativen Konsequenzen sowohl für den Lieferanten und seine Mitarbeiter als auch für das eigene Unternehmen zuvor geprüft und abgewogen wurden. Die Trennung von einem Lieferanten beziehungsweise die Sperrung für künftige Lieferaufträge sollte hierbei die allerletzte Option darstellen und nur bei wiederholter Renitenz seitens des Lieferanten und/oder hohen Risiken für das eigene Unternehmen erfolgen.

---

22 Das Praxisbeispiel beruht auf dem Nachhaltigkeitsbericht 2017 von Neumarkter Lammsbräu und auf Angaben von Nachhaltigkeitsexperten des Unternehmens, die im Zuge der Bucherstellung im Rahmen von Interviews und/oder (persönlichen) Absprachen gemacht wurden. Für die Richtigkeit und Vollständigkeit der Angaben in diesem Praxisbeispiel können wir keine Gewähr übernehmen.

Die Eskalationsschritte sollten in einem Eskalationsprozess klar geregelt sein und Lieferanten sollten dieses Verfahren kennen. Informationen zum Eskalationsverfahren sollten daher im Lieferantenpartnerportal sowie gegebenenfalls auch auf der Unternehmenswebseite veröffentlicht werden.

ZUSAMMENFASSUNG

5.4 Sanktionsverfahren

- Sanktionen können weitreichende negative Konsequenzen haben und zwar sowohl für Lieferanten und ihre Mitarbeiter als auch für das eigene Unternehmen; sie sollten daher nur erfolgen, wenn die Lieferantenentwicklung scheitert und die Risiken für alle Beteiligten zuvor geprüft und abgewogen wurden.
- Die Trennung von einem Lieferanten beziehungsweise die Sperrung für künftige Lieferaufträge sollte hierbei die allerletzte Option darstellen und nur erfolgen bei wiederholter Renitenz seitens des Lieferanten und/oder hohen Risiken für das eigene Unternehmen.
- Die Eskalationsschritte sollten in einem Eskalationsverfahren klar geregelt sein.
- Lieferanten sollten das Eskalationsverfahren kennen; entsprechende Informationen hierzu sollten daher im Lieferantenpartnerportal sowie gegebenenfalls auch auf der Unternehmenswebseite veröffentlicht werden.

PRAXISBEISPIEL 5.5

Beendigung einer Lieferantengeschäftsbeziehung bei adidas

Adidas ist ein deutscher Sportartikelhersteller, der sich zur nachhaltigen Beschaffung verpflichtet hat. Für die Beendigung einer Geschäftsbeziehung mit einer Fabrik hat adidas eine Prozessvorschrift formuliert (*„Social & Environmental Affairs Factory Termination Standard Operating Procedure"*).[23] Die Vorschrift konkretisiert mögliche Folgen für die Fabrik, ihre Beschäftigten sowie für adidas und gibt Prozessschritte vor, die negative Konsequenzen für alle Beteiligten minimieren sollen.

In der Prozessvorschrift erklärt adidas, wie mit einer Geschäftsbeendigung beziehungsweise der Reduktion von Aufträgen bei Lieferanten zu verfahren ist, was auch eine Folge von Verstößen gegen Nachhaltigkeitskriterien sein kann. Die Beendigung

---

23 Die Prozessbeschreibung „Social & Environmental Affairs Factory Termination Standard Operating Procedure" kann auf der Webseite von adidas abgerufen werden.

einer Geschäftsbeziehung kommt bei adidas selten vor und ist in der Regel das Resultat einer Langzeit-Nichterfüllung oder dem Verstoß gegen bestimmte Null-Toleranz-Kriterien.[24] In seiner Richtlinie zur *Durchsetzung von Standards (Enforcement Guideline)* erläutert das Unternehmen wie mit wiederholten oder massiven Verstößen gegen Umwelt- und Sozialstandards bei Lieferanten umgegangen wird.[25]

Um Risiken wie zum Beispiel Entlassungen, Gewerkschaftsaktionen oder NGO-Kampagnen zu minimieren, hat adidas festgelegt, dass wenn eine Geschäftsbeziehung beendet werden soll oder ein Lieferant die Schließung einer Fabrik bekannt gibt, das interne „Social & Environmental Affairs" Team (kurz SEA) unverzüglich informiert werden muss. Der zuständige Geschäftsbereich und das SEA-Team analysieren dann gemeinsam die Auswirkungen auf die Fabrikarbeiter und ergreifen geeignete Maßnahmen, um sicherzustellen, dass etwaige negative Folgen für die Beschäftigten auf ein Minimum gesenkt werden.

Das SEA-Team muss ebenfalls konsultiert werden, wenn die Bestellmenge erheblich reduziert werden soll und der Lieferant eine hohe Abhängigkeit zu adidas aufweist. Ein hoher Abhängigkeitsgrad besteht, wenn das Jahres-Bestellvolumen von adidas 15–20 Prozent der jährlichen Fabrikkapazität übersteigt.

Wenn die Beendigung der Geschäftsbeziehung oder die Reduzierung der Bestellmenge wahrscheinlich zu Entlassungen oder einer Fabrikschließung führen wird, fordert adidas Lieferanten, in der Regel in einem Brief, dazu auf, zu ermitteln, welche Alternativen es zu einer Schließung beziehungsweise zu Entlassungen gibt. In diesem Schreiben fasst adidas ferner sowohl die eigenen Erwartungen als auch die rechtlichen Anforderungen in Bezug auf einen ethischen Umgang mit Beschäftigten zusammen. Die Erwartungshaltung von adidas bezieht sich beispielsweise darauf, dass Beschäftigte vorweg, sowohl mündlich als auch schriftlich, und unter Angabe des voraussichtlichen Datums, über die Schließung der Fabrik informiert werden, und wo relevant, Arbeitnehmervertreter zu allen Aspekten der Fabrikschließung konsultiert werden.[26]

Wird eine Fabrik geschlossen, dann gehören laut adidas zu den wichtigen Überlegungen des SEA-Teams die folgenden Punkte:

- Eine ordentliche Kommunikation mit Beschäftigten und sofern vorhanden auch mit Gewerkschaften
- Rechtliche Pflichten in Bezug auf bestehende Verträge und Kollektivvereinbarungen
- Abfindungen und andere Leistungen für Beschäftigte

---

24 Adidas berichtet regelmäßig über die Anzahl von Verwarnungen und der Auflösung von Geschäftsbeziehungen mit Zulieferbetrieben infolge von Verstößen gegen seine Standards (siehe Nachhaltigkeitsberichte sowie Geschäftsberichte).

25 Die Enforcement Guideline kann auf der Webseite von adidas abgerufen werden.

26 Für eine umfassende Übersicht über alle Aspekte siehe Prozessbeschreibung „Social & Environmental Affairs Factory Termination Standard Operating Procedure".

- Der Zeitplan für die Entlassungen
- Die Umsetzung bestimmter Maßnahmen bei Fabriken, die den Betrieb, trotz der Beendigung der Geschäftsbeziehung mit adidas, fortsetzen werden

Wo eine Fabrikschließung oder die Entlassung von Beschäftigten unausweichlich ist, erwartet adidas, dass der Lieferant dem SEA-Team die folgenden Informationen zur Verfügung stellt:

1. Arbeitnehmer-Details: eine Liste aller Arbeitnehmer und Leiharbeiter, die betroffen sein werden, mit Angabe über das Alter, den Familienstand und die Länge der Beschäftigung bei der Fabrik. Zudem möchte adidas wissen, ob in der betroffenen Gruppe verheiratete Paare sind; verlieren beide ihre Anstellung, droht laut adidas ein außergewöhnlicher Härtefall.
2. Abfindungsplan: Eine Kalkulation der Zahlungen und Leistungen, die jedem Arbeitnehmer oder Leiharbeiter, auf Basis der Gesamtlänge seiner Beschäftigung, ausgezahlt werden sollen.
3. Kommunikationsplan: Beschreibung wann und wie die Beschäftigten über die Entlassungen informiert werden.
4. Krisenplan: Beschreibung der Maßnahmen, die das Management ergreifen wird, sofern es beispielsweise zu Protesten seitens der Beschäftigten kommen sollte.

Das SEA-Team überwacht den Schließungsprozess und kontrolliert die Maßnahmen auf Basis der Überprüfung von Dokumenten und der Durchführung von Interviews mit Arbeitnehmern sowie Arbeitnehmervertretern. Sofern erforderlich und vom SEA-Team initiiert, kann der Prozess auch durch eine unabhängige Kontrollinstanz oder eine NGO überwacht werden.

Bei großflächigen Fabrikschließungen kann das SEA-Team mit der relevanten Geschäftseinheit zusammenarbeiten, um mit Unterstützung durch die interne Kommunikationsabteilung spezifische Kommunikationspläne und Medienstrategien zu entwickeln.

Basierend auf den Ergebnissen der Risikoanalyse, wird das SEA-Team gegebenenfalls in direkten Kontakt treten mit lokalen Regierungen, Gewerkschaften und NGOs sowie Unterstützung ersuchen durch die US-Botschaft, die Deutsche Botschaft, die ILO oder eine andere internationale Organisation. In den meisten Fällen verpflichtet sich adidas dazu, mit der Fair Labor Association (FLA) zusammenzuarbeiten beziehungsweise an diese zu berichten und den FLA-Verpflichtungen für teilnehmende Unternehmen nachzukommen.

Adidas übernimmt grundsätzlich keine Verantwortung für rechtliche Pflichten von Geschäftspartnern. Werden Beschäftigte entlassen oder eine Fabrik geschlossen, liegt es laut adidas in der Verantwortung der jeweiligen Fabrik, Abfindungen und etwaige weitere Leistungen an die Beschäftigten auszuzahlen. Nur in Ausnahmefällen, kann das SEA-Team empfehlen, dass der Einkauf Arbeitern und ihren Familien Nothilfe, medizinische Versorgung oder andere Formen der humanitären Hilfe zur

Verfügung stellt. In diesen Fällen wird das SEA-Team mit dem Einkauf und lokalen NGOs zusammenarbeiten, um die Hilfeleistung zu konzipieren und umzusetzen.[27]

Literatur Kapitel 5

Adidas (2007) *Social & Environmental Affairs Factory Termination Standard Operating Procedure.* Online verfügbar unter: https://www.adidas-group.com/en/sustainability/reporting/policies-and-standards/#/workplace-standards-supporting-guidelines/

Ageron, B., Gunasekaran, A. und Spalanzani, A. (2012) 'Sustainable supply management: An empirical study', *International Journal of Production Economics*, 140 (1), S. 168–182

Berkhout, F., Hertin, J., Wagner, M. und Tyteca, D. (2008) 'Are EMS environmentally effective? The link between environmental management systems and environmental performance in European companies', *Journal of environmental planning and management*, 51 (2), S. 259–283

Bundesministerium für wirtschaftliche Zusammenarbeit und Entwicklung (2019) *Gestaltungsmöglichkeiten eines Mantelgesetzes zur nachhaltigen Gestaltung globaler Wertschöpfungsketten und zur Änderung wirtschaftsrechtlicher Vorschriften (Nachhaltiges Wertschöpfungskettengesetz – NaWKG) einschließlich eines Stammgesetzes zur Regelung menschenrechtlicher und umweltbezogener Sorgfaltspflichten in globalen Wertschöpfungsketten (Sorgfaltspflichtengesetz – SorgfaltspflichtenG).* Online verfügbar unter: https://die-korrespondenten.de/fileadmin/user_upload/die-korrespondenten.de/SorgfaltGesetzentwurf.pdf

Coglianese, G. und Nash, J. (2001a) Environmental Management Systems and the New Policy Agenda, in: Coglianese, G. und Nash, J. (Hrsg.): *Regulating from the Inside: Can Environmental Management Systems Achieve Policy Goals?* Washington DC: RFF Press, S. 1–26

Coglianese, G. und Nash, J. (2001b) *Regulating from the Inside: Can Environmental Management Systems Achieve Policy Goals?* Washington DC: RFF Press

Dahl, J. (2019) Kriterien zur Bewertung von ökologischer Nachhaltigkeit in der Automobilindustrie – eine Analyse aktueller Trends und angewandter Methoden, in: Wellbrock, W. und Ludin, D. (Hrsg.): *Nachhaltiges Beschaffungsmanagement: Strategien – Praxisbeispiele – Digitalisierung.* Berlin: Springer Gabler, S. 75–90

Deutsche Gesellschaft für Internationale Zusammenarbeit (2017) *Korruptionsprävention in der Lieferkette: Wie Unternehmen mit Herausforderungen umgehen können.* Online verfügbar unter: https://www.textilbuendnis.com/wp-content/uploads/2018/02/Afln_Korruptionspra%CC%88vention-in-der-Lieferkette_D_20180121_WEB_v3.pdf

Drive Sustainability (2019) *Self-Assessment Questionnaire (SAQ) 3.0.* Online verfügbar unter: https://drivesustainability.org/saq-3-0/

econsense (2013) *Nachhaltigkeit in Globalen Lieferketten: Orientierungshilfe für Unternehmen.* Online verfügbar unter: https://econsense.de/app/uploads/2018/06/econsense-Diskussionsbeitrag_Nachhaltigkeit-in-globalen-Lieferketten_Orientierungshilfe-f%C3%BCr-Unternehmen_2013.pdf

---

27 Das Praxisbeispiel beruht auf der Prozessvorschrift „Social & Environmental Affairs Factory Termination Standard Operating Procedure" sowie auf Angaben von Nachhaltigkeitsexperten des Unternehmens, die im Zuge der Bucherstellung im Rahmen von Interviews und/oder (persönlichen) Absprachen gemacht wurden. Für die Richtigkeit und Vollständigkeit der Angaben in diesem Praxisbeispiel können wir keine Gewähr übernehmen.

econsense (2017) *Prozessschritte nachhaltiges Lieferkettenmanagement: Praxisorientierter Leitfaden für Unternehmen mit Entscheidungsmatrix.* Online verfügbar unter: https://econsense.de/app/uploads/2018/06/econsense_Prozessschritte-nachhaltiges-Lieferkettenmanagement_2017.pdf

Gold, S., Trautrims, A. und Trodd, Z. (2015) 'Modern slavery challenges to supply chain management', *Supply Chain Management: An International Journal*, 20 (5), S. 485–494

Grimm, J. H., Hofstetter, J. S. und Sarkis, J. (2014) 'Critical factors for sub-supplier management: A sustainable food supply chains perspective', *International Journal of Production Economics*, 152 (2014), S. 159–173

Hiscox, M. J., Schwartz, C. und Toffel, M. (2009) Evaluating the Impact of SA8000 Certification, in: Leipziger, D. (Hrsg.): *SA8000 The First Decade: Implementation, Influence, and Impact.* London: Greenleaf, S. 1–11. Online verfügbar unter: https://scholar.harvard.edu/hiscox/publications/evaluating-impact-sa8000-certification

Locke, R. M., Qin, F. und Brause, A. (2007) 'Does Monitoring Improve Labor Standards? Lessons from Nike', *Industrial and Labor Relations Review*, 61 (1), S. 3–31

Mamic, I. (2005) 'Managing Global Supply Chain: The Sports Footwear, Apparel and Retail Sectors', *Journal of Business Ethics*, 59 (1-2), S. 81–100

Merck (2018) *Corporate Responsibility Bericht 2018.* Online verfügbar unter: https://www.merckgroup.com/de/cr-bericht/2018/

MVO Nederland und Nevi (2014) *Step-By-Step Plan: Sustainable Procurement.* Online verfügbar unter: https://mvonederland.nl/sites/default/files/2013/en_stappenplan-mvi-20140512.pdf

Neumarkter Lammsbräu (2018) *Nachhaltigkeit als Kern. Nachhaltigkeitsbericht 2017.* Online verfügbar unter: https://www.lammsbraeu.de/ueber-uns/nachhaltigkeitsbericht

OECD (2019) *Responsible Business Conduct: OECD Guidelines for Multinational Enterprises.* Online unter: https://mneguidelines.oecd.org/stakeholder-engagement-extractive-industries.htm (02.01.2019)

TfS (2019) *What is Together for Sustainability.* Online unter: https://tfs-initiative.com/about-us-2/ (13.05.2019)

United Nations (2017) *Accountability and Remedy ProjectPart II: State-based non-judicial mechanisms. How State-based NJMs respond to sectors with high risks of adverse human rights impacts: Sector Study – Part 1.* Online verfügbar unter: https://www.business-humanrights.org/sites/default/files/documents/ARPII_phase1_Sector%20Study_Part%201.pdf

UNGC Office (2012) *Nachhaltigkeit in der Lieferkette: Ein praktischer Leitfaden zur kontinuierlichen Verbesserung.* Online verfügbar unter: https://www.globalcompact.de/wAssets/docs/Lieferkettenmanagement/nachhaltigkeit_in_der_lieferkette.pdf

UNGC Office und BSR (2015) *Supply Chain Sustainability: A Practical Guide for Continuous Improvement Second Edition*

United Nations OHRLLS (2019) *About LDCs.* Online unter: http://unohrlls.org/about-ldcs/ (18.03.2019)

Wellbrock, W. und Ludin, D. (2019) *Nachhaltiges Beschaffungsmanagement: Strategien – Praxisbeispiele – Digitalisierung.* Berlin: Springer Gabler

Weltbank (2019) *World Governance Indicators.* Online unter: http://info.worldbank.org/governance/wgi/#home (18.03.2019)

6 n-Tier Lieferkette

Während im vorangegangenen Kapitel in erster Linie die direkten Zulieferer (Tier 1) adressiert wurden, geht es in diesem Kapitel um die erweiterte Lieferkette. Im Fokus dieses Kapitels stehen folglich Unterlieferanten (Tier 2, Tier 3, usw.), zu denen in der Regel keine Vertragsbeziehung besteht.

Bereits in der Einleitung wurde darauf hingewiesen, dass die gravierendsten sozialen und ökologischen Missstände oftmals nicht bei den direkten Zulieferern, sondern in einer weiter vorgelagerten Lieferkettenstufe auftreten. Wie in Kapitel 4.3.2 erörtert, ist es daher wichtig, die direkten Zulieferer mittels einer Weitergabeklausel im LCoC dazu zu verpflichten, die Nachhaltigkeitsvorgaben an ihre (Unter-)Lieferanten weiterzugeben und durch geeignete Maßnahmen sicherzustellen, dass diese auch eingehalten werden. Im Optimalfall werden die Vorgaben in den jeweiligen Vertragsbeziehungen so lange weitergegeben, bis der Beginn der Wertschöpfung erreicht wird und somit eine nachhaltigkeitsorientierte Kaskadierung der Lieferkette gelingt; vgl. Kapitel 4.3.2.[1]

Allerdings kann nicht davon ausgegangen werden, dass die Anforderungen in den jeweiligen Vertragsbeziehungen tatsächlich so lange weitergegeben werden bis der Beginn der Wertschöpfung erreicht wird. Selbst wenn die Weitergabe der Anforderungen bis zum Anfang der Wertschöpfung gelingen sollte, hieße das nicht zwangsläufig, dass alle Lieferanten die Vorgaben auch tatsächlich erfüllen. Wurde mittels der Auswirkungsanalyse (vgl. Kapitel 3.1) festgestellt, dass in der n-Tier-Lieferkette negative Auswirkungen auf Mensch und/oder Umwelt stattfinden, kann es daher sinnvoll sein, die Weitergabeklausel mit zusätzlichen Maßnahmen zu ergänzen.

Eine zusätzliche Maßnahme ist die Einwirkung über den Tier-1-Lieferanten mittels des SAQs. Das bedeutet konkret, dass im SAQ gefragt wird, durch welche Maßnahmen der Tier 1 sicherstellt, dass seine Zulieferer die Anforderungen des LCoCs erfüllen; vgl. Kapitel 5.2.2. Die Überprüfung der Maßnahmen, die der Tier 1 zur Absicherung der n-Tier-Lieferkette umsetzt, kann auch am Lieferantenstandort im Rahmen eines Quick-Checks oder Audits erfolgen. Werden hierbei Defizite identifiziert, können mittels eines CAPs entsprechende Nachbesserungsforderungen gestellt werden.

Darüber hinaus können Tier-1-Lieferanten, die entwickelt wurden, mittels beispielsweise einer Schulung oder individueller Beratung, dazu aufgefordert werden, das vermittelte Wissen wiederum an ihre Lieferanten weiterzugeben; vgl. Kapitel 5.3.

---

1 Ayuso et al. (2013) haben in einer empirischen Studie belegt, dass selbst KMUs Nachhaltigkeitsvorgaben ihrer Auftraggeber effektiv an ihre Lieferanten weitergeben können. Dabei haben Ayuso et al. (2013) festgestellt, dass je ausgeprägter die Anforderungen der Auftraggeber (unterschieden nach reiner Formulierung von Nachhaltigkeitsvorgaben, über die Einforderung schriftlicher Nachweise, bis hin zur Einhaltungsüberprüfung mittels beispielsweise SAQs oder Audits), desto höher fallen auch die Anforderungen aus, die an die Unterlieferanten weitergegeben werden.

https://doi.org/10.1515/9783110652628-006

Auch besteht die Möglichkeit, Tier-1-Lieferanten dazu zu verpflichten, ihre Produkte und/oder Dienstleistungen nur von ausgewählten (zuvor geprüften) Lieferanten zu beziehen. Festgelegt werden kann entweder ein spezifischer Tier 2 oder mehrere Tier-2-Lieferantenoptionen.

Die Reichweite der beschriebenen Maßnahmen ist in erster Linie auf die zweite Lieferkettenstufe, folglich den Tier 2, begrenzt. Sofern eine weiterführende Einwirkung notwendig sein sollte, besteht die Möglichkeit Tier-1-Lieferanten dazu zu verpflichten, mittels einer Zertifizierung nachzuweisen, dass Lieferanten aus einer weiter vorgelagerten Lieferkettenstufe bestimmte Nachhaltigkeitsstandards erfüllen. So könnte zum Beispiel ein Nachweis darüber gefordert werden, dass Konfliktmineralien aus einer zertifizierten Schmelze stammen (siehe hierzu Praxisbeispiel 6.1).

Chain of Custody Zertifizierungen (kurz CoC) setzen einen Fokus auf die Einhaltung sozialer und/oder ökologischer Standards bei der Rohstoffgewinnung. Das Ziel einer CoC-Zertifizierung ist die Rückverfolgbarkeit des zertifizierten Rohstoffes entlang der gesamten Lieferkette, von der Rohstoffgewinnung bis zur Endnutzung durch Händler oder Konsumenten (Mori Junior et al., 2015).[2] Um eine CoC-Zertifizierung zu erhalten, müssen folglich Rohstofflieferanten bestimmte Umwelt- und/oder Sozialstandards einhalten. Die spezifischen Anforderungen sind abhängig von der jeweiligen Zertifizierungsinitiative. Auch gibt es CoC-Zertifizierungen, die nicht nur den Rohstofflieferanten bestimmte Umwelt- und/oder Sozialstandards auferlegen, sondern auch weiteren Lieferkettenteilnehmern, in deren Eigentum der zertifizierte Rohstoff zur Weiterverarbeitung übergeht. Es gibt bereits eine Vielzahl von CoC-Zertifizierungen (beispielsweise ASI, BCI, FSC und MSC), allerdings sind diese bisher hauptsächlich auf Rohstoffe begrenzt, die an vergleichsweise kurze Lieferketten gekoppelt sind, die einen relativ niedrigen Komplexitätsgrad aufweisen.

> **PRAXISHINWEIS**
>
> „Ecolabel Index" und siegelklarheit.de geben eine Übersicht darüber, welche Nachhaltigkeitslabels beziehungsweise -initiativen es gibt. Auf Letzterer wird auch gezeigt, ob Zertifizierungen wie zum Beispiel FSC, PEFC und BCI halten was sie versprechen und wie sich die einzelnen Siegel voneinander unterscheiden (Bundesministerium für wirtschaftliche Zusammenarbeit und Entwicklung, 2019).

---

2 Allgemein wird „Chain of custody" definiert als *„die Dokumentation, die den gesamten Prozess der Akquisition, des Transfers, der Handhabung und der Veräußerung von physischen oder elektronischen Material zeigt"* (Your Dictionary, 2019); Originaltext: *„The documentation showing the full process of acquisition, transfer, handling and disposition of physical or electronic materials"*. Im nachhaltigkeitsspezifischen Kontext bezieht sich CoC auf die *„Rückverfolgbarkeit eines Zertifikates, Labels oder Produktanspruchs durch die gesamte Lieferkette, von der Herkunft bis zur Endnutzung durch Händler oder Konsumenten"* (Mori Junior et al., 2015, S.18); Originaltext: *„Chain of custody refers to the traceability of a certificate, label or claim of a product throughout its value chain, from its origin to its end use by retailers or consumers"*. (Übersetzt von den Autoren).

Bei der Absicherung der n-Tier-Lieferkette sollte der bereits in Kapitel 3.3 diskutierte Aspekt berücksichtigt werden, dass hohe Nachhaltigkeitsvorgaben gerade für KMUs eine finanzielle und administrative Belastung darstellen können. Während die Einhaltung des LCoCs in den eigenen Unternehmensstrukturen des Tier 1 bereits Personal und Finanzmittel bindet, beansprucht die Durchsetzung der Vorgaben bei seinen Lieferanten weitere Ressourcen. Auch sollte bedacht werden, dass selbst großen Unternehmen die Expertise fehlen kann, sicherzustellen, dass die weiter vorgelagerte Lieferkette bestimmte Nachhaltigkeitsvorgaben einhält. All diese Aspekte sollten bei der Wahl beziehungsweise Ausgestaltung der Maßnahmen zur Absicherung der n-Tier-Lieferkette berücksichtigt werden.

Dass eine mittelbare Einflussnahme auf die n-Tier-Lieferkette über den Tier-1-Lieferanten gelingt, setzt voraus, dass das eigene Unternehmen ausreichend Einflussvermögen auf seine direkten Zulieferer hat. Die Effektivität der mittelbaren Einflussnahme hängt auch immer davon ab, wie viel Einflussvermögen der Tier 1 wiederum auf seine Zulieferer hat. Eine Möglichkeit das Einflussvermögen zu erhöhen, ist eine Kooperation mit weiteren Unternehmen im Rahmen einer Brancheninitiative (siehe hierzu Kapitel 7).

Anstatt die n-Tier-Lieferkette mittelbar über den Tier 1 abzusichern, besteht auch die Möglichkeit, auf ausgewählte Lieferkettenstufen unmittelbar einzuwirken. Hier können grundsätzlich alle Ansätze des nachhaltigen Lieferantenmanagements, wie in Kapitel 5 beschrieben, zum Einsatz kommen; siehe hierzu auch Praxisbeispiel 6.1.

Wegen der üblicherweise großen Anzahl an direkten Zulieferern und der exponentiell ansteigenden Quantität an Lieferanten in der n-Tier-Lieferkette ist es jedoch in den meisten Fällen kaum möglich, auf die gesamte Lieferkette unmittelbar Einfluss zu nehmen. Sowohl der Aufwand als auch die Kosten hierfür wären unverhältnismäßig hoch. Um die zur Verfügung stehenden Ressourcen bestmöglich einzusetzen, sollte daher zunächst einmal eruiert werden, welche Lieferkettenstufen, Produkte/Dienstleistungen und/oder Rohstoffe von hoher (strategischer) Relevanz für das eigene Unternehmen sind. Auf Basis dieser Eingrenzung kann dann gezielt auf die Lieferkettenstufen Einfluss genommen werden, bei denen mittels der Auswirkungsanalyse der dringendste Handlungsbedarf festgestellt wurde und die gleichzeitig Potenzial zur Einflussnahme aufweisen; vgl. Kapitel 3.1.[3]

Da zu n-Tier-Lieferanten in der Regel keine (potenzielle) Vertragsbeziehung besteht, ist die Möglichkeit der Einflussnahme durch das eigene Unternehmen grundsätzlich geringer als bei direkten Zulieferern. Wie Grimm et al. (2016) feststellen, sind Unternehmen in diesem Fall auf das Wohlwollen der Lieferanten angewiesen. Eine Kooperation mit weiteren Akteuren zur Stärkung der Einflusskraft kann daher vor allem

---

3 Sofern die Maßnahmen zur Absicherung der n-Tier-Lieferkette an die Entwicklung eines neuen CoC-Zertifizierungssystems gekoppelt sind, empfiehlt es sich zur Ausschöpfung von Effektivitätspotenzialen möglichst auf Erfahrungswerte von bestehenden CoC-Zertifizierungsinitiativen zurückzugreifen.

auch in diesem Kontext wichtig sein (siehe hierzu Kapitel 7). Im Rahmen einer Fallstudie haben Grimm et al. (2014) festgestellt, dass die Unterstützung durch den Auftraggeber des Unterlieferanten hierbei einen kritischen Erfolgsfaktor darstellen kann.

Bei der direkten Einflussnahme auf die n-Tier-Lieferkette sollte das Risiko einer schnellen Lieferkettenveränderung bedacht werden. Wie Grimm et al. (2016) erläutern, ist es zunächst einmal schwierig Unterlieferanten zu identifizieren. Dynamische Beschaffungsmärkte erschweren die Identifizierung zusätzlich (Grimm et al., 2016). Bis die Identifizierung gelungen ist, kann es sein, dass der Unterlieferant keine Lieferquelle mehr darstellt (Grimm et al., 2016). Bei einer hohen Dynamik wird es folglich kostenintensiv direkt Einfluss zu nehmen (Tachizawa und Wong, 2014). Die indirekte Einflussnahme über den Tier-1-Lieferanten, vor allem aber auch die direkte Einflussnahme auf die n-Tier-Lieferkette, sollte daher stets auf einem gut durchdachten Auswahlprozess fußen.

Die Ansätze zur Absicherung der n-Tier-Lieferkette werden in der Abbildung 6.1 noch einmal grafisch zusammengefasst:

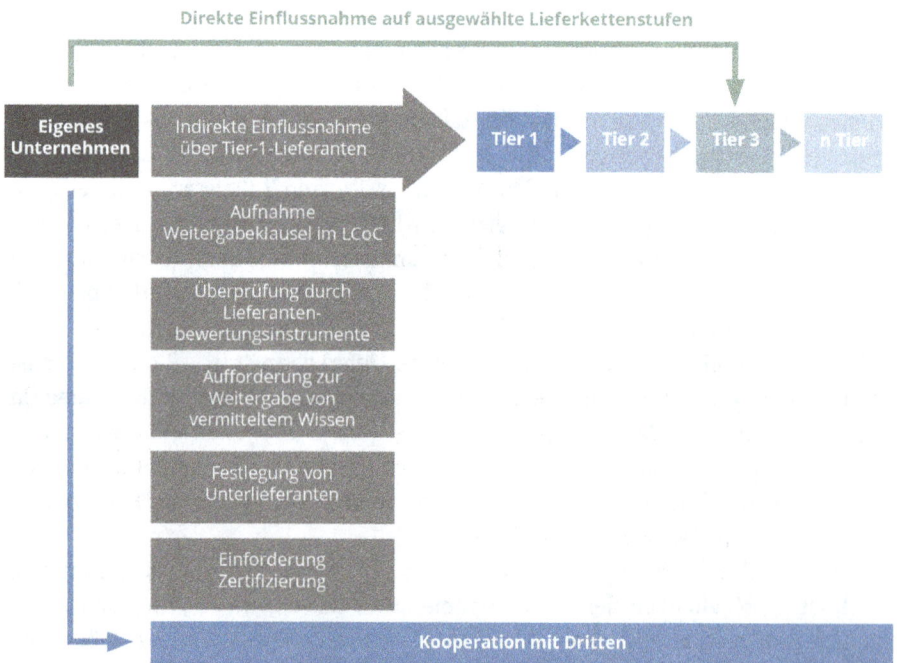

Abb. 6.1: Ansätze zur Absicherung der n-Tier-Lieferkette; die direkte Einflussnahme wird hier beispielhaft am Tier-3-Lieferanten gezeigt. Quelle: eigene Darstellung

Unter Berücksichtigung der individuellen Unternehmenssituation (SSCM-Ziele, finanzielle und personelle Ressourcen, Lieferkettenstruktur, usw.) sollte geprüft werden, welche Vorgehensweise zur Absicherung der n-Tier-Lieferkette die sinnvollste Einflussnahme darstellt, und ob ein oder mehrere Ansätze in Kombination umgesetzt werden sollen.

ZUSAMMENFASSUNG

6 n-Tier Lieferkette

- Da die gravierendsten sozialen und ökologischen Missstände oftmals nicht bei den direkten Zulieferern, sondern in einer weiter vorgelagerten Lieferkettenstufe auftreten, ist es wichtig, die direkten Zulieferer mittels einer Weitergabeklausel im LCoC dazu zu verpflichten, die Nachhaltigkeitsvorgaben an ihre (Unter-)Lieferanten weiterzugeben; im Optimalfall werden die Vorgaben in den jeweiligen Vertragsbeziehungen so lange weitergegeben, bis der Beginn der Wertschöpfung erreicht wird und somit eine nachhaltigkeitsorientierte Kaskadierung der Lieferkette gelingt.
- Es kann allerdings nicht davon ausgegangen werden, dass die Vorgaben in den jeweiligen Vertragsbeziehungen tatsächlich so lange weitergegeben werden, bis der Beginn der Wertschöpfung erreicht wird; selbst wenn die Weitergabe der Anforderungen bis zum Beginn der Wertschöpfung gelingen sollte, hieße das nicht zwangsläufig, dass alle Lieferanten die Vorgaben auch tatsächlich erfüllen.
- Wurde mittels der Auswirkungsanalyse festgestellt, dass in der n-Tier-Lieferkette negative Auswirkungen auf Mensch und/oder Umwelt stattfinden, kann es daher sinnvoll sein, die Weitergabeklausel mit zusätzlichen Maßnahmen zu ergänzen.
- Zusätzliche Maßnahmen können unterteilt werden in die direkte Einflussnahme auf ausgewählte n-Tier-Lieferanten und in die indirekte Einflussnahme auf die n-Tier-Lieferkette über den Tier-1-Lieferanten (mittels einer Überprüfung des Tier 1 durch Lieferantenbewertungsinstrumente, mittels der Aufforderung zur Weitergabe von vermitteltem Wissen, mittels der Festlegung von Unterlieferanten und der Einforderung von Zertifizierungen).
- Unter Berücksichtigung der individuellen Unternehmenssituation (SSCM-Ziele, finanzielle und personelle Ressourcen, Lieferkettenstruktur, usw.) sollte geprüft werden, welche Vorgehensweise zur Absicherung der n-Tier-Lieferkette die sinnvollste Einflussnahme darstellt, und ob ein oder mehrere Ansätze in Kombination umgesetzt werden sollen.

Absicherung der n-Tier-Lieferkette bei der BMW Group

Zur nachhaltigkeitsorientierten Absicherung der n-Tier-Lieferkette verfolgt die BMW Group sieben Ansätze, die nach der Intensität der Intervention unterteilt sind; siehe Abbildung 6.2. Die Intensität der Intervention nimmt in der folgenden Abbildung von links nach rechts zu, wobei sie fallspezifisch auch variieren kann.

Intensität der Intervention

1) Einwirkung über Tier-1 Lieferanten	2) Nutzung bestehender Zertifizierungen	3) OECD Due Diligence Conflict Minerals*	4) OECD Due Diligence Responsible Business Conduct	5) n-Tier Zertifizierung (Standardentwicklung)	6) Beistellung	7) Vor-Ort Befähigung
Aktivierung der direkten Lieferanten Nachhaltigkeitsvorgaben bei ihren Lieferanten durchzusetzen	Zertifizierungen von Lieferkettenstufen oder -ketten	Transparenz von Mine bis Schmelze und Auditierung Schmelze	Schaffung Lieferkettentransparenz von Tier-1-Lieferant bis zur Mine und Auditierung von Hotspots	Mitwirkung Aufbau n-Tier Zertifizierungssysteme	Verträge / Kooperationen entlang spezifischer Lieferketten	Befähigung kritischer Lieferkettenstufen durch Aktivitäten am Lieferantenstandort

* OECD Due Diligence Guidance for Responsible Supply Chains of Minerals from Conflict-Affected and High-Risk Areas

Abb. 6.2: Vorgehen der BMW Group zur nachhaltigkeitsorientierten Absicherung der n-Tier-Lieferkette. Quelle: eigene Darstellung in Anlehnung an die BMW Group

Die erste Vorgehensweise, in der obigen Abbildung ganz links dargestellt, repräsentiert eine Basismaßnahme für alle Lieferaufträge, während die übrigen Ansätze bei ausgewählten kritischen Rohstoffen zum Einsatz kommen. Die Ermittlung von kritischen Rohstoffen erfolgt auf Basis von Faktoren wie zum Beispiel der Beschaffungsmenge, der Herkunft (soziale, politische und ökologische Risiken) und der Beeinflussbarkeit durch die BMW Group; vgl. Praxisbeispiel 3.2 in Kapitel 3.2. Bei jedem kritischen Rohstoff analysiert die BMW Group, welche Intervention umgesetzt werden soll. In diese Analyse fließen Aspekte ein wie zum Beispiel die funktionale Kritikalität, die Klassifizierung des Rohstoffes (ob es sich beispielsweise um Konfliktmineralien handelt) und marktspezifische Konditionen.[4] Die Ergebnisse der Analyse bilden die Grundlage für die Entscheidung, welche Vorgehensweise beim jeweiligen Rohstoff sinnvoll ist und ob eine oder mehrere Maßnahmen in Kombination umgesetzt werden sollen.

Der erste Ansatz (Einwirkung über Tier-1-Lieferanten) zielt darauf ab, dass alle Direktlieferanten die Nachhaltigkeitsanforderungen der BMW Group erfüllen und die Einhaltung der Vorgaben auch von ihren Unterauftragnehmern einfordern, so dass ei-

---

4 Marktspezifische Konditionen beziehen sich in diesem Fall auf Faktoren wie zum Beispiel die Angebot-Nachfrage-Situation, die Rohstoffverfügbarkeit und die Lieferantenstruktur.

ne nachhaltigkeitsorientierte Kaskadierung der Lieferkette gelingt. Zur Zielerreichung werden alle Vertragspartner der BMW Group im Liefervertrag dazu verpflichtet, die Nachhaltigkeitsanforderungen, durch geeignete vertragliche Verpflichtungen, an ihre Lieferanten weiterzugeben. Die Überprüfung der Einhaltung dieser Vorgabe erfolgt mittels einer Lieferantenselbstauskunft und im Rahmen von Nachhaltigkeitsassessments (vgl. Praxisbeispiel 5.1 in Kapitel 5.2.2 und Praxisbeispiel 5.2 in Kapitel 5.2.3.1).

Beim zweiten Ansatz (Nutzung bestehender Zertifizierungen) stellt die BMW Group die Einhaltung bestimmter Nachhaltigkeitsstandards sicher, indem sie von Lieferanten aus einer oder mehreren Lieferkettenstufen entsprechende Nachhaltigkeitszertifizierungen einfordert. So wird in den Fahrzeugen der BMW Group beispielsweise Leather Working Group zertifiziertes Leder und FSC-zertifiziertes Holz (Chain of Custody Zertifizierung) verbaut.

Der dritte Ansatz „OECD Due Diligence Conflict Minerals" wird von der BMW Group bei 3TG angewandt und basiert auf den „OECD-Leitsätzen für die Erfüllung der Sorgfaltspflicht zur Förderung verantwortungsvoller Lieferketten für Minerale aus Konflikt- und Hochrisikogebieten". Die Leitsätze zielen darauf ab, negative Auswirkungen, die mit den Bedingungen bei der Mineralgewinnung und den Beziehungen zu den in Konflikt- und Hochrisikogebieten agierenden Zulieferern einhergehen, durch verantwortungsvolle Maßnahmen zu erkennen, zu vermeiden und abzuschwächen (Bundesministerium für Wirtschaft und Energie, 2014). Hierzu hat die OECD ein fünfstufiges risikobasiertes Rahmenwerk entwickelt, das in den Upstream- und Downstream-Bereich der Lieferkette unterteilt ist. Das Rahmenwerk beinhaltet im Upstream- und Downstream-Bereich jeweils fünf übergeordnete Schritte, die sich auf die Etablierung von Managementsystemen, die Identifizierung und Bewertung von Lieferketten-Risiken, das Managen der Risiken, die Auditierung von Schmelzen/Raffinerien und schließlich die Publikation von öffentlich zugänglichen Berichten über die Bemühungen zur Sorgfaltspflicht beziehen.[5]

Der vierte Ansatz der BMW Group zur Absicherung der n-Tier-Lieferkette ist an den „OECD Due Diligence Guidance for Responsible Business Conduct"[6] angelehnt. Hier konzentriert sich die BMW Group darauf, Transparenz vom Tier-1-Lieferanten bis zur Mine zu etablieren, Nachhaltigkeits-Hotspots zu identifizieren und bei diesen ein 2nd-Party- oder 3rd-Party-Audit durchzuführen. Diesen Ansatz führt die BMW Group beispielsweise bei dem Rohstoff Kupfer durch.

Bei der n-Tier-Zertifizierung wirkt die BMW Group in Zusammenarbeit mit unterschiedlichen Akteuren, wie zum Beispiel anderen Unternehmen, NGOs und wissenschaftlichen Instituten, beim Aufbau von nachhaltigkeitsorientierten Zertifizierungssystemen mit. Diesen Ansatz verfolgt die BMW Group, wenn sie Rohstoffe für kritisch

---

5 Weiterführende Informationen zu den OECD Leitsätzen können auf der Webseite der OECD eingesehen werden.

6 Weiterführende Informationen zum „OECD Due Diligence Guidance for Responsible Business Conduct" sind auf der Webseite der OECD verfügbar.

befunden hat, es aber noch kein geeignetes Zertifizierungssystem gibt. So hat die BMW Group beispielsweise in Zusammenarbeit mit anderen Unternehmen (unter anderem Aleris, Rio Tinto Alcan, Tetra Pak und Jaguar Landrover), mit Transparency International, mit der International Union for Conservation of Nature (IUCN) und dem WWF die Aluminium Stewardship Initiative (ASI) gegründet. Die Initiative verfolgt das Ziel, verantwortungsvolle Geschäftspraktiken in der gesamten Aluminium-Lieferkette sicherzustellen. Hierzu hat die ASI global anwendbare Nachhaltigkeitsstandards definiert und ein darauf aufbauendes CoC-Zertifizierungssystem entwickelt.[7] Sobald die Entwicklung eines Zertifizierungssystems abgeschlossen ist, werden in den Fahrzeugen der BMW Group möglichst nur Rohstoffe verbaut, die von der jeweiligen Initiative zertifiziert wurden.

Im Rahmen der „Beistellung" geht die BMW Group Kooperationen ein beziehungsweise schließt Verträge ab, die sich auf die gesamte Lieferkette oder kritische Lieferkettenstufen beziehen. So schließt die BMW Group beispielsweise Verträge mit Minen ab, über den Erwerb von ausgewählten Rohstoffen, wenn diese nachweislich unter Einhaltung hoher sozial-ökologischer Standards abgebaut werden. Die Prüfung der Konditionen erfolgt durch die BMW Group im Rahmen einer Begutachtung am Lieferantenstandort. Nach dem Erwerb verkauft die BMW Group die Rohstoffe dann an Unternehmen weiter, die diese verarbeiten (beispielsweise verhütten, beschichten, usw.). Hierdurch wird sichergestellt, dass in den Fahrzeugen der BMW Group die beigestellten Rohstoffe verbaut werden (Segregationsansatz) beziehungsweise die mengenmäßigen Rohstoffanteile in der Lieferkette bereitgestellt werden (Mass-Balance-Ansatz). Diese Herangehensweise setzt die BMW Group beispielsweise bei Platin und Kobalt um. Im Rahmen der Beistellung gibt es darüber hinaus den Fall, dass die BMW Group vertraglich festlegt, von welchen Unterlieferanten ihre Vertragspartner ihre Rohstoffe beziehungsweise Vorprodukte beziehen müssen. Hierdurch kann die BMW Group weitgehend sicherstellen, dass die Rohstoffe beziehungsweise Vorprodukte von ausgewählten Unterlieferanten stammen, die hohe Nachhaltigkeitsstandards erfüllen.

Beim letzten Ansatz, der Vor-Ort-Befähigung, schließt sich die BMW Group mit anderen Unternehmen, mit Entwicklungshilfeorganisationen und mit NGOs zusammen, um kritische Lieferkettenstufen durch Entwicklungsprojekte zu einer angestrebten Nachhaltigkeitsleistung zu befähigen. Bei diesem Ansatz werden zunächst Studien in Auftrag gegeben, um in ausgewählten Lieferkettenstufen die schwerwiegendsten Nachhaltigkeitsmissstände zu identifizieren. Auf Basis der Studienergebnisse entwickelt die BMW Group dann in Zusammenarbeit mit den jeweiligen Kooperationspartnern individuelle Maßnahmenpläne zur Behebung der identifizierten Missstände. Kenaf repräsentiert einen Rohstoff, bei dem die BMW Group in Zusammenarbeit mit dem Unternehmen Dräxlmayer, der Rainforest Alliance und der Gesellschaft für Inter-

---

7 Weiterführende Informationen sind auf der Webseite der ASI verfügbar.

nationale Zusammenarbeit (GIZ) eine Vor-Ort-Befähigung durchgeführt hat. Durch gezielte Qualifizierungsmaßnahmen wurden die Anbaupraktiken von Kenaf-Landwirten in Bangladesch dahingehend professionalisiert, dass zum einen das Einkommen der Landwirte erhöht und zum anderen die Qualität der Kenaf-Fasern verbessert wurde.[8]

Literatur Kapitel 6

Ayuso, S., Roca, M. und Colomé, R. (2013) 'SMEs as 'transmitters' of CSR requirements in the supply chain', *Supply Chain Management: An International Journal*, 18 (5), S. 497–508

Bundesministerium für wirtschaftliche Zusammenarbeit und Entwicklung (2019) *Über uns: Siegel verstehen. Nachhaltig einkaufen. Etwas bewegen*. Online unter: https://www.siegelklarheit.de/ueber-uns/ (17.04.2019)

Bundesministerium für Wirtschaft und Energie (2014) *OECD-Leitsätze für die Erfüllung der Sorgfaltspflicht zur Förderung verantwortungsvoller Lieferketten für Minerale aus Konflikt- und Hochrisikogebieten*. Online verfügbar unter: https://www.bmwi.de/Redaktion/DE/Downloads/M-O/oecd-leitsaetze-fuer-die-erfuellung-der-sorgfaltspflicht.pdf?__blob=publicationFile&v=5

Grimm, J. H., Hofstetter, J. S. und Sarkis, J. (2014) 'Critical factors for sub-supplier management: A sustainable food supply chains perspective', *International Journal of Production Economics*, 152 (2014), S. 159–173

Grimm, J. H., Hofstetter, J. S. und Sarkis, J. (2016) 'Exploring sub-suppliers' compliance with corporate sustainability standards', *Journal of Cleaner Production*, 112, S. 1971–1984

Mori Junior, R., Franks, D. M. und Ali, S. H. (2015) *Designing Sustainability Certification for Impact: Analysis of the design characteristics of 15 sustainability standards in the mining industry*. Brisbane: Centre for Social Responsibility in Mining, University of Queensland

OECD (2018) *OECD Due Diligence Guidance for Minerals – 5-Step Framework for Upstream and Downstream Supply Chains*. Online unter: http://mneguidelines.oecd.org/mining.htm (03.05.2019)

Tachizawa, E. M. und Wong, C. Y. (2014) 'Towards a theory of multi-tier sustainable supply chains: a systematic literature review', *Supply Chain Management: An International Journal*, 19 (5/6), S. 643–663

Your Dictionary (2019) *chain-of-custody*. Online unter: https://www.yourdictionary.com/chain-of-custody#wiktionary (15.04.2019)

---

[8] Das Praxisbeispiel beruht auf internen Vorgaben und Verfahrensbeschreibungen der BMW Group und auf Angaben von Nachhaltigkeitsexperten des Unternehmens, die im Zuge der Bucherstellung im Rahmen von Interviews und/oder (persönlichen) Absprachen gemacht wurden. Für die Richtigkeit und Vollständigkeit der Angaben in diesem Praxisbeispiel können wir keine Gewähr übernehmen.

7 Kooperationen

Im Zuge der fortschreitenden Reduktion der Fertigungstiefe sowie der Nutzung weltweiter Beschaffungsmöglichkeiten, wird die Steuerung von Lieferantennetzwerken zunehmend komplexer und aufwendiger. Die Sicherstellung hoher Nachhaltigkeitsstandards in der Lieferkette auf einer Individualebene kann sowohl hohe Kosten als auch viel Aufwand verursachen. Hinzu kommt, dass das Einflussvermögen eines einzelnen Unternehmens zu gering sein kann, um notwendige Veränderungen in der Lieferkette anzustoßen. Die Bedeutung von Kooperationen bei der nachhaltigkeitsorientierten Gestaltung der Lieferkette nimmt daher zu.

Im Verlauf der letzten Jahre haben sich zahlreiche Unternehmen innerhalb einer Branche im Rahmen von nachhaltigkeitsorientierten Initiativen zusammengeschlossen. Infolgedessen sind viele Branchenkooperationen entstanden wie zum Beispiel Together for Sustainability (Chemiesektor), Sustainable Apparel Coalition (Textilbranche) und Drive Sustainabillity (Automobilsektor). Ziel dieser Kooperationen ist die Bündelung des gemeinsamen Interesses der nachhaltigkeitsorientierten Gestaltung der Lieferkette. Wie Bessas und Müller (2017) erklären, variiert in den einzelnen Branchenkooperationen das Spektrum der Schwerpunkte, angewandten Methoden und Serviceleistungen.

> **PRAXISHINWEIS**
>
> Der Verein UPJ hat im Rahmen der Praxistage für mittelständische Unternehmen eine Übersicht über einige nachhaltigkeitsorientierte Branchen- und Multi-Stakeholder-Kooperationen erstellt. Eine Zusammenfassung nachhaltigkeitsorientierter Branchen- und Multi-Stakeholder-Kooperationen bietet auch UNGC auf seiner Webseite sowie der ISO 26000 Leitfaden.

Branchenkooperationen können sowohl für das eigene Unternehmen als auch für Lieferanten zahlreiche Vorteile bieten. Eine wichtige Chance liegt in der erhöhten Reichweite und dem damit verbundenen Potenzial, eine umfassendere Sensibilisierung für das Thema Nachhaltigkeit anzustoßen. Die sensibilisierende Wirkung wurde in einer Studie von Bessas und Müller (2017) als besonders positiv erachtet.

Eine weitere Chance liegt in der stärkeren Durchsetzungskraft von Nachhaltigkeitszielen. Wie UNGC Office (2012) konstatiert, kann ein Unternehmen durch Kooperationen mit anderen Firmen wesentlich mehr Einfluss auf seine Lieferanten ausüben. Oft nehmen Lieferanten Nachhaltigkeitsvorgaben erst durch Branchenkooperationen ernst und sind frühestens durch diese bereit, ihre Prozesse und Strukturen entsprechend anzupassen (Bessas und Müller, 2017). Die Chance das Einflussvermögen zu steigern, dürfte gerade für Unternehmen, die aufgrund geringer Auftragsvolumina

https://doi.org/10.1515/9783110652628-007

und/oder fehlender Vertragsbeziehungen über eingeschränkte Möglichkeiten der Lieferantenbeeinflussung verfügen, besonders groß sein.

Durch den Austausch von Erfahrungswerten zur Effektivität von SSCM-Maßnahmen bieten Branchenkooperationen zudem die Möglichkeit, von anderen Unternehmen zu lernen und infolgedessen den Entwicklungsfortschritt zu beschleunigen. Die Beteiligung an einer Branchenkooperation stärkt, wie UNGC Office (2012) anmerkt, auch die Glaubwürdigkeit eines Unternehmens gegenüber externen Stakeholdern und bietet ferner die Chance, mit ihnen über strittige Themen zu diskutieren, die als einzelnes Unternehmen schwieriger zu adressieren wären.

Wie UNGC Office und BSR (2015) erklären, erfordert die Umsetzung eines nachhaltigen Lieferkettenmanagements Investitionen. Insbesondere für kleinere Unternehmen oder solche, die vor kurzem Verpflichtungen eingegangen sind, können Zeit und Geld, die für die Umsetzung eines starken SSCM-Programms notwendig sind, wesentliche Hürden darstellen (UNGC Office und BSR, 2015). Branchenkooperationen bieten laut UNGC Office (2012) gerade auch solchen Unternehmen die Möglichkeit, Nachhaltigkeitsvorgaben festzulegen und Lieferanten aufzuerlegen.

Eine weitere wesentliche Chance von Branchekooperationen liegt in der Einigung auf einheitliche Nachhaltigkeitsvorgaben und -verfahren. Das bietet den entscheidenden Vorzug, dass Lieferanten nicht mit einer Vielzahl divergierender Vorgaben und Verfahren konfrontiert werden; vgl. Kapitel 4.3.2. Auch entsteht dadurch der Vorteil, dass nicht jedes Unternehmen eigene Standards entwickeln muss. Dabei können die standardisierten Vorgaben und Verfahren nicht nur in der Breite (beispielsweise bei unterschiedlichen Tier-1-Lieferanten), sondern ebenfalls in der Tiefe, folglich auf unterschiedlichen Lieferkettenstufen, zum Einsatz kommen. So kann beispielsweise der Einsatz eines SAQ-Standards in einem Lieferantennetzwerk etabliert werden; siehe Abbildung 7.1.

Die Festlegung einheitlicher Standards kann allerdings mit langwierigen Einigungsprozessen einhergehen. Sofern unterschiedliche Ansichten zusammentreffen,

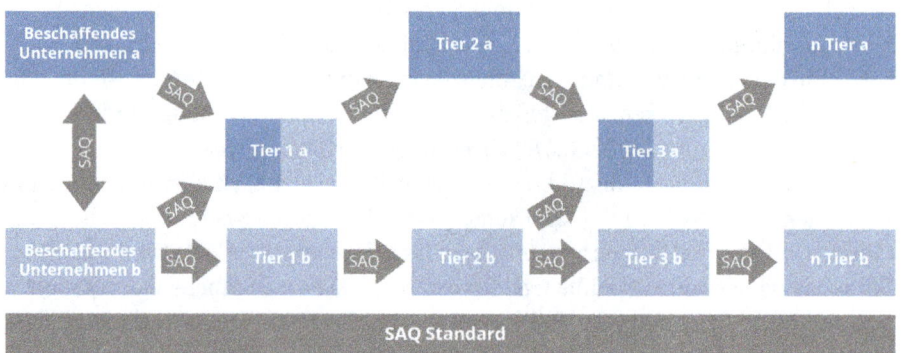

Abb. 7.1: Etablierung von Standards in Lieferantennetzwerken am Beispiel eines SAQs. Quelle: eigene Darstellung

müssen unternehmensindividuelle Vorstellungen zudem gegebenenfalls einem Kompromiss weichen, auf den sich alle Beteiligten einigen können. Wie UNGC Office (2012) anmerkt, besteht bei länger etablierten Initiativen andererseits auch das Risiko, dass die Branchenmitglieder nicht bereit sind, ihre Verfahren dahingehend zu ändern, dass sie auch zu den Vorgehensweisen eines neuen Kooperationspartners passen.

Einer der größten Vorteile von Branchenkooperationen liegt in der Effizienzsteigerung durch die vereinte Lieferantenbewertung beziehungsweise -entwicklung. Das bedeutet konkret, dass ein Lieferant von einem beschaffenden Unternehmen oder einem externen Dritten geprüft beziehungsweise entwickelt wird, und diese Daten den Mitgliedern der Branchenkooperation zur Verfügung gestellt werden. Die Daten werden hierbei auf einer zentralen Datenbank gespeichert und die Mitglieder der Brancheninitiative können diese bei Interesse auf einer webbasierten Plattform abrufen.[1] Dadurch entsteht der entscheidende Vorteil, dass ein Lieferant nicht gegebenenfalls mehrfach von unterschiedlichen Unternehmen geprüft beziehungsweise entwickelt wird. Durch die Vermeidung von Mehrfachprüfungen können der Aufwand und die Kosten, sowohl bei den beschaffenden Unternehmen als auch bei den Lieferanten, reduziert werden. Ein Großteil der Mitglieder der Brancheninitiative Drive Sustainability beispielsweise hat sich darauf geeinigt, dass die Daten, die mittels eines standardisierten SAQs gesammelt werden, gemeinsam genutzt werden können; vgl. Praxisbeispiel 5.1 in Kapitel 5.2.2. Die Daten werden auf einer zentralen Datenbank gespeichert, die durch den Anbieter NQC betrieben wird. Sobald ein Lieferant den SAQ beantwortet hat, können die Mitglieder der Branchenkooperation auf diese Daten zugreifen, und zwar unabhängig davon, wer den Fragebogenprozess ursprünglich angestoßen hat. Diese Vorgehensweise kann grundsätzlich auf alle Ansätze der Lieferantenbewertung beziehungsweise -entwicklung übertragen werden; vgl. Kapitel 5.2 und Kapitel 5.3. Mitglieder der Brancheninitiative PSCI (Pharmaceutical Supply Chain Initiative/Pharma- und Gesundheitssektor) beispielsweise teilen Auditdaten. Das Effizienzsteigerungspotenzial wird in der Abbildung 7.2, am Beispiel von Audits, noch einmal grafisch dargelegt.

Bessas und Müller (2017) stellen fest, dass die Lieferantenentwicklung im Rahmen von Branchenkooperationen besonders wirksam ist. Sie kommen ferner zu der Schlussfolgerung, dass die Effektivität von Branchenkooperationen, durch einen systematischen Austausch der einzelnen Initiativen zu Good Practice Ansätzen, verbessert werden könnte (Bessas und Müller, 2017). Die Initiativen stehen, so Bessas und Müller (2017), trotz ihrer Heterogenität oft vor ähnlichen Problemen. Es bietet sich an,

---

1 Es gibt eine Vielzahl von Plattformen, mit denen sich nachhaltigkeitsbezogene Lieferantendaten verwalten lassen, wie zum Beispiel Sedex, Ecovadis, e-Tasc und Fair Factories Clearinghouse (UNGC Office und BSR, 2015). Schwarzkopf et al. (2018) erklären in diesem Zusammenhang, dass der Betrieb solcher Plattformen bisher über privatwirtschaftliche Unternehmen erfolgt und das Geschäftsmodell der Plattformbetreiber in der Regel eine finanzielle Beteiligung sowohl der anfragenden Unternehmen als auch der geprüften Lieferanten vorsieht.

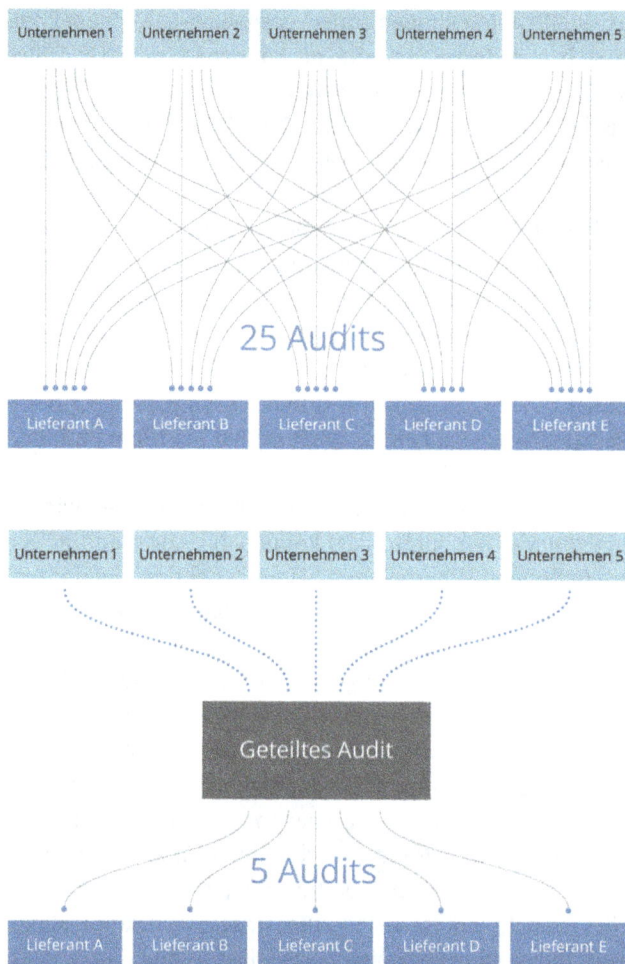

Abb. 7.2: Effizienzsteigerungspotenzial durch Branchenkooperationen am Beispiel von Audits. Quelle: eigene Darstellung in Anlehnung an PSCI (2019)

Erfahrungswerte nicht nur von Initiativen aus den gleichen, sondern auch aus unterschiedlichen Branchen auszutauschen. Bessas und Müller (2017) sprechen sich in diesem Kontext dafür aus, Standards auch branchenübergreifend anzuerkennen. Die Initiative Responsible Business Alliance (RBA) verfolgt bereits einen branchenübergreifenden Ansatz. Ursprünglich von einer kleinen Anzahl an Elektronikunternehmen gegründet, hat die Initiative heute mehr als 145 Mitglieder aus der Elektronik-, Handel-, Automobil- und Spielwarenindustrie (RBA, 2019); vgl. Praxisbeispiel 4.1 in Kapitel 4.3.2.

Bei Branchenkooperationen muss allerdings darauf geachtet werden, nicht gegen das Kartellrecht zu verstoßen. So können Treffen im Rahmen einer Branchenkooperation zu unbeabsichtigten Kartellrechtsverletzung führen, wenn Themen, wie zum Beispiel Preise oder Handelsstrategien, Teil der Diskussion werden (UNGC Office und BSR, 2015). Das Bundesministerium für Arbeit und Soziales (2019) hat einen Leitfaden veröffentlicht, der einen Überblick über kartellrechtliche Vorschriften gibt und erläutert, welche Maßnahmen im Rahmen von Branchenkooperationen unbedenklich und welche verboten sind. Der Leitfaden fasst auch einen verbleibenden Graubereich zusammen, der Kriterien enthält, anhand derer sich die Zulässigkeit im Einzelfall, ohne übermäßigen Ressourceneinsatz, eruieren lässt (Bundesministerium für Arbeit und Soziales, 2019).[2]

Wie UNGC Office (2012) konstatiert, haben viele Unternehmen erkannt, dass im nachhaltigen Lieferkettenmanagement nicht nur die Zusammenarbeit mit anderen Unternehmen von Nutzen ist, sondern auch diejenige mit weiteren Stakeholdern, wie lokalen Regierungen, Arbeitnehmerorganisationen und NGOs, im Rahmen von Multi-Stakeholder-Partnerschaften. Viele Stakeholder-Gruppen sind mit Nachhaltigkeitsproblemen sehr gut vertraut und erweisen sich daher oft als nützliche Partner, um Nachhaltigkeitsherausforderungen in der Lieferkette zu lösen (UNGC Office, 2012). Nach Ansicht von UNGC Office und BSR (2015) können sie helfen, den Kontext einer Nachhaltigkeitsproblematik zu verstehen, Unterstützung leisten bei der Konzipierung effektiver Reaktionen und auch als Partner für die Umsetzung vor Ort fungieren. Nachhaltigkeitsbemühungen in der Lieferkette werden im Rahmen von Multi-Stakeholder-Kooperationen mit Ressourcen weiterer Stakeholder unterstützt und machen diese laut UNGC Office (2012) auch glaubwürdiger. Zudem können Multi-Stakeholder-Kooperationen auch eine Fülle von Informationen zu Best Practices einbringen (UNGC Office und BSR, 2015).[3] Allerdings sollte bedacht werden, dass bei Kooperationen mit vielen unterschiedlichen Partnern gegebenenfalls auch die Komplexität zunimmt. Eine suboptimale Reputation eines Kooperationspartners kann sich zudem möglicherweise auch negativ auf den Ruf des eigenen Unternehmens auswirken.

Die obigen Ausführungen verdeutlichen, dass sowohl Branchenkooperationen als auch Multi-Stakeholder-Partnerschaften mit Risiken einhergehen und zweifelsohne auch Aufwand sowie Kosten verursachen, andererseits aber auch eine Vielzahl von Chancen bieten und daher von Bedeutung sind bei der nachhaltigkeitsorientierten Gestaltung von Lieferketten.[4]

---

2 Um die Anforderungen des Kartellrechts exemplarisch zu konkretisieren, werden in dem Leitfaden des BMAS unter anderem Beispiele aus bestehenden Branchenkooperation aufgegriffen und mittels eines Ampelsystems als unbedenkliche, verbotene und einzelfallabhängige Handlungen aufgezeigt. Der Leitfaden Hintergrundpapier zur 3. Branchenübergreifenden NAP-Fachveranstaltung „Kartellrechtliche Fragen bei Branchenkooperationen" kann abgerufen werden auf der Webseite des BMAS.
3 Sofern es keine passende Branchen- beziehungsweise Multi-Stakeholder-Kooperation gibt, kann es auch hilfreich sein zu prüfen, ob bereits auf Verbandsebene geeignete SSCM-Ansätze etabliert wurden.
4 Welche Faktoren berücksichtigt werden sollten bei der Entscheidung, ob man sich an einer Initiative beteiligt, wird auch in Kapitel 7.8.3 der ISO 26000 (2011) diskutiert.

ZUSAMMENFASSUNG

7 Kooperationen

- In den letzten Jahren haben sich viele Unternehmen im Rahmen einer nachhaltigkeitsorientierten Branchenkooperation zusammengeschlossen; Ziel dieser Kooperationen ist die Bündelung des gemeinsamen Interesses der nachhaltigkeitsorientierten Gestaltung der Lieferkette.
- Branchenkooperationen können sowohl für das eigene Unternehmen als auch für Lieferanten zahlreiche Vorteile bieten, wie zum Beispiel eine bessere Durchsetzungskraft von Nachhaltigkeitszielen und eine beschleunigte Entwicklung durch den Austausch von Erfahrungswerten.
- Eine wesentliche Chance liegt auch in der Einigung auf einheitliche Nachhaltigkeitsvorgaben und -verfahren; das bietet den entscheidenden Vorzug, dass nicht jedes Unternehmen eigene Standards entwickeln muss und Lieferanten nicht mit einer Vielzahl divergierender Vorgaben und Verfahren konfrontiert werden.
- Die Festlegung einheitlicher Standards kann allerdings mit langwierigen Einigungsprozessen einhergehen; sofern unterschiedliche Ansichten zusammentreffen, müssen unternehmensindividuelle Vorstellungen zudem gegebenenfalls einem Kompromiss weichen, auf den sich alle Beteiligten einigen können.
- Bei Branchenkooperationen muss grundsätzlich auch immer darauf geachtet werden, kartellrechtliche Anforderungen einzuhalten.
- Einer der größten Vorteile von Branchenkooperationen liegt in der Effizienzsteigerung durch die vereinte Lieferantenbewertung beziehungsweise -entwicklung; das bedeutet konkret, dass ein Lieferantenstandort von einem Unternehmen geprüft beziehungsweise entwickelt wird und diese Daten den Mitgliedern der Branchenkooperation zur Verfügung gestellt werden.
- Durch die Vermeidung von Mehrfachprüfungen können der Aufwand und die Kosten sowohl bei den beschaffenden Unternehmen als auch bei den Lieferanten reduziert werden.
- Um nachhaltige Lieferketten zu etablieren, kann nicht nur die Zusammenarbeit mit anderen Unternehmen wichtig sein, sondern auch mit beispielsweise lokalen Regierungen, Arbeitnehmerorganisationen und NGOs im Rahmen von Multi-Stakeholder-Partnerschaften.

Literatur Kapitel 7

Bessas, Y. und Müller, M. (2017) *Potenziale von Branchenkooperationen zur nachhaltigen Gestaltung von Liefer- und Wertschöpfungsketten*. Online verfügbar unter: http://www.bmas.de/SharedDocs/Downloads/DE/PDF-Publikationen/Forschungsberichte/fb483-potenziale-von-Branchenkooperationen.pdf?__blob=publicationFile&v=1

Bundesministerium für Arbeit und Soziales (2019) *Hintergrundpapier zur 3. Branchenübergreifenden NAP-Fachveranstaltung „Kartellrechtliche Fragen bei Branchenkooperationen"*

ISO 26000 (2011) *Leitfaden zur gesellschaftlichen Verantwortung (ISO 26000:2010)*

PSCI (2019) *Audit collaboration*. Online unter: https://pscinitiative.org/auditCollaboration (04.01.2019)

RBA (2019) *About the RBA*. Online unter: http://www.responsiblebusiness.org/about/rba/ (18.03.2019)

Schwarzkopf, J., Adam, K. und Wittenberg, S. (2018) Vertrauen in nachhaltigkeitsorientierte Audits und in Transparenz von Lieferketten – Schafft die Blockchain-Technologie einen Mehrwert?, in: Khare, A., Kessler, D. und Wirsam, J. (Hrsg.): *Marktorientiertes Produkt- und Produktionsmanagement in digitalen Umwelten*. Wiesbaden: Springer Gabler, S. 171–180

UNGC Office (2012) *Nachhaltigkeit in der Lieferkette: Ein praktischer Leitfaden zur kontinuierlichen Verbesserung*. Online verfügbar unter: https://www.globalcompact.de/wAssets/docs/Lieferkettenmanagement/nachhaltigkeit_in_der_lieferkette.pdf

UNGC Office und BSR (2015) *Supply Chain Sustainability: A Practical Guide for Continuous Improvement Second Edition*

8 Kommunikation

Die interne und externe Kommunikation repräsentiert den letzten wichtigen Baustein des nachhaltigen Lieferkettenmanagements. Sowohl für die interne als auch für die externe Kommunikation ist es wichtig, die Berichtspflichten und Berichtswege festzulegen. Ziel dieses Kapitel ist es aufzuzeigen, welche Aspekte hierbei beachtet werden sollten. Im Folgenden wird als erstes auf die interne Kommunikation (Kapitel 8.1) und anschließend auf die externe Kommunikation (Kapitel 8.2) eingegangen.

8.1 Interne Kommunikation

Für die interne SSCM-Kommunikation sollte ein eigener Bereich auf einer Kommunikationsplattform erstellt werden. Auf dieser sollte die gesamte Organisation des SSCM-Bereichs abgebildet sein, einschließlich der SSCM-Strategie, den Zielen, Richtlinien, Prozessbeschreibungen, Zuständigkeiten, usw. Auch sollten hier Informationen zu internen Beratungsangeboten und zu den Schulungsterminen zusammengefasst werden. Darüber hinaus sollte hier die Beschwerdestelle dokumentiert sein. Außerdem sollten wichtige aktuelle Entwicklungen aus dem Bereich SSCM zusammengefasst werden. Schließlich sollte auf der Kommunikationsplattform auch eine Stellungnahme der Unternehmensleitung abgebildet sein, in der sie sich klar zur Unterstützung des nachhaltigen Lieferkettenmanagements positioniert.

Wenn das SSCM-System etabliert ist und sich positive Auswirkungen in der Lieferkette abzeichnen, kann der Erfolg der Maßnahmen auf der Kommunikationsplattform mittels entsprechender Nachhaltigkeitskennzahlen dargestellt werden. Der Erfolg lässt sich auch gut durch Aussagen von Lieferanten über ihren Entwicklungsfortschritt konkretisieren. Dadurch werden die SSCM-Aktivitäten nicht nur weniger abstrakt, das Aufzeigen positiver Entwicklungen kann zudem das Engagement der Mitarbeiter für das Thema erhöhen.

ZUSAMMENFASSUNG

8.1 Interne Kommunikation

– Für die interne SSCM-Kommunikation sollte ein eigener Bereich auf einer Kommunikationsplattform erstellt werden, der die wichtigsten SSCM-Informationen (Strategie, Ziele, Richtlinien, Prozessbeschreibungen, Zuständigkeiten, Schulungstermine, aktuelle Entwicklungen, usw.) zusammenfasst.

---

https://doi.org/10.1515/9783110652628-008

- Auch eine Stellungnahme der Unternehmensleitung, in der sie sich klar zur Unterstützung des nachhaltigen Lieferkettenmanagements positioniert, sollte auf der Kommunikationsplattform abgebildet sein.
- Wenn das SSCM-System etabliert ist und sich positive Auswirkungen in der Lieferkette abzeichnen, kann der Erfolg der Maßnahmen auf der Kommunikationsplattform mittels entsprechender Nachhaltigkeitskennzahlen und Aussagen von Lieferanten konkretisiert werden.

8.2 Externe Kommunikation

Der Bereich SSCM geht unter Umständen mit umfangreichen externen Berichtspflichten einher. Zunächst einmal leiten sich Berichtspflichten aus rechtlichen Anforderungen ab, wie zum Beispiel der CSR-Richtlinie, dem Dodd-Frank Act oder dem Modern Slavery Act; vgl. Kapitel 2.1. Darüber hinaus resultieren Berichtspflichten aus politischen und gesellschaftlichen Erwartungshaltungen, die in Leitfäden, Normen und Standards münden, wie zum Beispiel dem GRI Standard oder dem NAP der Bundesregierung. Auch entstehen Berichtspflichten aus der Erwartungshaltung (potenzieller) Kunden und Investoren die einfordern, dass über die Lieferkette Bericht erstattet wird; vgl. Kapitel 2.2.

Es sollte unternehmensindividuell geprüft werden, welche rechtlichen Berichtpflichten bestehen und welche Berichtserwartungen, abseits von gesetzlichen Anforderungen – beispielsweise aus strategischen, absatzspezifischen, reputationsgeleiteten oder standardbindenden Gründen – zu erfüllen sind; vgl. hierzu auch Kapitel 2. Auf Basis dieser Prüfung, sollte die externe Kommunikation über das SSCM-System dann individuell konzipiert werden.

Unabhängig von individuellen Berichtspflichten sollte stets bedacht werden, dass die Effektivität des SSCM-Systems wesentlich davon abhängt, wie gut die Lieferanten die SSCM-Bestrebungen des eigenen Unternehmens kennen. Daher sollte in jedem Fall sichergestellt werden, dass Lieferanten über geeignete Kanäle (Unternehmenswebseite, Lieferantenpartnerportal, usw.) über bestehende und geplante SSCM-Ziele und -Maßnahmen sowie über die Inhalte des LCoCs informiert werden. Lieferanten sollten insbesondere auch verstehen, weshalb das eigene Unternehmen eine nachhaltige Lieferkette anstrebt und welche Vorteile eine gute Nachhaltigkeitsleistung bietet.

Werden die SSCM-Maßnahmen und Fortschritte des eigenen Unternehmens extern kommuniziert, sollte immer bedacht werden, dass der Wahrheitsgehalt der Angaben eine zentrale Rolle spielt. Unwahre oder überzogene Darstellungen der SSCM-Performance können Glaubwürdigkeitsprobleme verursachen und sich negativ auf die Unternehmensreputation auswirken. Wenn Unternehmen wahrheitsgemäß berichten, wird dem Risiko eines Reputationsverlustes aufgrund unwahrer und/oder überzogener Darstellungen entgegengewirkt. Unternehmen, die über ihre sozialen und ökologischen Herausforderungen entlang der Lieferkette berichten, erzielen laut Fröhlich (2015) zudem Verständnis bei den relevanten Stakeholdern. Allerdings sollte hierbei bedacht werden, dass Unternehmen, die zu den ersten gehören, die solche Informationen veröffentlichen und wahrheitsgemäße Angaben machen, schlechter erscheinen mögen als Unternehmen, die sich nicht mit Praktiken in der Lieferkette befassen (Phillips und Caldwell, 2005). Nach Ansicht von Philipps und Caldwell (2005) wird dieses Phänomen jedoch abnehmen, wenn mehr und mehr Unternehmen verpflichtet werden größere Verantwortung für die Lieferkette zu übernehmen.

Beachtet werden sollte allerdings auch, dass sozial-ökologische Aktionen von der Öffentlichkeit zu stark als Instrumentalisierung für erwerbswirtschaftliche Zwecke wahrgenommen werden können (Weber und Willers, 2011). Folglich ist es wichtig, durch eine wahrheitsgemäße externe Kommunikation Transparenzanforderungen gerecht zu werden, dabei aber nicht den Eindruck zu erwecken, die Nachhaltigkeitsbemühungen für kommerzielle Zwecke zu instrumentalisieren.[1]

Sofern ein Nachhaltigkeitsbericht veröffentlich wird, sollte dieser auf Basis eines international anerkannten Berichtsstandards um den Themenbereich nachhaltiges Lieferkettenmanagement ergänzt werden. Zu den am weitesten verbreiteten globalen Standards für die Nachhaltigkeitsberichterstattung gehört der GRI-Standard der Global Reporting Initiative (UNGC Office und BSR, 2015). Die Global Reporting Initiative legt Grundsätze und Indikatoren für die Messung und Veröffentlichung von Angaben zur wirtschaftlichen, ökologischen und sozialen Leistung fest (UNGC Office, 2012) und bezieht hierbei auch die Lieferkette ein.[2]

---

[1] In Kapitel 7.6.2 der ISO 26000 (2011) wird dargelegt, welche Möglichkeiten es gibt, die Glaubwürdigkeit von Berichten und Aussagen zur Wahrnehmung der gesellschaftlichen Verantwortung zu optimieren.

[2] Der GRI Standard wird unterteilt in die allgemeingültigen und in die themenspezifischen Standards. Die allgemeingültigen Standards (hierzu gehören GRI 101 Foundation, GRI 102 General Disclosures und GRI 103 Management Approach) gelten für alle Organisationen, die einen GRI-konformen Nachhaltigkeitsbericht veröffentlichen möchten (GRI, 2016). Die themenspezifischen Standards teilen sich auf in ökonomische (GRI 200), ökologische (GRI 300) und soziale (GRI 400) Standards und müssen dann als Regelwerke herangezogen werden, wenn ein bestimmtes Nachhaltigkeitsthema vom berichtenden Unternehmen als wesentlich eingestuft wurde (GRI, 2016). Bereits im allgemeingültigen Standard finden lieferkettenbezogene Aspekte Anwendung. So fordert Disclosure 102-9 eine Beschreibung der Lieferkette, einschließlich ihrer wesentlichen Elemente, soweit sich diese auf die unternehmerischen Aktivitäten, die Hauptmarken oder die Produkte und Dienstleistungen beziehen (GRI, 2016). Darüber hinaus gibt es einen eigenen themenspezifischen Standard für die Beschaffung (GRI 204 Procurement Practices), einen für die ökologische Lieferantenbewertung (GRI 308) und einen für die soziale Lieferantenbewertung (GRI 414). Weiterführende Informationen sind verfügbar auf der Webseite der GRI.

PRAXISHINWEIS

Als Orientierungshilfe zur Offenlegung von SSCM-Themen in Nachhaltigkeitsberichten beziehungsweise in integrierten Berichten bietet sich das Ranking der Nachhaltigkeitsberichte des Instituts für ökologische Wirtschaftsforschung (IÖW) und der Unternehmensvereinigung future an. Das Ranking bietet eine praktische Unterstützung bei der Identifizierung von Schwachstellen beziehungsweise Verbesserungspotenzialen in der Berichterstattung.

Durch die Veröffentlichung von Fortschrittsberichten zum nachhaltigen Lieferkettenmanagement kann ein Unternehmen gegenüber internen und externen Stakeholdern zeigen, dass es sich in seiner Lieferkette um eine Begrenzung negativer Auswirkungen auf die Umwelt und Gesellschaft bemüht (UNGC Office, 2012). Fortschrittsberichte können auch Impulse zur Verbesserung der Nachhaltigkeit geben (UNGC Office, 2012), andere können dadurch am vorhandenen Wissen und Erfahrungsschatz partizipieren (Fröhlich, 2015).

Im NAP erklärt die Bundesregierung (2017, S. 9), dass Unternehmen Informationen bereithalten und gegebenenfalls extern kommunizieren sollten,

> *um darzulegen, dass sie die tatsächlichen und potenziellen Auswirkungen ihres unternehmerischen Handelns auf die Menschenrechte kennen und diesen in geeigneter Weise begegnen.*

Unternehmen, deren Geschäftstätigkeit ein besonders hohes Risiko für negative Auswirkungen auf die Menschenrechte birgt, sollten laut der Bundesregierung (2017) gegenüber der Öffentlichkeit regelmäßig darüber berichten. Um die Anforderungen des NAPs der Bundesregierung zu erfüllen, muss insbesondere auch die Grundsatzerklärung extern kommuniziert werden; vgl. Kapitel 4.3.1. Wie die Bundesregierung (2017) erklärt, sollten die Berichtspflichten allerdings nicht zu einem unverhältnismäßigen Verwaltungsaufwand für die berichtspflichtigen Gesellschaften oder die KMUs in der Lieferkette führen.

ZUSAMMENFASSUNG

8.2 Externe Kommunikation

– Berichtspflichten bezüglich der Lieferkette leiten sich ab aus rechtlichen, politischen und gesellschaftlichen Anforderungen, sowie aus der Erwartungshaltung (potenzieller) Kunden und Investoren, die einfordern, dass über die Lieferkette Bericht erstattet wird.
– Es sollte unternehmensindividuell geprüft werden, welche rechtlichen Berichtpflichten bestehen und welche Berichtserwartungen, abseits von gesetzlichen

Anforderungen – beispielsweise aus strategischen, absatzspezifischen, reputationsgeleiteten oder standardbindenden Gründen – zu erfüllen sind.

- Die Effektivität des SSCM-Systems hängt wesentlich davon ab, wie gut die Lieferanten die SSCM-Bestrebungen des eigenen Unternehmens kennen; daher sollte in jedem Fall sichergestellt werden, dass Lieferanten über geeignete Kanäle (Unternehmenswebseite, Lieferantenpartnerportal, usw.) über bestehende und geplante SSCM-Ziele und -Maßnahmen sowie über die Inhalte des LCoCs informiert werden.
- Bei allen Informationen über das SSCM-System, die extern kommuniziert werden, sollte die Nachhaltigkeitsleistung wahrheitsgemäß wiedergegeben werden; unwahre oder überzogene Darstellungen können Glaubwürdigkeitsprobleme verursachen und sich negativ auf die Unternehmensreputation auswirken.
- Sofern ein Nachhaltigkeitsbericht veröffentlich wird, sollte dieser auf Basis eines international anerkannten Berichtsstandards (zum Beispiel GRI Standard) um den Themenbereich nachhaltiges Lieferkettenmanagement ergänzt werden.

Literatur Kapitel 8

Bundesregierung (2017) *Nationaler Aktionsplan Umsetzung der VN-Leitprinzipien für Wirtschaft und Menschenrechte 2016–2020*. Online verfügbar unter: https://www.auswaertiges-amt.de/de/newsroom/broschueren

Fröhlich, E. (2015) Corporate Social Responsibility in der Beschaffung: Theoretische wie Praktische Implikationen, in: Fröhlich, E. (Hrsg.): *CSR und Beschaffung: Theoretische wie praktische Implikationen eines nachhaltigen Beschaffungsprozessmodells*. Berlin: Springer Gabler, S. 3–36

Fröhlich, E. (2015) *CSR und Beschaffung: Theoretische wie praktische Implikationen eines nachhaltigen Beschaffungsprozessmodells*. Berlin: Springer Gabler

GRI (2016) *GRI Standards*. Online verfügbar unter: https://www.globalreporting.org/standards/gri-standards-download-center/

ISO 26000 (2011) *Leitfaden zur gesellschaftlichen Verantwortung (ISO 26000:2010)*

Phillips, R. und Caldwell, C. B. (2005) 'Value chain responsibility: A farewell to arm's length', *Business and Society Review*, 110 (4), S. 345–370

UNGC Office (2012) *Nachhaltigkeit in der Lieferkette: Ein praktischer Leitfaden zur kontinuierlichen Verbesserung*. Online verfügbar unter: https://www.globalcompact.de/wAssets/docs/Lieferkettenmanagement/nachhaltigkeit_in_der_lieferkette.pdf

UNGC Office und BSR (2015) *Supply Chain Sustainability: A Practical Guide for Continuous Improvement Second Edition*

Weber, T. und Willers, C. (2011) Erfolgsfaktoren des unternehmerischen Nachhaltigkeitsmanagements, in: Fröhlich, E. (Hrsg.): *Nachhaltigkeit in der Unternehmerischen Supply Chain*. Köln: Fördergesellschaft Produktmarketing, S. 22–33

9 Schlussbetrachtung

Ziel des Buches war es aufzuzeigen, wie ein effektives und gleichzeitig effizientes Lieferkettenmanagement im Unternehmen etabliert werden kann. Es ist ein Rahmen, der hier aufgespannt wurde, die konkrete Ausgestaltung sollte auf Basis der unternehmensspezifischen Situation individuell konzipiert werden.

Um Unternehmen bei der Erfüllung des NAPs der Bundesregierung zu unterstützen, orientieren sich die Ausführungen in diesem Buch auch an den darin beschriebenen fünf Kernelementen der menschenrechtlichen Sorgfaltspflicht.

Wir haben das Buch nach bestem Wissen und Gewissen geschrieben und dabei auch versucht, möglichst viele anschauliche Praxisbeispiele zu finden, die aber sicherlich nicht immer perfekt sind. Das Thema ist zudem sehr dynamisch. Wir haben bis zum Schluss versucht, aktuelle Entwicklungen aufzunehmen. Uns ist aber bewusst, dass einige Informationen schnell veraltet sein werden und bitten dies entsprechend zu berücksichtigen.

Nachhaltigkeit in der Lieferkette repräsentiert einen Prozess, der auf die Erzielung langfristiger positiver Auswirkungen ausgerichtet ist. Werden Verstöße bei einem Lieferanten gegen den LCoC identifiziert, sollte das Ziel nicht sein, Lieferanten von der Vergabe auszuschließen beziehungsweise im Nachgang an diese zu sanktionieren. Vielmehr sollte der Fokus darauf liegen, Lieferanten zu befähigen, die Anforderungen des LCoCs dauerhaft einzuhalten. Dabei kann es auch sinnvoll sein, in die (Management-)Fähigkeiten eines Lieferanten zu investieren durch beispielsweise Schulungen und/oder eine individuelle Beratung. Eine solche Investition reduziert Risiken, schafft aber auch eine Bindung, derer sich beide Seiten, Lieferant und Auftraggeber, bewusst sein sollten. Nachhaltigkeit wird damit zu einer spezifischen Investition, die einen kurzfristigen Lieferantenwechsel schwieriger macht. Demgegenüber stehen aber zahlreiche Chancen, wie sie ausführlich in Kapitel 2.3 beschrieben wurden.

Selbst mit einem noch so ausdifferenzierten Risikomanagementsystem würde es nicht gelingen, alle Nachhaltigkeitsrisiken in der Lieferkette auszuschließen. Dafür repräsentieren Lieferketten in der Regel auch zu komplexe und fragmentierte Netzwerke. Beim nachhaltigen Lieferkettenmanagement geht es daher vielmehr darum, die schwerwiegendsten nachteiligen Auswirkungen auf Mensch und/oder Umwelt zu identifizieren, zu priorisieren und mit geeigneten Maßnahmen zu verhüten und zu mindern. Um entscheiden zu können, welche Maßnahmen mit welcher Priorität umgesetzt werden sollen, ist die Entwicklung einer individuellen SSCM-Strategie und die Ableitung entsprechender strategischer Ziele wichtig. Wie in Kapitel 3 deutlich gemacht, sollte bei der Entwicklung der SSCM-Strategie nicht nur die interne Ausgangslage und das externe Rahmenumfeld analysiert werden, sondern auch die Interessen und Erwartungen der wichtigsten internen und externen Stakeholder berücksichtigt

https://doi.org/10.1515/9783110652628-009

werden. Unternehmen, die die Erwartungen und Interessen ihrer Stakeholder berücksichtigen, machen sich auch weniger angreifbar für NGO-Kampagnen.

Um die Effektivität des nachhaltigen Lieferkettenmanagements sicherzustellen, ist es wichtig, dass die Unternehmensleitung die SSCM-Strategie und die SSCM-Ziele unterstützt und sich diese Positionierung auch widerspiegelt in der Bereitstellung adäquater finanzieller sowie personeller Ressourcen.

Durch die Integration der Nachhaltigkeitsleistung in den Beschaffungsprozess, wie in Kapitel 5 vorgeschlagen, werden die klassischen Lieferantenbewertungskriterien um den Faktor Nachhaltigkeit erweitert. Infolgedessen wirkt sich auch die Nachhaltigkeitsleistung eines Lieferanten auf die Vergabeentscheidung aus. Die Aussicht auf den Zuschlag im Vergabeverfahren bietet einen guten Anreiz für Lieferanten, festgelegte Nachhaltigkeitsvorgaben zu erfüllen. Schwieriger gestaltet sich die Situation in der n-Tier-Lieferkette, in der regelmäßig keine Vertragsbeziehung begründet werden kann und die Einflussmöglichkeiten somit deutlich geringer ausfallen. Eine Kaskadierung der Nachhaltigkeitsvorgaben in die n-Tier-Lieferkette ist jedoch wichtig, da die schwerwiegendsten sozial-ökologischen Missstände oftmals nicht bei den direkten Zulieferern, sondern in einer weiter vorgelagerten Lieferkettenstufe auftreten. Zudem spielt sowohl für Verbraucher als auch für NGOs die organisatorische Distanz bei der Verantwortungszuschreibung für sozial-ökologische Missstände in der Lieferkette keine Rolle. Kooperationen mit anderen Akteuren im Rahmen von Brancheninitiativen und Multi-Stakeholder-Partnerschaften können helfen, das Einflussvermögen eines einzelnen Unternehmens, sowohl auf die direkten Lieferanten als auch auf die n-Tier-Lieferkette, zu erhöhen. Kooperationen bieten insbesondere auch die Chance, Vorgaben und Verfahren zu standardisieren. Die Bedeutung von Standardisierungen wurde im Buch an unterschiedlichen Stellen immer wieder herausgestellt. Gerade auch KMUs kann der Rückgriff auf einheitliche Standards viele wichtige Vorteile bieten. Hierfür sind allerdings auch noch einige Voraussetzungen zu schaffen. Der Standardisierungsprozess hat gerade erst begonnen und die gegenseitige Anerkennung von beispielsweise SAQs und Audits im Rahmen von Brancheninitiativen steht noch relativ am Anfang der Entwicklung.

Ein wesentliches Argument für den Aufbau eines nachhaltigen Lieferkettenmanagements ist auch der fortschreitende Klimawandel. Potenziale zur Reduktion von Treibhausgasen weiten sich verstärkt auf die Zulieferkette (Scope 3) aus. Besonders deutlich wird dies beispielsweise im Automobilsektor. Mit der Einführung der Elektromobilität und durch die Zunahme des Anteils an regenerativen Energien am Strommix entstehen Treibhausgasreduktionspotenziale verstärkt in der vorgelagerten Lieferkette.

Die in diesem Buch dargestellten Ansätze sind oftmals eingebettet in komplexe Fragestellungen, auf die es keine einfache Antwort gibt. So stellt sich beispielsweise die Frage, wie Unternehmen bei der Rohstoffbeschaffung vorgehen sollten, wenn zum Beispiel Coltan in der Demokratischen Republik Kongo aus zertifizierten Schmelzen beschafft werden kann, die einheimische Bevölkerung davon aber weniger profitiert als vom sogenannten artisanalen Bergbau. Letzterer sichert der Bevölkerung zwar Einkommen, geht dafür aber einher mit erheblichen ökologischen Problemen sowie mit gravierenden Risiken für die Gesundheit und Sicherheit der Arbeiter. Welchen Ansatz sollten Unternehmen in einem solchen Fall verfolgen?

Auf einige Fragen gibt es sicherlich keine einfache Antwort und Unternehmen allein können gewiss auch nicht Verantwortung dafür übernehmen, alle sozial-ökologischen Herausforderungen unserer Zeit zu lösen. Allerdings kann konstatiert werden, dass Unternehmen, die sich bemühen negative Auswirkungen auf Mensch und Umwelt in der Lieferkette zu verhüten und zu mindern, einen entscheidenden Beitrag zu einer nachhaltigen globalen Entwicklung leisten können. Daher hoffen wir, dass unser Buch viele Unternehmen dazu anregen wird, ein nachhaltiges Lieferkettenmanagement einzuführen beziehungsweise ein bestehendes SSCM-System weiterzuentwickeln.

Anhang I

drive
sustainability

Selbstauskunftsfragebogen zum Thema Soziale Verantwortung der Unternehmen (CSR)/Nachhaltigkeit für Zulieferer in der Automobilbranche

Soziale Verantwortung der Unternehmen (Corporate Social Responsibility – CSR)/Nachhaltigkeit ist ein Prozess für Unternehmen, über den Nachhaltigkeitskriterien, wie Sozialverträglichkeit, Unternehmensführung, ökologische Nachhaltigkeit sowie die Nachhaltigkeit in der Lieferkette, in Betriebsabläufe und die Unternehmensstrategie integriert werden.

„DRIVE Sustainability" formuliert ein Paket gemeinsamer Richtlinien – die Leitlinien –, in dem die an Lieferanten gestellten Erwartungen hinsichtlich der wichtigsten Aspekte der CSR/Nachhaltigkeit, wie Menschenrechte, Umwelt, Arbeitsbedingungen und Unternehmensethik skizziert werden.

Im Einklang mit den Leitlinien wird mit diesem Selbstauskunftsfragebogen (SAQ) die Leistung der Lieferanten bezüglich CSR/Nachhaltigkeit eingeschätzt und bewertet.

Er wurde im Jahr 2014 entwickelt und 2017* von den Partnern der Initiative Drive Sustainability – The Automotive Partnership überarbeitet. Aktuell wird er von zehn Mitgliedern** eingesetzt und soll Doppelarbeit vermeiden sowie die Effizienz steigern.

Der Fragebogen bezieht sich sowohl auf Unternehmens- als auch auf Standortebene:
> Unternehmen bezieht sich auf die „Gruppe/Holding, zu der der Lieferant gehört", und
> Standort bezieht sich auf den „Industriestandort, an dem die Produktion / Leistungserbringung erfolgt".

Beim Ausfüllen dieses Fragebogens können Lieferanten zur Erläuterung auf das Fragezeichen neben den einzelnen **Fragen klicken.**

* Mitglieder der Arbeitsgruppe 2017: BMW Group, Daimler AG, Ford, Honda, Jaguar Land Rover, Scania CV AB, Toyota Motor Europe, Volkswagen Group, Volvo Cars und Volvo Group
** Erstausrüster (OEM), die den Fragebogen einsetzen: BMW Group, Daimler AG, Ford, Honda, Jaguar Land Rover, Scania CV AB, Toyota Motor Europe, Volkswagen Group, Volvo Group, Volvo Cars

Unternehmen[1]:	Name:	
	Ort:	
	Mitarbeiterzahl:	
	Geschäftsbereich:	
	Jahresumsatz:	
Standort[2]:	Name:	

Ort des Standortes, an dem die Produktion / Leistungserbringung erfolgt (Land, Stadt und/oder Adresse):

Zahl der Mitarbeiter vor Ort (inkl. Leiharbeiter):

Hauptsitz: ☐ Ja
☐ Nein

Lieferanten-Nummer: (Zutreffendes bitte ausfüllen)

DUNS-Nummer:
Sonstige (bitte angeben):

Ausgefüllt von:	Name:	
	Position:	
	E-Mail:	
	Tel.:	

[1] Unternehmen bezieht sich auf die „Gruppe/Holding, zu der der Lieferant gehört".
[2] Sstandort bezieht sich auf den „Industriestandort, an dem die Produktion / Leistungserbringung erfolgt".

SAQ version 3.0, revised by January 30, 2018
COPYRIGHT © 2018 CSR Europe, all rights reserved.

https://doi.org/10.1515/9783110652628-010

drive D
sustainability

A. GESCHÄFTSFÜHRUNG (ALLGEMEIN)	HINTERGRUNDINFORMATIONEN

1a. Gibt es in Ihrem Unternehmen eine für soziale Nachhaltigkeit hauptverantwortliche Person?*

☐ Nein

☐ Ja*, auf Unternehmensebene

☐ Ja*, auf Standortebene

Wenn ja, bitte angeben:

Name: _____

E-Mail: _____

1b. Gibt es in Ihrem Unternehmen eine für Compliance hauptverantwortliche Person?*

☐ Nein

☐ Ja*, auf Unternehmensebene

☐ Ja*, auf Standortebene

Wenn ja, bitte angeben:

Name: _____

E-Mail: _____

1c. Gibt es in Ihrem Unternehmen eine für ökologische Nachhaltigkeit hauptverantwortliche Person?*

☐ Nein

☐ Ja*, auf Unternehmensebene

☐ Ja*, auf Standortebene

Wenn ja, bitte angeben:

Name: _____

E-Mail: _____

* Bitte geben Sie die Kontaktdaten an, selbst wenn es dieselbe Person ist wie oben.

HINTERGRUNDINFORMATIONEN

Soziale Nachhaltigkeit bezieht sich auf Praktiken, die zur Lebensqualität sowohl von Arbeitnehmern als auch von Gemeinschaften beitragen, auf die sich die Geschäftstätigkeiten des Unternehmens auswirken könnte. Unternehmen sollten wie von der internationalen Gemeinschaft anerkannt die Menschenrechte ihrer Beschäftigten respektieren und alle Menschen mit Würde behandeln. Zu den anzugehenden sozialen Themen zählen beispielsweise das Diskriminierungsverbot, die Vereinigungsfreiheit, **Arbeitsschutz usw. (siehe Abschnitt B – Arbeitsbedingungen und Menschenrechte).**

Compliance bezieht sich auf die Grundsätze, die das unternehmerische Verhalten in den Beziehungen zu Geschäftspartnern und Kunden bestimmen. Von den Unternehmen wird erwartet, hohe Integritätsstandards einzuhalten und über die gesamte Lieferkette hinweg in Übereinstimmung mit den nationalen Gesetzen ehrlich und ausgewogen zu handeln. Zu den Beispielen unethischer Geschäftspraktiken gehören Korruption, **unlauterer Wettbewerb, Interessenkonflikte usw. (siehe Abschnitt C – Unternehmensethik).**

Ökologische Nachhaltigkeit bezieht sich auf Praktiken, die sich langfristig positiv auf die Qualität der Umwelt auswirken. Es wird erwartet, dass die Unternehmen proaktiv Verantwortung für die Umwelt übernehmen durch den Schutz der Umwelt, den schonenden Umgang mit natürlichen Ressourcen und die Verringerung der Umweltbelastung durch ihre Produktion, Produkte und Dienstleistungen über ihren gesamten Lebenszyklus hinweg. Unternehmenspraktiken können unter anderem Programme zur Verringerung von Treibhausgasemissionen oder zur **Verringerung von Abfällen usw. betreffen (siehe Abschnitt D – Umwelt).**

Es wird erwartet, dass die Unternehmen einen Vertreter der Geschäftsführung ernennen, der ungeachtet sonstiger Zuständigkeiten als hauptverantwortliche Person sicherstellt, dass das Unternehmens seinen Verpflichtungen bezüglich sozialer Nachhaltigkeit, Unternehmensethik sowie ökologischer Nachhaltigkeit nachkommt.

Die auf diese Frage hin benannte Person wird nicht ohne vorherige Benachrichtigung kontaktiert. Zunächst werden Anfragen an die Person gerichtet, die diesen Selbstauskunftsfragebogen ausfüllt.

drive
sustainability

A. GESCHÄFTSFÜHRUNG (ALLGEMEIN)	HINTERGRUNDINFORMATIONEN

2. Veröffentlicht Ihr Unternehmen einen CSR-/Nachhaltigkeitsbericht?

☐ Nein

☐ Ja, nach GRI-Standards
Bitte Bericht hochladen.

☐ Ja, nach anderen international anerkannten Standards
Bitte geben Sie den Namen des international anerkannten Standards an

☐

Bitte Bericht hochladen

2a. Ist eine Prüfung/Bestätigung Ihres jüngsten Berichts durch einen Dritten erfolgt?

☐ Nein

☐ Ja   Wenn ja, bitte den Namen des Dritten angeben sowie das Bestätigungsschreiben zur Verfügung stellen:

☐

2b. Sind sämtliche Geschäftstätigkeiten all Ihrer Unternehmensstandorte in dem Bericht enthalten?

☐ Nein

☐ Ja

3. Verfügt Ihr Unternehmen über einen Verhaltenskodex?

☐ Nein

☐ Ja   Bitte entsprechende Belege hochladen

3a. Gilt der Verhaltenskodex für diesen Standort?

☐ Nein

☐ Ja

Ein CSR-/Nachhaltigkeitsbericht ist ein Organisationsbericht, der Informationen über die wirtschaftliche, ökologische, soziale und ethische Leistung bereitstellt.

Zu den international anerkannten Standards und Rahmenbedingungen für CSR-/Nachhaltigkeitsberichte gehören beispielsweise:
> Global Reporting Initiative (GRI) Standards;
> Sustainability Accounting Standards Board (SASB);
> Climate Disclosure Standards Board (CDP-CDSB);
> United Nations Global Compact - Communication on Progress (UNGC-COP).

In der Europäischen Union legt die <u>Richtlinie des Europäischen Parlaments und des Rates im Hinblick auf die Angabe nicht finanzieller und die Diversität betreffender Informationen</u> die Regeln für die Offenlegung von nicht finanziellen und die Diversität betreffenden Informationen für in EU-Mitgliedstaaten geschäftlich tätige Unternehmen fest, die alle der folgenden Kriterien erfüllen:

1. Ihr Unternehmen ist eine große Gruppe (im Sinne von Art. 3 Abs. 7 der Richtlinie 2013/34/EU), die entweder eine konsolidierte Bilanzsumme von EUR 20 Mio. ODER einen Nettoumsatz von EUR 40 Mio. aufweist.,

2. UND Ihr Unternehmen ist ein Unternehmen von öffentlichem Interesse gemäß Definition durch Art. 2 Abs. 1 (a, b, c, d) der Richtlinie 2013/34/EU,

3. UND wenn die durchschnittliche Mitarbeiterzahl Ihres Unternehmens während eines Geschäftsjahres 500 Mitarbeiter übersteigt.

Ein Verhaltenskodex ist ein Regelwerk, in dem die Verantwortlichkeiten oder die sachgerechte Praxis für eine Person (Mitarbeiter) und eine Organisation dargelegt sind. Dabei sollten soziale, ethische und ökologische Aspekte berücksichtigt werden.

drive
sustainability

A. GESCHÄFTSFÜHRUNG (ALLGEMEIN)	HINTERGRUNDINFORMATIONEN

4. Organisieren Sie Schulungen, um das Verständnis von CSR/Nachhaltigkeit zu verbessern?

☐ Nein

☐ Ja, auf Standortebene

☐ Ja, auf Unternehmensebene

4a. Wenn ja, für welche der folgenden Themen organisieren Sie Schulungen?

☐ Unternehmensethik   Bitte Nachweise hochladen

☐ Umwelt   Bitte Nachweise hochladen

☐ Arbeitsbedingungen und Menschenrechte Bitte Nachweise hochladen

4b. Wenn ja, wie häufig werden Schulungen durchgeführt?

Bitte angeben [_____]

Schulungen, die das Verständnis von CSR/Nachhaltigkeit verbessern sollen, betreffen Unternehmen, die ihre Mitarbeiter bezüglich der Erwartungen, Richtlinien und Verfahren zur sozialen Verantwortung von Unternehmen im betrieblichen Rahmen schulen.

Die Schulung soll das Bewusstsein für CSR-/Nachhaltigkeitsthemen schärfen, so dass Personen in spezifischen Funktionen Probleme, denen sie im Tagesgeschäft begegnen, identifizieren und entsprechend handeln können.

Schulungen können aufgabenspezifisch (z. B. Schulungen für Einkäufer, Manager usw.) oder themenbezogen sein (z. B. zu Menschenrechten, Korruptionsbekämpfung, Arbeitsschutz, Chemikalienmanagement usw.).

Beispiele für CSR-/Nachhaltigkeitsthemen, zu denen Unternehmen Schulungen durchführen könnten, sind in den globalen Leitlinien für Nachhaltigkeit in der Automobilindustrie enthalten. </316

OPTIONAL

5. Haben Mitarbeiter dieses Standorts an externen Schulungen zu CSR/Nachhaltigkeit teilgenommen?

☐ Nein

☐ Ja

5a. Falls Sie mit „Ja" geantwortet haben: Wer hat die Schulung organisiert?

☐ Ein OEM
Bitte angeben: (Monat/Jahr) [_____]

☐ Die Automotive Industry Action Group (AIAG)
Bitte angeben: (Monat/Jahr) [_____]

☐ Drive Sustainability
Bitte angeben: (Monat/Jahr) [_____]

☐ Sonstiges (bitte angeben) [_____]

OPTIONAL

6. Nimmt Ihr Unternehmen an freiwilligen CSR-/Nachhaltigkeitsinitiativen teil?

☐ Ja (bitte angeben) [_____]

☐ Nein

Freiwillige CSR-/Nachhaltigkeitsinitiativen können beispielsweise das United Nations Global Compact – UNGC, das CDP – Carbon Disclosure Project oder branchenspezifische Initiativen sein.

drive
sustainability

B. ARBEITSBEDINGUNGEN UND MENSCHENRECHTE	HINTERGRUNDINFORMATIONEN

7. Für welche der folgenden Fragestellungen zu Arbeitsbedingungen und Menschenrechten gibt es in Ihrem Unternehmen eine bestehende Richtlinie?

- [ ] Kinderarbeit und junge Arbeitnehmer
- [ ] Löhne und Sozialleistungen
- [ ] Arbeitszeit
- [ ] Zwangs- oder Pflichtarbeit und Menschenhandel
- [ ] Vereinigungsfreiheit und Tarifverhandlungen
- [ ] Arbeitsschutz
- [ ] Belästigung
- [ ] Nichtdiskriminierung

Bitte entsprechenden Beleg hochladen

7a. Nutzt Ihr Unternehmen einen der folgenden Kanäle, um den Mitarbeitern die Richtlinie zu vermitteln?

- [ ] Intranet/Meetings/Broschüren usw.
  Bitte entsprechende Belege hochladen

- [ ] Schulungen
  Bitte entsprechende Belege hochladen

- [ ] Sonstiges (bitte angeben): [　　　　　　　]
  Bitte entsprechende Belege hochladen

Eine Unternehmensrichtlinie behandelt die Position des Unternehmens zu einer bestimmten Fragestellung und enthält allgemeine Grundsätze und/oder nützliche Anweisungen zum Vorgehen. Eine Richtlinie kann beispielsweise Komponenten wie verbotene Verhaltensweisen, Rechte und Verfahren zur Beilegung von Streitigkeiten enthalten. Soziale Aspekte können u. a. in den CSR-, HR-, Menschenrechtsrichtlinien des Unternehmens enthalten sein. Die folgende Aufstellung bezieht sich auf die Global Automotive Sustainability Guiding Principles (Leitlinien für globale Nachhaltigkeit in der Automobilindustrie).

Menschenrechte sind die Rechte, die uns einfach zustehen, weil wir Menschen sind. Sie verkörpern die allgemein vereinbarten Mindestvoraussetzungen, damit jeder Mensch seine Würde wahren kann. Über Menschenrechte verfügen wir alle – unabhängig von Nationalität, Wohnsitz, Geschlecht, der nationalen oder ethnischen Herkunft, Hautfarbe, Religion oder einem sonstigen Status.
Quelle: Allgemeine Erklärung der Menschenrechte

Kinderarbeit und junge Arbeitnehmer bezieht sich auf das Beschäftigungsverbot von Kindern unterhalb des gesetzlichen Mindestalters. Darüber hinaus wird von Lieferanten erwartet, sicherzustellen, dass **in Einklang mit dem IAO-Übereinkommen Nr. 138** über das Mindestalter für die Zulassung zu einer **Beschäftigung junge Arbeitnehmer unter 18 Jahren** keine Nachtarbeit oder Überstunden leisten und vor Arbeitsbedingungen geschützt werden, die für ihre Gesundheit, Sicherheit und Entwicklung schädlich sind. Vereinbar mit IAO-138 hinsichtlich leichter **Arbeit (Artikel 6, 7). Der Lieferant sollte gewährleisten,** dass die Aufgaben der jungen Arbeitnehmer den Schulbesuch nicht beeinträchtigen. Die Dienst- und Unterrichtszeit junger Arbeitnehmer darf insgesamt **nicht mehr als 10 Stunden betragen.**
Quelle: Charta der Grundrechte der Europäischen Union & IAO

Löhne & Sozialleistungen beziehen sich auf die Grund- oder Mindestlöhne und -gehälter sowie alle darüber hinausgehenden Ansprüche, die dem Arbeitnehmer vom Arbeitgeber direkt oder indirekt in Form von Geld- oder Sachleistungen zu bezahlen sind, und die aus dem Arbeitsverhältnis des Arbeitnehmers resultieren. Dazu zählen bezahlte Krankheitstage, krankheitsbedingte Fehlzeiten, Urlaub aus familiären Gründen, bezahlte Überstunden usw.
Quelle: IAO-UNGC.

Arbeitszeit bezieht sich auf eine reguläre **Arbeitswoche, die 48 Stunden nicht überschreiten** sollte. In Ausnahmesituationen kann eine **Arbeitswoche höchstens 60 Stunden inklusive** Überstunden umfassen. Alle Überstunden werden auf freiwilliger Basis geleistet. Arbeitnehmer sollten alle sieben Tage mindestens einen freien Tag haben. Gesetze und Verordnungen zur Höchstarbeitszeit und Urlaubszeit sind zu respektieren.
Quelle: Ethical Trading Initiative, auf der Grundlage von IAO-Übereinkommen

drive **D**
sustainability

B. ARBEITSBEDINGUNGEN UND MENSCHENRECHTE	HINTERGRUNDINFORMATIONEN
	Zwangs- oder Pflichtarbeit bezieht sich auf jede Art von Arbeit oder Dienstleistung, die von einer Person unter Androhung einer Strafe verlangt wird und für die sich besagte Person nicht freiwillig zur Verfügung gestellt hat. Beispiele sind Zwangsüberstunden, die Zurückhaltung von Ausweispapieren sowie Menschenhandel. Menschenhandel – auch „moderne Sklaverei" – unterliegt dem vom britischen Parlament verabschiedeten UK Modern Slavery Act 2015.Unternehmen, die den darin enthaltenen Kriterien entsprechen, **erlegt dieses Gesetz die Verpflichtung auf, einmal** jährlich sechs Monate nach Ablauf des Geschäftsjahres des Unternehmens eine „Erklärung zu Sklaverei **und Menschenhandel" zu veröffentlichen.** Quelle: Internationale Arbeitsorganisation (ILO) und The National Archives UK (Nationalarchiv)
	Vereinigungsfreiheit bezieht sich auf das Recht, sich auf allen Ebenen friedlich zu versammeln und zusammenzuschließen, insbesondere auch im politischen, gewerkschaftlichen und zivilgesellschaftlichen Bereich, was das Recht jeder Person umfasst, zum Schutz ihrer Interessen Gewerkschaften zu gründen und diesen beizutreten. Dazu gehört auch die Tarifautonomie als ein Verhandlungsprozess zwischen Arbeitgebern und einer Gruppe von Arbeitnehmern, der zu einer die Arbeitsbedingungen regelnden Vereinbarung führen soll. Quelle: Charta der Grundrechte der Europäischen Union
	Arbeitsschutz bezieht sich auf die Wissenschaft der Antizipation, Erfassung, Bewertung und Kontrolle von Gefahren, die sich am Arbeitsplatz bzw. aus diesem ergeben, die die Gesundheit und das **Wohlbefinden der Arbeitnehmer beeinträchtigen** könnten, unter Berücksichtigung der möglichen Auswirkungen auf die Umgebung und die Umwelt. Quelle: IAO
	Belästigung wird definiert als brutale und menschenunwürdige Behandlung – bzw. Androhung **einer solchen Behandlung –, dazu zählen u. a.** sexuelle Belästigung, sexueller Missbrauch, körperliche Bestrafung, psychische oder körperliche Nötigung oder Beschimpfung von Arbeitnehmern. Quelle: Global Automotive Sustainability Practical Guidance (Praktischer Leitfaden für globale Nachhaltigkeit in der Automobilindustrie)
	Nichtdiskriminierung ist ein Grundsatz, der die Gleichbehandlung einer Einzelperson oder einer Gruppe verlangt, ungeachtet ihrer persönlichen Merkmale, einschließlich des Geschlechts, der Rasse, der Hautfarbe, der ethnischen oder sozialen Herkunft, der genetischen Merkmale, der Sprache, Religion oder Weltanschauung, der politischen oder sonstigen Anschauung, der Zugehörigkeit zu einer nationalen Minderheit, des Vermögens, der Geburt, einer Behinderung, des Alters oder der sexuellen Ausrichtung. Quelle: Charta der Grundrechte der Europäischen Union

drive **D**
sustainability

B. ARBEITSBEDINGUNGEN UND MENSCHENRECHTE	HINTERGRUNDINFORMATIONEN

8. Verfügt dieser Standort über ein Managementsystem zur Steuerung der oben genannten Arbeitsbedingungen und Menschenrechte?

☐ Nein

☐ Ja, wir verfügen über dokumentierte Verfahren und Richtlinien.
Bitte entsprechende Belege hochladen.

☐ Ja, wir verfügen über ein zertifiziertes Sozialmanagementsystem.
Bitte entsprechende Belege hochladen.

8a. Wenn Sie mit „Ja, wir verfügen über ein zertifiziertes Sozialmanagementsystem" geantwortet haben, geben Sie bitte an, wie die Zertifizierung erfolgte:

☐ Innenrevision (Interne Audits)
Bitte entsprechende Belege hochladen

☐ Soziale Bewertungen (Assessments)
Bitte entsprechende Belege hochladen

☐ Revision (Auditierung) durch externe Dritte

(bitte Folgendes angeben):

Zertifizierende Stelle [   ]

Zertifikat-Nr. [   ]

Gültig bis [   ]

Bitte entsprechende Belege hochladen

Ein Managementsystem umfasst eine Reihe dokumentierter Kontrollen, Prozesse und/oder Verfahren, die vom Management überprüft werden. Dabei kann es sich um ein internes bzw. um ein nach einem Standard entwickeltes System handeln (Zertifiziertes Managementsystem).

Bei einem dokumentierten Verfahren handelt es sich um eine schriftliche Beschreibung der vorgeschriebenen Vorgehensweisen bzw. Verfahren zur Steuerung und Überwachung der Aktivitäten der Organisation.

Zu den entsprechenden sozialen Standards zählen u. a.:
> ISO 26000 Leitfaden zur gesellschaftlichen Verantwortung
> SA8000 Zertifiziertes Managementsystem für soziale Verantwortung und angemessene Arbeitsbedingungen

Sozialaudits sind eine Form sozialer Beurteilung (Assessments). Einer Organisation ist es dadurch möglich, die Einhaltung von Rechtsvorschriften sowie wirtschaftlicher, ökologischer und sozialer Vorteile und Einschränkungen zu beurteilen und zu demonstrieren. Hierüber ist zu ermitteln, inwieweit ein Unternehmen die gemeinsamen Werte und Ziele erfüllt, zu denen es sich selbst verpflichtet hat.
Sozialaudits können intern durchgeführt werden oder von einem externen Träger, der ein Zertifikat ausstellt.

Soziale(s) Beurteilung (Assessment) wird als Verfahren definiert, das die Auswirkungen der eigenen geschäftlichen und betrieblichen Aktivitäten eines Unternehmens, insbesondere in sozialem, wirtschaftlichem und ökologischem Kontext, beurteilt und einschätzt. Ein Beispiel für ein soziales Assessment ist das Human Rights Compliance Assessment.
Weitere Beispiele der sozialen Assessments sind u. a.:
> Social Accountability 8000 (SA8000)
> Together for Sustainability (TfS)
> Responsible Business Alliance
> Sedex Members Ethical Trade Audit (SMETA)
> Business Social Compliance Initiative (BSCI)

Lieferanten mit gültigem Zertifikat, das aufgrund von Verzögerungen bei der Erstellung noch nicht hochgeladen werden kann, können dies in Abschnitt G. „Zusätzliche Informationen" angeben, ergänzt um eine Stellungnahme der zertifizierenden Stelle.

drive **D**
sustainability

B. ARBEITSBEDINGUNGEN UND MENSCHENRECHTE	HINTERGRUNDINFORMATIONEN
9. Verfügt Ihr Unternehmen über eine schriftliche Arbeits-schutzrichtlinie, die den nationalen Gesetzen, Branchenan-forderungen und internationalen Standards entspricht? ☐ Nein ☐ Ja Bitte entsprechenden Beleg hochladen	**Beispiele für spezifische Maßnahmen im Bereich Arbeitsschutz umfassen u. a.:** > Schulung zur und Verwendung der persönlichen Schutzausrüstung, Arbeitsplatzgestaltung und Ergonomie > Schulung zur Arbeitsschutzrichtlinie des Unternehmens > Inspektionen des Arbeitsumfeldes > Schulung zur Arbeit mit Gefahrstoffen > Ausgabe von didaktischem Informationsma-terial zu Arbeitsschutzverfahren, einschließ-lich der Anpassung des Arbeitsplatzes und Rehabilitation, Unfälle und Beinahe Unfälle > Aufklärungskampagne für Arbeitnehmer über standortspezifische Arbeitsschutzver-fahren, auch über Maschinensicherheit, Sicherheit bei Hebevorgängen, Einrichtungen, Notfallplanung
10. Verfügt dieser Standort über ein bestehendes Arbeitsschutz-Managementsystem? ☐ Nein ☐ Ja, wir verfügen über dokumentierte Verfahren, das Managementsystem ist jedoch nicht zertifiziert. Bitte entsprechenden Beleg hochladen ☐ Ja, wir verfügen über ein weltweit anerkanntes, zertifiziertes Arbeitsschutz-Managementsystem. Bitte entsprechenden Beleg hochladen **10a.** Wenn Sie mit „Ja, wir verfügen über ein weltweit anerkanntes, zertifiziertes Arbeitsschutz-Managementsystem" geantwortet haben, geben Sie bitte an, wie die Zertifizierung erfolgte: ☐ Revision durch externe Dritte (bitte Folgendes angeben): Zertifizierende Stelle [＿＿＿＿＿＿＿] Zertifikat-Nr. [＿＿＿＿＿＿＿] Gültig bis [＿＿＿＿＿＿＿] Bitte entsprechenden Beleg hochladen	Arbeitsschutz-Managementsystem bezieht sich auf organisierte Bemühungen und Verfahren zur Identifizierung von Gefahren am Arbeitsplatz und zur Verringerung von Unfällen und der Belastung durch schädliche Situationen und Schadstoffe. Es umfasst auch die Schulung von Mitarbeitern in der Unfallverhütung, der Reaktion bei Unfällen, zu Notfallmaßnahmen sowie zur Verwendung von Schutzkleidung und -ausrüstung. Beispiele für entsprechende Standards und Zertifizierungen sind u. a.: > Arbeitsschutz-Managementsystem-Norm OHSAS 18001 (BS OHSAS 18001) > ISO 45001 Arbeits- und Gesundheitsschutz > Leitfaden für Arbeitsschutz-Managementsys-teme (ILO-OSH 2001) Lieferanten mit gültigem Zertifikat, das aufgrund von Verzögerungen bei der Erstellung noch nicht hochgeladen werden kann, können dies in Abschnitt G. „Zusätzliche Informationen" angeben, ergänzt um eine Stellungnahme der zertifizierenden Stelle.

drive
sustainability

C. UNTERNEHMENSETHIK	HINTERGRUNDINFORMATIONEN

11. Verfügt Ihr Unternehmen über eine formelle Richtlinie zur Unternehmensethik?

☐ Nein

☐ Ja
Bitte entsprechenden Beleg hochladen

11a. Sofern Frage 11 mit „Ja" beantwortet wurde: Sind die folgenden Bereiche von dieser Richtlinie oder den damit zusammenhängenden Prozessen und Verfahren abgedeckt?

☐ Korruption, Erpressung und Bestechung

☐ Datenschutz

☐ Finanzielle Verantwortung (genaue Aufzeichnungen)

☐ Offenlegung von Informationen

☐ Fairer Wettbewerb und Kartellrecht

☐ Interessenkonflikte

☐ Plagiate

☐ Geistiges Eigentum

☐ Ausfuhrkontrollen und Wirtschaftssanktionen

☐ Wahrung der Identität und Schutz vor Vergeltungsmaßnahmen

11b. Sofern Frage 11 mit „Ja" beantwortet wurde: Nutzt Ihr Unternehmen einen der folgenden Kanäle, um den Mitarbeitern die Richtlinie zu vermitteln?

☐ Intranet/Meetings/Broschüren usw.
Bitte entsprechende Belege hochladen

☐ Schulungen
Bitte entsprechende Belege hochladen

☐ Sonstiges (bitte angeben):

[   ]

Bitte entsprechende Belege hochladen

Betrieblicher Verhaltenskodex und Compliance-Richtlinien sowie -Grundsätze gelten für Mitarbeiter, unabhängige Anbieter, Berater und andere Geschäftspartner. Eine formelle Richtlinie zum betrieblichen Verhalten sowie zur Compliance unterstützt die Entwicklung des Unternehmens, ethisch, ehrlich und in voller Übereinstimmung mit sämtlichen Gesetzen und Verordnungen zu handeln. Diese Grundsätze sollten auf jede geschäftliche Entscheidung in jedem Bereich des Unternehmens (weltweit) angewendet werden.
Die folgende Aufstellung bezieht sich auf die Global Automotive Sustainability Guiding Principles (Leitlinien für globale Nachhaltigkeit in der Automobilindustrie).

Korruption kann viele Formen annehmen, die sich in ihrer Schwere unterscheiden, von geringfügigen Einflussnahmen bis hin zu institutionalisierter Bestechung. Sie wird als Machtmissbrauch zum Zweck des persönlichen Nutzens definiert. Darunter fallen nicht nur der finanzielle Gewinn, sondern auch nicht-finanzielle Vorteile.
Quelle: UN Global Compact und Transparency International

Erpressung: Das Erbitten von Bestechungsgeldern stellt den Tatbestand der Aufforderung bzw. die Verleitung eines Anderen zur Bestechung dar. Zur Erpressung wird es, wenn diese Forderung von Drohungen begleitet wird, die die persönliche Unversehrtheit oder das Leben der beteiligten privaten Akteure gefährden.
Quelle: UN Global Compact und OECD-Leitsätze für multinationale Unternehmen

Bestechung ist das Angebot bzw. die Annahme eines Geschenks, eines Darlehens, einer Gebühr, einer Belohnung oder eines anderen Vorteils an bzw. durch eine Person als Veranlassung, bei der Ausführung der Geschäfte des Unternehmens etwas zu tun, das unlauter oder illegal ist oder einen Vertrauensbruch darstellt.
Quelle: UN Global Compact und Transparency International

Das Recht auf Privatsphäre wird wie folgt definiert: „Niemand darf willkürlichen Eingriffen in sein Privatleben, seine Familie, seine Wohnung und seinen Schriftverkehr oder Beeinträchtigungen seiner Ehre und seines Rufes ausgesetzt werden. Jeder Mensch hat Anspruch auf rechtlichen Schutz gegen solche Eingriffe oder Beeinträchtigungen."
Quelle: Allgemeine Erklärung der Menschenrechte

drive **D**
sustainability

C. UNTERNEHMENSETHIK	HINTERGRUNDINFORMATIONEN
	In der Europäischen Union wurde die Verordnung über den Schutz personenbezogener Daten (GDPR) im April 2016 vom EU-Parlament verabschiedet und gebilligt und wird im Mai 2018 in Kraft treten. Ziel ist es, alle EU-Bürger vor Datenschutzverletzungen und Verstößen gegen die Privatsphäre in einer zunehmend datengesteuerten Welt zu schützen. Die GDPR gilt für Organisationen innerhalb der EU sowie für Organisationen, die außerhalb der EU ansässig sind, wenn sie EU-Datensubjekten Waren oder Dienstleistungen anbieten oder das Verhalten dieser Datensubjekte überwachen. Sie gilt für alle Unternehmen, die personenbezogene Daten von Datensubjekten mit Wohnsitz in der Europäischen Union verarbeiten und besitzen, unabhängig vom Standort des Unternehmens. Quelle: EU GDPR-Portal
	Finanzielle Verantwortung bezieht sich auf die Verantwortung des Unternehmens Geschäftsunterlagen, einschließlich u. a. Finanzabschlüsse, Qualitätsberichte, Zeiterfassungen, Spesenabrechnungen sowie Einreichungen an Kunden oder Regulierungsbehörden ggf. genau zu erfassen, zu pflegen und darüber zu berichten. Bücher und Aufzeichnungen sind in Übereinstimmung mit geltendem Recht und allgemein anerkannten Rechnungslegungsgrundsätzen zu führen. Quelle: Global Automotive Sustainability Practical Guidance

Offenlegung von Informationen bezieht sich auf die Verantwortung von Unternehmen, finanzielle und nicht-finanzielle Informationen nach geltenden Vorschriften und den üblichen Gepflogenheiten der Branche und gegebenenfalls Informationen über ihre Belegschaft, Arbeitsschutzmaßnahmen, Umweltpraktiken, Geschäftsaktivitäten, Finanzlage **und Leistung offenzulegen.** Quelle: Global Automotive Sustainability Practical Guidance

Fairer Wettbewerb und Kartellrecht bezieht sich auf die Einhaltung von fairen Geschäfts- und Wettbewerbsstandards durch Unternehmen, einschließlich u. a. der Vermeidung von Geschäftspraktiken, die rechtswidrig den Wettbewerb einschränken, des unsachgemäßen Austauschs von Wettbewerbsinformationen sowie Preisabsprachen, Angebotsmanipulationen oder einer missbräuchlichen Marktzuteilung. Es ist die vorrangige Verantwortung großer, mittlerer und kleiner Unternehmen gleichermaßen, die Wettbewerbsregeln einzuhalten. Unternehmen müssen sich der Risiken bewusst sein, die mit dem Verstoß gegen die Wettbewerbsregeln einhergehen, und wie sie eine Compliance-Richtlinie/-Strategie entwickeln können, die ihren Ansprüchen am besten entsprechen. **Eine effiziente Compliance-Richtlinie/-Strategie** erlaubt dem Unternehmen, das Risiko einer Verwicklung in Wettbewerbsverstöße sowie die durch wettbewerbswidriges Verhalten entstehenden Kosten zu minimieren. Quelle: Global Automotive Sustainability Practical Guidance (Leitlinien für globale Nachhaltigkeit in der Automobilindustrie) und Europäische Kommission |

drive
sustainability

C. UNTERNEHMENSETHIK	HINTERGRUNDINFORMATIONEN
	Interessenkonflikte treten auf, wenn eine Person oder ein Unternehmen (ob privat oder öffentlich) die eigene berufliche oder amtliche Funktion in irgendeiner Weise zum persönlichen oder unternehmerischen Wohl ausnutzen kann. Quelle: OECD
	Plagiate: Von Unternehmen wird erwartet, für ihre Produkte und Dienstleistungen angemessene Methoden und Prozesse zu entwickeln, zu implementieren und zu unterhalten, um die Gefahr der Einschleppung von Plagiaten und gefälschten Materialien in lieferbaren Produkte zu minimieren. Darüber hinaus sollen Unternehmen wirksame Verfahren etablieren, um Plagiate und gefälschte Materialien festzustellen. Bei Feststellung sollen die Materialien isoliert und der Originalteilehersteller (Original Equipment Manufacturer, OEM) und/oder ggf. Strafverfolgungsbehörden benachrichtigt werden. Zu guter Letzt wird von Unternehmen die Bestätigung erwartet, dass Verkäufe an Nicht-OEM-Kunden den nationalen Gesetzen entsprechen und jene verkauften Produkte gesetzeskonform genutzt werden. Quelle: Global Automotive Sustainability Practical Guidance
	Geistiges Eigentum bezieht sich auf geistige Schöpfungen wie Erfindungen, literarische und künstlerische Werke, Muster sowie im Handel eingesetzte Symbole, Namen und Bilder. Rechtlich geschützt werden diese beispielsweise durch Patente, Urheberrechte und Markenzeichen, wodurch die Erfinder Anerkennung oder finanzielle Zuwendungen mit dem, was sie erfinden oder schaffen, verdienen können. Quelle: Weltorganisation für geistiges Eigentum (WIPO)
	Ausfuhrkontrollen und Wirtschaftssanktionen beziehen sich auf Beschränkungen der Ausfuhr oder Wiederausfuhr von Waren, Software, Dienstleistungen und Technologie sowie auf geltende Einschränkungen des Handels mit bestimmten Ländern, Regionen, Unternehmen oder Organisationen und Einzelpersonen. Quelle: Global Automotive Sustainability Practical Guidance
	Vergeltungsmaßnahmen werden definiert als direkte oder indirekte negative Verwaltungsentscheidung und/oder Handlung, die gegenüber einer Person angedroht, empfohlen oder eingeleitet wird, die mutmaßliches Fehlverhalten gemeldet hat, womit ein erhebliches Risiko einhergeht, bzw. die bei einer ordnungsgemäß bevollmächtigten Prüfung oder der Untersuchung einer Meldung von Fehlverhalten mitgewirkt hat. Von Unternehmen wird erwartet, dass sie Prozesse etablieren, die es ermöglichen, dass Bedenken anonym und vertraulich und ohne Vergeltungsmaßnahmen geäußert werden können. Quelle: WHO und Global Automotive Sustainability Practical Guidance

drive D
sustainability

C. UNTERNEHMENSETHIK	HINTERGRUNDINFORMATIONEN
12. Ist für diesen Standort ein Abschnitt zur Unternehmensethik im bestehenden Managementsystem enthalten? ☐ Nein ☐ Ja Bitte entsprechenden Beleg hochladen	Beispiele für Managementsysteme mit einem Abschnitt zur Unternehmensethik sind u. a.: > Die International Automotive Task Force ITATF 16949:2016 definiert die Anforderungen an ein Qualitätsmanagementsystem für Unternehmen in der Automobilindustrie > OECD Checklist for Implementing the Integrity Principles and Anti-Corruption Ethics and Compliance Handbook for Business (OECD-Checkliste für die Umsetzung der Grundprinzipien der Integrität und Ethik in der Korruptionsbekämpfung und Compliance – Handbuch für Unternehmen) > Foreign Corrupt Practices Act (US-Gesetz zur Verhinderung der Bestechung ausländischer Regierungen) > UK Bribery Act (Britisches Antikorruptionsgesetz) Ein Verhaltenskodex erfüllt diesbezüglich nicht die Voraussetzungen.

drive
sustainability

D. UMWELT	HINTERGRUNDINFORMATIONEN

13. Verfügt Ihr Unternehmen über eine formelle Umwelt-richtlinie, die eine Verpflichtung zu gesetzmäßigem Handeln, kontinuierlicher Messung und kontinuierlicher Verbesserung der Umweltleistung enthält?

☐ Nein

☐ Ja   Bitte entsprechenden Beleg hochladen

13a. Sind die folgenden Bereiche von dieser Richtlinie oder den damit zusammenhängenden Prozessen und Arbeitsabläufen abgedeckt?

☐ Energieverbrauch und Treibhausgasemissionen

☐ Wasserqualität und -verbrauch

☐ Luftqualität

☐ Management natürlicher Ressourcen und Abfallvermeidung

☐ Verantwortungsbewusstes Chemikalienmanagement

☐ Sonstige Bereiche (bitte angeben)

☐ [   ]

13b. Verfolgt Ihr Unternehmen jährliche Ziele und Aktivitäten entsprechend den von der Umweltrichtlinie abgedeckten Bereichen?

☐ Nein

☐ Ja (bitte entsprechenden Beleg hochladen, der die Ziele erläutert sowie die Maßnahmen, um diese zu erreichen)

13c. Sofern Frage 13 mit „Ja" beantwortet wurde: Nutzt Ihr Unternehmen einen der folgenden Kanäle, um den Mitarbeitern die Richtlinie zu vermitteln?

☐ Intranet/Meetings/Broschüren usw. Bitte entsprechende Belege hochladen

☐ Schulungen Bitte entsprechende Belege hochladen

☐ Sonstiges (bitte angeben):

    [   ]

Bitte entsprechende Belege hochladen

HINTERGRUNDINFORMATIONEN

Eine Umweltrichtlinie zeigt die Absichten und die Richtung des Unternehmens insgesamt in Bezug auf seine Umweltleistung. Sie spiegelt das Bekenntnis des Unternehmens wider und wird formal durch die Geschäftsleitung ausgedrückt.
Sie bildet einen Handlungsrahmen und legt Umweltziele fest, die rechtliche und sonstige Anforderungen sowie die Umweltauswirkungen der Geschäftstätigkeit, der Produkte und Dienstleistungen des Unternehmens berücksichtigen, um diese Umweltauswirkungen zu verringern und gleichzeitig Ressourcen und Kosten einzusparen.

Die folgende Aufstellung der Themen bezieht sich auf die Global Automotive Sustainability Guiding Principles und wird im zugehörigen Leitfadendokument (Guidance Document) erläutert.

drive ◗
sustainability

D. UMWELT	HINTERGRUNDINFORMATIONEN
14. Verfügt dieser Standort über ein zertifiziertes Umwelt-Managementsystem? ☐ Nein ☐ Nein, zertifizierte Systeme sind nur für die wichtigsten Produktionsstandorte verfügbar Bitte entsprechenden Beleg hochladen ☐ Ja, nach ISO 14001:2015 oder dem Gemeinschafts-system für das Umweltmanagement und der Umweltbetriebsprüfung (EMAS) Bitte entsprechenden Beleg hochladen ☐ Ja, nach anderen international anerkannten Standards Bitte geben Sie den Namen des international anerkannten Standards an ⬚ Bitte entsprechenden Beleg hochladen	Ein Umwelt-Managementsystem erlaubt dem Unternehmen, strukturiert und vorbeugend mit der eigenen Umweltleistung zu arbeiten und die Auswirkungen seiner Geschäftstätig-keit, Produkte und Dienstleistungen auf die Umwelt zu verbessern. Beispiele sind: Entwicklung von Richtlinien/Anweisungen, Festlegung von Zielen, Einhaltung gesetzlicher und sonstiger Anforderungen, Risikomanage-ment, Umsetzung von Arbeitsabläufen, die zu kontinuierlichen Verbesserungen im Umweltschutz führen, und Vermeidung und Verringerung der Umweltverschmutzung. Beispiele für entsprechende Standards und Zertifizierungen sind u. a.: > ISO 14001:2015 EMS > ISO 14064 GHG > PAS 2060 Carbon neutrality (Klimaneutralität) > BS/EN/ISO 14006:2011/14004:2010/14001:2004 Umwelt-Managementsysteme > BS 8555-Zertifizierung: Einführung von Umwelt-Managementsystemen (britischer Standard) > PAS 2050 Carbon Footprint (Kohlenstoffbilanz) > Gemeinschaftssystem für das Umweltmanage-ment und die Umweltbetriebsprüfung (EMAS) Mittels Umweltbetriebsprüfungen können Organisationen die Einhaltung von Rechtsvor-schriften, die Umweltleistung und die Vorteile und Einschränkungen ihrer Umweltrichtlinien bewerten und demonstrieren. Hierüber ist zu ermitteln, inwieweit ein Unternehmen die ge-meinsamen Werte und Ziele erfüllt, zu denen es sich selbst verpflichtet hat. Umweltbetriebsprüfungen können intern durchgeführt werden oder von einem exter-nen Träger, der ein Zertifikat ausstellt. Lieferanten mit gültigem Zertifikat, das aufgrund von Verzögerungen bei der Erstellung noch nicht hochgeladen werden kann, können dies in Abschnitt G. „Zusätzliche Informationen" angeben, ergänzt um eine Stellungnahme der zertifizierenden Stelle.

drive
sustainability

D. UMWELT	HINTERGRUNDINFORMATIONEN
15. Verfügt dieser Standort über ein zertifiziertes Energie-Managementsystem? ☐ Nein ☐ Nein, aber am Standort wurden Energieeffizienzaudits durchgeführt Bitte entsprechenden Beleg hochladen ☐ Ja, nach ISO 50001 Bitte entsprechenden Beleg hochladen	Ein Energie-Managementsystem ist ein systematischer Prozess zur stetigen Verbesserung der Energieeffizienz und zur Maximierung der Energieeinsparungen. Beispiele für entsprechende Standards und Zertifizierungen sind u. a.: > ISO 50001 – Energiemanagement Lieferanten mit gültigem Zertifikat, das aufgrund von Verzögerungen bei der Erstellung noch nicht hochgeladen werden kann, können dies in Abschnitt G. „Zusätzliche Informationen" angeben, ergänzt um eine Stellungnahme der zertifizierenden Stelle.

Diese Frage ist für Dienstleister nicht relevant

16. Verfügt dieser Standort über Verfahren zur Identifizierung und Handhabung von Stoffen, die Einschränkungen unterliegen? ☐ Nein ☐ Ja Bitte entsprechende Belege hochladen	Einschränkungen sind ein Mittel zum Schutz der menschlichen Gesundheit und der Umwelt vor inakzeptabel Gefahren, die von Chemikalien ausgehen. Einschränkungen können die Herstellung, das Inverkehrbringen oder die Verwendung eines Stoffes beschränken oder verbieten. Eine Einschränkung gilt für jeden Stoff als solchen, in einer Zubereitung oder in einem Erzeugnis, einschließlich solcher, für die keine Registrierung erforderlich ist. Sie kann sich auch auf Importe erstrecken. Beispiele von Gefahrenstoffen sind u. a.: Blei, Azofarbstoffe, DMF, PAH, Phthalate, PFOS, Nickel. Quelle: Europäische Chemikalienagentur (ECHA) Beispiele für Vorschriften zu regulierten Stoffen und zur Handhabung von Chemikalien: (1) REACH (Registrierung, Bewertung und Zulassung von Chemikalien): REACH ist eine Verordnung der Europäischen Union zur Produktion und zum Gebrauch chemischer Substanzen und zu ihren möglichen Auswirkungen sowohl auf die menschliche Gesundheit als auch auf die Umwelt. Die Verordnung definiert und umfasst Stoffe, Zubereitungen und Erzeugnisse. Hersteller und Importeure sind verpflichtet, Informationen über die Eigenschaften ihrer chemischen Substanzen zu sammeln und diese Informationen in einer zentralen von der Europäischen Agentur für chemische Stoffe verwalteten Datenbank zu registrieren. (2) RoHS-Richtlinie (Restriction of Hazardous Substances – Beschränkung gefährlicher Substanzen): RoHS oder die Richtlinie des Europäischen Parlaments und des Rates zur Beschränkung der Verwendung bestimmter gefährlicher Stoffe in Elektro- und Elektronikgeräten (2011/65/EU) verbietet das Inverkehrbringen von neuen elektrischen und elektronischen Geräten auf dem Unionsmarkt, die mehr als die vereinbarten Höchstkonzentrationen an Blei, Cadmium, Quecksilber und anderen Substanzen aufweisen.

drivc **D**
sustainability

D. UMWELT	HINTERGRUNDINFORMATIONEN
Diese Frage ist für Dienstleister nicht relevant	
17. Laden Sie Ihre Materialdaten in das Internationale Materialdatensystem hoch (die IMDS-Datenbank)? ☐ Nein ☐ Ja Bitte entsprechende Belege hochladen	
18. Verfügt Ihr Unternehmen über einen CDP-Score für die letzten 12 Monate? ☐ Nein ☐ Ja OPTIONAL 18a. Wenn ja, bitte den Score angeben: ☐ Klimawandel ☐ Wasser ☐ Wälder – Rinder ☐ Wälder – Holz ☐ Wälder – Soja ☐ Wälder - „Palm beneath Forests"	CDP nutzt das Scoring-Verfahren, um Anreize für Unternehmen zu schaffen, durch die Teilnahme an den Programmen für Klimawandel, Wasser, Wälder und Lieferketten ihre Umweltauswirkungen zu messen und zu kontrollieren. Jeder CDP-Fragebogen (Klimawandel, Wasser und Wälder) weist ein individuelles Scoring-Verfahren auf.

drive ⧗
sustainability

E. LIEFERANTENMANAGEMENT	HINTERGRUNDINFORMATIONEN
19. Gibt es in Ihrem Unternehmen festgelegte CSR-/ Nachhaltigkeitsanforderungen für Lieferanten? ☐ Nein ☐ Ja　　　Bitte entsprechenden Beleg hochladen **19a. Welche Bereiche werden durch diese einheitlichen Anforderungen abgedeckt?** ☐ Kinderarbeit und junge Arbeitnehmer ☐ Löhne und Sozialleistungen ☐ Arbeitszeit ☐ Zwangs- oder Pflichtarbeit und Menschenhandel ☐ Vereinigungsfreiheit, einschl. Tarifverhandlungen ☐ Arbeitsschutz ☐ Belästigung ☐ Nichtdiskriminierung ☐ Korruption, Erpressung und Bestechung ☐ Datenschutz ☐ Finanzielle Verantwortung (genaue Aufzeichnungen) ☐ Offenlegung von Informationen ☐ Fairer Wettbewerb und Kartellrecht ☐ Interessenkonflikte ☐ Plagiate ☐ Geistiges Eigentum ☐ Ausfuhrkontrollen und Wirtschaftssanktionen ☐ Wahrung der Identität und Schutz vor Vergeltungsmaßnahmen ☐ Energieverbrauch und Treibhausgasemissionen ☐ Wasserqualität und -verbrauch ☐ Luftqualität ☐ Management natürlicher Ressourcen und Abfallvermeidung ☐ Verantwortungsbewusstes Chemikalienmanagement ☐ Sonstige Bereiche (bitte angeben)	Beispiele für eine CSR-/Nachhaltigkeitsricht-linie für Lieferanten könnten ein konkreter Verhaltenskodex für Lieferanten bzw. ein Dokument für das Verhalten des Unternehmens sein, der/das für die eigenen Mitarbeiter und auch für externe Geschäftspartner wie Lieferanten und Subunternehmer gilt. Ziel sollte es sein, gesunde Arbeitsbedingungen und ökologische Verantwortung in der gesamten Lieferkette zu fördern. **Direkte Beschaffung (Produktion, Aftermarket-Lieferanten)** bezieht sich auf die Dienstleistungen und Waren von Dritten, die einen Bestandteil an den Produkten und/oder Dienstleistungen des Unternehmens darstellen oder bei der Herstellung dieser verwendet werden. **Indirekte Beschaffung (Produktionsfremde Lieferanten, Merchandising-Lieferanten, Markenartikler)** bezieht sich auf die Kategorien von Waren und Dienstleistungen, die die Geschäftsprozesse der Organisation unterstützen.

drive **Ɔ**
sustainability

E. LIEFERANTENMANAGEMENT	HINTERGRUNDINFORMATIONEN
19b. Welche Lieferantenkategorie wird durch Ihre CSR-/ Nachhaltigkeitsanforderungen abgedeckt? **Bitte Zutreffendes ankreuzen** ☐ Direkte Zulieferer ☐ Indirekte Zulieferer **19c.** Nutzt Ihr Unternehmen einen der folgenden Kanäle, um Ihren Lieferanten die CSR-/ Nachhaltigkeitsanforderungen zu vermitteln? ☐ In den allgemeinen Geschäftsbedingungen enthalten Bitte Nachweise hochladen ☐ **Treffen mit Lieferanten/Broschüren usw./ Soziale Medien** Bitte Nachweise hochladen ☐ Lieferantenschulung Bitte Nachweise hochladen ☐ Sonstiges (bitte angeben): Bitte Nachweise hochladen ☐ Keine.	
20. Über welche Prozesse verfügen Sie, um sicherzugehen, dass Ihre Nachhaltigkeitsanforderungen für Lieferanten **effektiv von Ihren Lieferanten umgesetzt wird?** ☐ Selbstauskunftsfragebogen ☐ Vom Unternehmen durchgeführte Audits ☐ Von einem zertifizierten Dritten durchgeführte Audits ☐ Treffen mit Lieferanten ☐ Sonstiges (bitte angeben) [ ] ☐ Keine Bitte entsprechenden Beleg hochladen	

drive D
sustainability

F. VERANTWORTUNGSBEWUSSTE BESCHAFFUNG VON ROHSTOFFEN:	HINTERGRUNDINFORMATIONEN
21. Verfügt Ihr Unternehmen über eine Richtlinie für die verantwortungsbewusste Beschaffung von Rohstoffen? ☐ Nein ☐ Ja Bitte Nachweise hochladen	**Verantwortliche Materialbeschaffung:** Von Unternehmen wird erwartet, mit der gebührenden Sorgfalt vorzugehen, um das Beschaffungsgebiet der in ihren Produkten verwendeten Rohstoffe zu verstehen. Von Unternehmen wird erwartet, > mit der gebührenden Sorgfalt vorzugehen, um **das Beschaffungsgebiet der in ihren Produkten verwendeten Rohstoffe zu verstehen.** > nicht wissentlich Produkte bereitzustellen, die Rohstoffe enthalten, die zu Menschenrechtsverletzungen, Bestechung und ethischen Verstößen beitragen oder sich negativ auf die Umwelt auswirken. > **verifizierte konfliktfreie Hüttenwerke und Raffinerien für die Beschaffung von Zinn, Wolfram, Tantal und Gold zu nutzen,** die in den von ihnen hergestellten Produkten enthalten sind.

Diese Frage ist für Dienstleister nicht relevant

22. Enthalten Ihre Produkte Tantal, Zinn, Wolfram oder Gold? ☐ Nein ☐ Ja Bitte füllen Sie die neueste Version der CMRT-Vorlage aus, die Sie über die Website der Responsible Minerals Initiative (RMI) erhalten, und laden Sie diese hoch.	Beispiele für Rechtsvorschriften in Bezug auf „Konfliktmineralien": Dodd-Frank Wall Street Reform and Consumer Protection Act (Dodd-Frank Finanzmarktreform), US-Bundesrecht Der Dodd-Frank-Act sieht vor, dass an US-Börsen notierte Unternehmen oder amerikanische Unternehmen einer bestimmten Größe den Einsatz so **genannter Konfliktmineralien (aus der Demokratischen Republik Kongo und ihrer Nachbarstaaten bezogenes Tantal, Zinn, Wolfram oder Gold) offenlegen.** Unternehmen, bei denen das Risiko besteht, **Konfliktmineralien zu verwenden, sind angehalten, die Beschaffung sorgfältig zu überprüfen und Meldung über die Konfliktmineralien zu erstatten.** EU-Richtlinie zu Konfliktmineralien Die Richtlinie verlangt von großen Unternehmen des öffentlichen Interesses mit mehr als 500 Mitarbeitern, in ihrem Jahresbericht relevante Informationen offenzulegen über: Richtlinien, Entwicklungen und Risiken, einschließlich der von ihnen angewandten Sorgfaltspflicht, relevante nichtfinanzielle Leistungsindikatoren, Umweltaspekte, Soziales und Mitarbeiterangelegenheiten, die Achtung der Menschenrechte, die Bekämpfung von Korruption und Bestechung. **Beispiele zum Berichtsformular für Konfliktmineralien:** (1) EICC-GeSI-Berichtsformular für Konfliktmineralien: Diese Vorlage wurde von der Responsible Business Alliance (RBA) ehemals Electronic Industry Citizenship Coalition (EICC) und der Global e-Sustainability Initiative (GeSI) erstellt. Einige Unternehmen setzen sie als Mittel zur Informationssammlung im Zusammenhang mit der Beschaffung von „Konfliktmineralien" (Hyperlink) ein. (2) RMI (ehemals CFSI)-Berichtsvorlage (Responsible Minerals Initiative): Diese Vorlage wurde von der RMI (CFSI) entwickelt, um die Informationsweitergabe in der Lieferkette in Bezug auf das Herkunftsland der Mineralien sowie die genutzten Hüttenwerke und **Raffinerien zu erleichtern.**

drive
sustainability

23. Bitte nutzen Sie den Platz unten, um zusätzliche Informationen (z. B. Kommentare zu Richtlinien, Zeitplan für die Zertifizierung usw.) bereitzustellen.

Drive Sustainability – The Automotive Partnership

BMW Group, Daimler AG, Ford, Honda, Jaguar Land Rover, Scania CV AB, Toyota Motor Europe, Volkswagen Group, Volvo Cars und Volvo Group haben sich zusammengetan und „DRIVE Sustainability – The Automotive Partnership" ins Leben gerufen.

Diese von CSR Europe koordinierte Partnerschaft hat sich zum Ziel gesetzt, die Nachhaltigkeit in der gesamten Lieferkette in der Automobilindustrie durch die Förderung eines gemeinsamen Konzepts innerhalb der Branche und durch die Integration von Nachhaltigkeit im gesamten Beschaffungsprozess voranzutreiben. Es ist diesen 10 verantwortlichen Automobilherstellern ein großes Anliegen, dass den Personen, die Fahrzeuge oder Komponenten herstellen oder Dienstleistungen erbringen, angemessene Arbeitsbedingungen geboten werden und ihnen mit Würde und Respekt begegnet wird bei gleichzeitiger Minimierung der Umweltauswirkungen ihrer Branche und Förderung der Integrität im Geschäftsverkehr.

Die Partnerschaft übernimmt die bisherige Arbeit der „Europäischen Arbeitsgruppe Automobil für Nachhaltigkeit in der Zulieferkette" (European Automotive Working Group on Supply Chain Sustainability – EWGSCS) und baut diese im Bestreben auf, sich von einer Gruppe zusammenarbeitender Unternehmen zu einer Spitzeninitiative in der Branche zu entwickeln , die sich für innovative und wirkungsvolle Ansätze zur Verbesserung der Nachhaltigkeit in der Zulieferkette einsetzt.

Drive Sustainability unterliegt strengen kartellrechtlichen Maßnahmen.

Über CSR Europe

CSR Europe ist das führende europäische Business-Netzwerk für Corporate Social Responsibility. Mit 45 Firmenmitgliedern und 41 nationalen CSR-Organisationen ist es eine Plattform, die über 10.000 Unternehmen aus unterschiedlichen Industriezweigen dabei unterstützt, konstruktiv zur Gesellschaft beizutragen.

Der Selbstauskunftsfragebogen kann unter folgenden Bedingungen verwendet werden:

Anhang II

Responsible Business Alliance
Formerly the Electronic Industry Citizenship Coalition
Advancing Sustainability Globally

Version 6.0 (2018)

VERHALTENSKODEX DER RESPONSIBLE BUSINESS ALLIANCE

Der Verhaltenskodex der Responsible Business Alliance (RBA), ehemals die Electronic Industry Citizenship Coalition (EICC), legt Standards fest, um Arbeitsbedingungen in der Lieferkette der Elektronikbranche oder Branchen, in denen Elektronik eine Kernkomponente darstellt, zu schaffen, die sicherstellen, dass die Lieferkette sicher ist, dass Arbeitskräfte mit Respekt und Würde behandelt werden und dass die Geschäftstätigkeit in einer ökologisch und ethisch verantwortungsvollen Art und Weise ausgeübt wird.

Für die Zwecke dieses Kodex gelten jene Organisationen als Teil der Elektronikbranche, die Waren und Dienstleistungen entwickeln, vermarkten, produzieren bzw. erbringen, die zur Herstellung elektronischer Waren genutzt werden. Jedes Unternehmen in der Elektronikbranche kann diesen Kodex freiwillig einführen und anschließend gegenüber seiner Lieferkette und den Unterauftragnehmern, einschließlich der Anbieter von Leiharbeit, anwenden.

Ein Unternehmen, das den Kodex einführen und ein Teilnehmer („Teilnehmer") werden möchte, hat seine Unterstützung des Kodex zu erklären und sich aktiv für die Einhaltung des Kodex und seiner Standards entsprechend einem Managementsystem – wie nachfolgend beschrieben – zu engagieren.

Teilnehmer müssen den Kodex als eine Initiative betrachten, die für die gesamte Lieferkette gilt. Als Mindestanforderung sollten die Teilnehmer von ihren Lieferanten der nächsten Ebene verlangen, den Kodex anzuerkennen und umzusetzen.

Von grundlegender Bedeutung für die Einführung des Kodex ist die Auffassung, dass ein Unternehmen bei all seinen Aktivitäten die Gesetze, Regeln und Vorschriften der Länder, in denen es Geschäftstätigkeiten ausübt, in vollem Umfang einhalten muss.[1] Fernerermutigt der Kodex die Teilnehmer, über die Erfüllung der gesetzlichen Erfordernisse hinauszugehen und sich dabei auf international anerkannte Standards zu stützen, um die soziale und ökologische Verantwortung zu erhöhen und die Geschäftsethik zu verbessern. In keinem Fall kann die Befolgung des Kodex zu Verstößen gegen lokale Gesetze führen. Falls es jedoch unterschiedliche Standards zwischen dem RBA-Kodex und dem lokalen Recht gibt, dann definiert der RBA-Kodex Rechtskonformität als Befolgung der strengsten Anforderungen. Die Bestimmungen dieses Kodex orientieren sich an den UN Guiding Principles on Business and Human Rights (UNO-Leitprinzipien für Wirtschaft und Menschenrechte) und wurden aus zentralen internationalen Menschenrechtsstandards, einschließlich der ILO Declaration on Fundamental Principles and Rights at Work (IAO-Erklärung über grundlegende Prinzipien und Rechte bei der Arbeit) und der UN Universal Declaration of Human Rights (Allgemeine Erklärung der Menschenrechte der Vereinten Nationen) abgeleitet.

Die RBA ist bestrebt, im Prozess der ständigen Weiterentwicklung und Umsetzung des Verhaltenskodex, regelmäßig Beiträge und Anregungen von Interessenvertretern zu erhalten.

Der Kodex besteht aus fünf Abschnitten. Die Abschnitte A, B und C beschreiben die Standards bezüglich Arbeit, Gesundheit und Sicherheit bzw. Umwelt. Abschnitt D enthält Standards in Bezug auf die Geschäftsethik und Abschnitt E skizziert die Elemente eines geeigneten Systems zur Gewährleistung der Einhaltung dieses Kodex.

---

[1] Der Kodex beabsichtigt nicht, neue und zusätzliche Rechte für Dritte und auch nicht für Arbeitskräfte zu schaffen.

https://doi.org/10.1515/9783110652628-011

Responsible Business Alliance
Formerly the Electronic Industry Citizenship Coalition
Advancing Sustainability Globally

A. ARBEIT

Die Teilnehmer verpflichten sich, die Menschenrechte der Arbeitskräfte zu wahren und sie entsprechend dem Verständnis der internationalen Gemeinschaft mit Würde und Respekt zu behandeln. Dies gilt für alle Arbeitskräfte, einschließlich Zeit- und Wanderarbeiter, Werkstudenten, Leiharbeiter, fest angestellte Arbeitnehmer und für alle sonstigen Arten von Arbeitskräften. Bei der Erarbeitung dieses Kodex wurden anerkannte Normen, wie in der Anlage aufgelistet, als Referenz verwendet; diese können eine nützliche Quelle für zusätzliche Informationen sein.

Die Arbeitsstandards sind:

1) Freie Wahl der Beschäftigung

Es darf keine Zwangsarbeit, Knechtschaft (einschließlich Schuldknechtschaft) oder Pflichtarbeit, unfreiwillige oder ausbeuterische Gefängnisarbeit, Sklavenarbeit oder Arbeit basierend auf Menschenhandel eingesetzt werden. Dies umfasst auch den Transport, die Beherbergung, Anstellung, Weitervermittlung oder Aufnahme von Personen zur Erbringung von Arbeits- oder Dienstleistungen unter Anwendung von Drohungen, Gewalt, Zwang oder mittels Entführung oder Betrug. Die Bewegungsfreiheit der Arbeitskräfte in der Einrichtung darf nicht in unangemessener Weise eingeschränkt sein; ebenso dürfen keine unangemessenen Beschränkungen für das Betreten bzw. Verlassen der vom Unternehmen bereitgestellten Einrichtungen bestehen. Als Teil des Einstellungsverfahrens ist den Arbeitskräften ein schriftlicher Arbeitsvertrag in deren Muttersprache mit einer Beschreibung der Beschäftigungsbedingungen vorzulegen, bevor diese ihr Ursprungsland verlassen; bei deren Ankunft im Empfangsland sind keine Ergänzungen oder Änderungen im Vertrag gestattet, es sei denn, es handelt sich um Anpassungen an das örtliche Recht und die Anpassungen sorgen für gleiche oder bessere Vertragsbedingungen. Die Arbeit muss auf freiwilliger Grundlage geleistet werden und die Arbeitskräfte können den Arbeitsplatz jederzeit verlassen oder ihren Vertrag kündigen. Arbeitgeber und Vermittler dürfen die Ausweis- oder Einwanderungsdokumente der Arbeitnehmer, zum Beispiel von einer Regierungsstelle ausgestellte Ausweisdokumente, Reisepässe oder Arbeitserlaubnisse nicht einbehalten, vernichten, verstecken, konfiszieren oder den Arbeitnehmern den Zugriff auf diese Dokumente verwehren, außer wenn das Einbehalten der Arbeitserlaubnisse gesetzlich vorgeschrieben ist. Die Arbeitskräfte haben die Einstellungsgebühren sowie sonstige mit der Einstellung verbundenen Gebühren nicht zu zahlen. Sollte sich herausstellen, dass die Arbeitskräfte solche Gebühren gezahlt haben, werden diese Gebühren entsprechend zurückgezahlt.

2) Junge Arbeitskräfte

Der Einsatz von Kinderarbeit ist in jeder Phase des Fertigungsprozesses verboten. Der Begriff „Kind" bezieht sich auf alle Personen unter 15 Jahren oder auf Personen im schulpflichtigen Alter oder Personen, die das in dem jeweiligen Land geltende Mindestalter für eine Beschäftigung noch nicht erreicht haben, wobei die höchste dieser Altersstufen maßgeblich ist. Der Einsatz zugelassener Ausbildungsprogramme am Arbeitsplatz, die alle Gesetze und Regelungen erfüllen, wird befürwortet. Arbeitskräfte unter 18 Jahren (junge Arbeitskräfte) dürfen keine gefährlichen Arbeiten ausführen, die ihre Gesundheit und Sicherheit gefährden könnten, einschließlich Nachtschichten und Überstunden. Teilnehmer müssen durch eine korrekte Führung der Studentenunterlagen, eine strenge und sorgfältige Prüfung der Ausbildungspartner und den Schutz der Rechte der Studenten gemäß den geltenden

Responsible Business Alliance
Formerly the Electronic Industry Citizenship Coalition
Advancing Sustainability Globally

Gesetzen und Vorschriften einen ordnungsgemäßen Einsatz der Werkstudenten gewährleisten. Teilnehmer müssen allen Werkstudenten eine angemessene Unterstützung und

Schulung bieten. Sofern dies nicht durch lokales Recht geregelt ist, soll das Lohnniveau von Werkstudenten, Praktikanten und Auszubildenden mindestens dasselbe sein, wie das anderer Berufsanfänger, die gleiche oder ähnliche Arbeiten ausführen.

3) Arbeitszeiten

Aus Studien zu Geschäftspraktiken geht eindeutig hervor, dass zu stark beanspruchte Arbeitskräfte weniger produktiv sind, häufiger den Arbeitsplatz wechseln und sich häufiger verletzen bzw. krank werden. Die Arbeitszeit darf die nach lokalem Recht geltende maximale Stundenzahl nicht überschreiten. Darüber hinaus sollte die wöchentliche Arbeitszeit, einschließlich Überstunden, nicht mehr als 60 Stunden betragen. Ausnahmen bilden Notfälle und außergewöhnliche Umstände. Arbeitskräften ist mindestens alle sieben Tage ein arbeitsfreier Tag zu gewähren.

4) Löhne und Sozialleistungen

Die den Arbeitskräften gezahlte Vergütung hat sämtlichen einschlägigen Gesetzen zur Entlohnung zu entsprechen, wozu auch Gesetze zum Mindestlohn, zu Überstunden und zu gesetzlich festgelegten Sozialleistungen gehören. In Übereinstimmung mit den lokalen Rechtsvorschriften sind von Arbeitskräften geleistete Überstunden mit einem höheren als dem normalen Stundensatz zu vergüten. Abzüge vom Lohn als Disziplinarmaßnahme sind nicht zulässig. Für jeden Zahlungszeitraum müssen Arbeitskräfte zeitnah eine verständliche Lohnabrechnung erhalten, die ausreichende Informationen enthält, um zu überprüfen, dass die geleistete Arbeit korrekt vergütet wurde. Jeglicher Einsatz von Zeitarbeit, die Entsendung von Arbeitskräften und die Ausgliederung von Arbeit haben unter Einhaltung der lokalen Rechtsvorschriften zu erfolgen.

5) Menschenwürdige Behandlung

Die brutale oder unmenschliche Behandlung von Arbeitskräften ist nicht zulässig, dazu gehören auch sexuelle Belästigungen, sexueller Missbrauch, körperliche Maßregelungen, mentale oder physische Nötigung sowie verbale Angriffe. Dies gilt auch für die Androhung einer solchen Behandlung. Die disziplinarischen Grundsätze und Verfahren zur Unterstützung dieser Anforderungen müssen klar festgelegt und den Arbeitskräften kommuniziert werden.

6) Verbot der Diskriminierung

Die Teilnehmer sollten sich dazu verpflichten, in ihrer Belegschaft keine Belästigungen oder gesetzeswidrigen Diskriminierungen zu dulden. Unternehmen dürfen im Rahmen ihrer Einstellungs-und Beschäftigungspraktiken, wie zum Beispiel bei Entlohnungen, Beförderungen, Auszeichnungen und beim Zugang zu Weiterbildungsmöglichkeiten, Arbeitskräfte nicht aufgrund folgender Merkmale diskriminieren: ethnische Abstammung, Hautfarbe, Alter, Geschlecht, sexuelle Ausrichtung, Geschlechtsidentität und Ausdruck der Geschlechtlichkeit, ethnische Zugehörigkeit oder nationale Herkunft, Behinderung, Schwangerschaft, Religion, politische Zugehörigkeit, Gewerkschaftszugehörigkeit, ehemalige Militärangehörigkeit, geschützte genetische Informationen oder Familienstand. Arbeitskräften sind angemessene Räumlichkeiten zur Ausübung ihrer religiösen Praktiken zur Verfügung zu stellen. Des

Responsible Business Alliance
Formerly the Electronic Industry Citizenship Coalition
Advancing Sustainability Globally

Weiteren dürfen derzeitige und zukünftige Arbeitskräfte keinen medizinischen Tests oder physischen Prüfungen unterzogen werden, die in diskriminierender Weise verwendet werden könnten.

7) Vereinigungsfreiheit

Teilnehmer müssen im Einklang mit den lokalen Rechtsvorschriften das Recht aller Arbeitnehmer respektieren, Gewerkschaften zu gründen oder Gewerkschaften ihrer Wahl beizutreten, Tarifverhandlungen zu führen und friedliche Versammlungen durchzuführen, ebenso wie das Recht der Arbeitnehmer, sich von diesen Aktivitäten fernzuhalten. Arbeitskräften und/oder ihren Vertretern soll es möglich sein, mit der Unternehmensführung offen und ohne Angst vor Diskriminierung, Repressalien, Einschüchterung oder Belästigung zu kommunizieren und Ideen sowie Bedenken in Bezug auf Arbeitsbedingungen und Managementpraktiken vorzubringen.

Responsible Business Alliance
Formerly the Electronic Industry Citizenship Coalition
Advancing Sustainability Globally

B. GESUNDHEIT UND SICHERHEIT

Die Teilnehmer erkennen an, dass ein sicheres und gesundes Arbeitsumfeld nicht nur dazu beiträgt, arbeitsbedingte Verletzungen und Krankheiten zu minimieren, sondern darüber hinaus auch die Qualität der Produkte und Dienstleistungen, die Kontinuität der Produktion, die Mitarbeiterbindung und die Moral der Mitarbeiter verbessert. Die Teilnehmer erkennen weiterhin an, dass die Anregungen der Arbeitskräfte und deren ständige Weiterbildung von grundlegender Bedeutung für das Erkennen und Lösen von Gesundheits- und Sicherheitsproblemen am Arbeitsplatz sind.

Bei der Erarbeitung dieses Kodex wurde auf anerkannte Managementsysteme wie OHSAS 18001 und die ILO Guidelines on Occupational Safety and Health (Richtlinie der IAO zu Sicherheit und Gesundheit am Arbeitsplatz) Bezug genommen. Diese Dokumente können eine nützliche Quelle für zusätzliche Informationen sein.

Die Standards im Bereich Gesundheit und Sicherheit sind:

1) Sicherheit am Arbeitsplatz

Sind Arbeitskräfte potenziellen Sicherheitsrisiken (z. B. Gefahr durch chemische Stoffe, elektrischen Strom und andere Energiequellen, Feuer, Fahrzeuge und Sturzgefahren) ausgesetzt, so sind diese Risiken durch eine geeignete Konstruktion, durch technische und verwaltungstechnische Kontrollmechanismen, vorbeugende Wartung, sichere Arbeitsverfahren (einschließlich Verriegelung und Abschaltung) und durch regelmäßige Sicherheitsschulungen zu identifizieren, zu überwachen und zu kontrollieren. Können die Gefahren durch solche Maßnahmen nicht adäquat überwacht werden, ist den Arbeitskräften eine angemessene, gut instand gehaltene, persönliche Schutzausrüstung sowie Schulungsmaterial zu den Risiken, denen sie aufgrund der Gefahren ausgesetzt sind, zur Verfügung zu stellen. Es sind auch angemessene Maßnahmen zu treffen, damit schwangere Frauen/stillende Mütter nicht unter Arbeitsbedingungen mit hohem Gefährdungsgrad arbeiten und um Gesundheits- und Sicherheitsrisiken am Arbeitsplatz bzw. Einsatzort für schwangere Frauen und stillende Mütter zu beseitigen oder einzuschränken. Außerdem sind angemessene Aufenthaltsräume für stillende Mütter vorzusehen.

2) Notfallvorsorge

Potenzielle Notfallsituationen und -ereignisse sind zu ermitteln und zu bewerten. Ihre Auswirkungen sind durch die Einführung von Notfallplänen und Verfahren zur Reaktion auf Notfälle zu minimieren. Dazu gehören u. a.: Meldung von Notfällen, Benachrichtigungen der Arbeitskräfte und Evakuierungsmaßnahmen, Schulungen und Notfallübungen für Arbeitskräfte, geeignete Brandmelde- und Löscheinrichtungen, klar strukturierte und unversperrte Ausgänge und angemessene Fluchtwege und Rettungspläne. Dabei soll der Schwerpunkt dieser Pläne und Verfahren die Minimierung der Schädigung von Leben, Umwelt und Sachwerten sein.

3) Arbeitsunfälle und Berufskrankheiten

Es müssen Verfahren und Systeme vorhanden sein, mit denen Arbeitsunfälle und Berufskrankheiten verhindert, gehandhabt, nachverfolgt und gemeldet werden. Dazu gehören die folgenden Regelungen:

Responsible Business Alliance
Formerly the Electronic Industry Citizenship Coalition
Advancing Sustainability Globally

Ermutigung der Arbeitskräfte, derartige Vorfälle zu melden; Klassifizierung und Erfassung von Unfällen und Krankheiten; Bereitstellung der erforderlichen medizinischen Betreuung; Untersuchung von Vorfällen und Einleitung von Maßnahmen zur Behebung der Ursachen und Erleichterung der Rückkehr der Arbeitskräfte an ihren Arbeitsplatz.

4) Arbeitshygiene

Die Exposition der Arbeitskräfte gegenüber chemischen, biologischen oder physikalischen Arbeitsstoffen ist im Rahmen der Rangfolge von Kontrollmaßnahmen zu ermitteln, zu bewerten und zu überwachen. Potenzielle Gefahren sind durch ordnungsgemäße Konstruktion sowie technische und verwaltungstechnische Kontrollmechanismen auszuschließen oder zu kontrollieren. Wenn Gefahren durch diese Maßnahmen nicht angemessen überwacht werden können, so ist die Gesundheit der Arbeitskräfte durch geeignete, gut gewartete persönliche Schutzausrüstung zu sichern. Schutzprogramme umfassen auch Lehrmaterial über die mit diesen Gefahren verbundenen Risiken.

5) Körperlich belastende Arbeiten

Sind Arbeitskräfte den Gefahren körperlich anstrengender Arbeiten ausgesetzt, so sind diese Arbeiten zu ermitteln, zu bewerten und zu überwachen. Dazu zählen unter anderem der manuelle Materialtransport, schweres oder wiederholtes Heben, langes Stehen sowie stark repetitive oder hohen Krafteinsatz erfordernde Montagearbeiten.

6) Maschinensicherung

Produktionsanlagen und andere Maschinen müssen in Bezug auf Sicherheitsrisiken überprüft werden. Wenn Maschinen ein Verletzungsrisiko für Arbeiter darstellen, müssen physisch trennende Schutzeinrichtungen, Verriegelungen und Sperren installiert und ordnungsgemäß instand gehalten werden.

7) Sanitäreinrichtungen, Essen und Wohnunterkünfte

Den Arbeitskräften sind jeder Zeit verfügbare, saubere Sanitäranlagen, Trinkwasser und Einrichtungen zur hygienischen Zubereitung, Aufbewahrung und Einnahme von Mahlzeiten bereitzustellen. Wohnunterkünfte für Arbeitskräfte, die der Teilnehmer oder ein Arbeitsvermittler bereitstellt, müssen gepflegt, sauber und sicher sein, über geeignete Notausgänge, heißes Wasser zum Baden oder Duschen sowie angemessene Licht-, Heiz- und Lüftungsanlagen und individuell gesicherte Räumlichkeiten zur Verwahrung von persönlichen Gegenständen oder Wertgegenständen verfügen, sowie hinreichend persönlichen Platz bieten. Zutritts- und Ausgangsberechtigung müssen vernünftig geregelt sein.

8) Mitteilungen zu Gesundheit und Sicherheit

Der Teilnehmer stellt den Arbeitskräften angemessene Informationen sowie Schulungen zur Arbeitsplatzsicherheit und -gesundheit in der jeweiligen Muttersprache bzw. einer Sprache, die diese verstehen können, zur Verfügung, damit die Arbeitskräfte ausreichend über die Gefahren am Arbeitsplatz informiert sind; dies schließt auch mechanische, elektrische, chemische und physikalische Gefahren und Gefahr durch Feuer mit ein. Informationen zu Gesundheits- und Sicherheitsfragen müssen in der Einrichtung gut sichtbar und zugänglich ausgehängt werden. Vor Aufnahme der Arbeitstätigkeit und danach in regelmäßigen Abständen sind sämtliche Arbeitskräfte zu schulen. Arbeitskräfte sind zu ermutigen, Sicherheitsbedenken vorzubringen.

Responsible Business Alliance
Formerly the Electronic Industry Citizenship Coalition
Advancing Sustainability Globally

C.   UMWELT

Die Teilnehmer erkennen an, dass der verantwortungsvolle Umgang mit der Umwelt ein integraler Bestandteil der Herstellung von Produkten auf Weltklassenniveau ist. Beim Fertigungsprozess sind negative Auswirkungen für die Gemeinschaft, die Umwelt und die natürlichen Ressourcen zu minimieren und gleichzeitig die Gesundheit und die Sicherheit der Öffentlichkeit zu schützen. Bei der Erarbeitung dieses Kodex wurde auf anerkannte Managementsysteme wie ISO 14001 und das Eco Management and Audit Scheme (EMAS) (Gemeinschaftssystem für das Umweltmanagement und die Umweltbetriebsprüfung) Bezug genommen. Diese Dokumente können eine nützliche Quelle für zusätzliche Informationen sein.

Die Umweltstandards sind:

1)   Umweltgenehmigungen und Berichtswesen
Alle erforderlichen Umweltgenehmigungen (z. B. Überwachung von Abwassereinleitungen), Zustimmungen und Registrierungen sind einzuholen bzw. vorzunehmen, zu pflegen und regelmäßig zu aktualisieren. Die jeweiligen betrieblichen Anforderungen und Berichtspflichten sind zu befolgen.

2)   Vermeidung von Verschmutzung und Reduzierung der eingesetzten   Ressourcen
Emissionen und die Einleitung von Schadstoffen sind zu verringern oder an der Quelle oder durch Anlagen zur Emissionsminderung, geänderte Produktions-, Wartungs- und Fertigungsverfahren bzw. durch andere Maßnahmen auszuschließen. Natürlichen Ressourcen wie z. B. Wasser, fossile Brennstoffe, Mineralien und Produkte aus Urwäldern sind zu erhalten und u. a. durch geänderte Produktions-, Wartungs- und Fertigungsverfahren, Ersatz von Materialien, Wiederverwendung, Erhaltung, Recycling oder sonstige Maßnahmen nachhaltig zu verwenden.

3)   Gefährliche Stoffe
Chemikalien oder andere Materialien, die eine Gefahr für die Umwelt oder den Menschen darstellen, sind zu ermitteln, zu markieren und so zu handhaben, dass beim Umgang mit diesen Stoffen, der Beförderung, Lagerung, Nutzung, beim Recycling oder der Wiederverwendung und bei ihrer Entsorgung die Sicherheit gewährleistet ist.

4)   Festabfall
Der Teilnehmer führt eine systematische Herangehensweise ein, um (ungefährlichen) Festabfall zu ermitteln, zu handhaben, zu reduzieren und verantwortungsvoll zu entsorgen oder zu recyceln.

5)   Emissionen in die Luft
Emissionen von flüchtigen organischen Chemikalien, Aerosolen, Ätzstoffen, Partikeln, die Ozonschicht zerstörenden Chemikalien oder von Verbrennungsnebenprodukten aus den Betriebsabläufen sind vor ihrer Freisetzung zu typisieren, routinemäßig zu überwachen, zu überprüfen und bei Bedarf zu behandeln. Der Teilnehmer hat die Funktion seiner Abgasreinigungssysteme routinemäßig zu überwachen.

Responsible Business Alliance
Formerly the Electronic Industry Citizenship Coalition
Advancing Sustainability Globally

6) Einschränkungen bei Produktinhaltsstoffen

Die Teilnehmer haben alle geltenden Gesetze, Regelungen und Kundenvorgaben hinsichtlich des Verbots oder der Beschränkung spezifischer Substanzen in Produkten oder beim Fertigungsprozess einzuhalten, einschließlich der Kennzeichnungspflicht für das Recycling und die Entsorgung.

7) Wasserbewirtschaftung

Der Teilnehmer führt ein Programm zur Wasserbewirtschaftung ein, das die Wassernutzung und -abfuhr dokumentiert und typisiert und die Verunreinigungskanäle kontrolliert. Sämtliche Abwässer sind vor der Entsorgung bzw. Weiterleitung zu typisieren, zu überwachen, zu kontrollieren und entsprechend zu behandeln. Der Teilnehmer führt eine Routineüberwachung der Leistungsfähigkeit des Abwasserreinigungssystems und der Sicherheitsbehälter durch, um eine optimale Leistungsfähigkeit und die Einhaltung behördlicher Vorschriften zu gewährleisten.

8) Energieverbrauch und Treibhausgasemissionen

Energieverbrauch und Treibhausgasemissionen der Kategorie 1 und 2 sind auf betrieblicher und/oder Unternehmensebene zu überwachen und zu dokumentieren. Die Teilnehmer sind angehalten, wirtschaftliche Lösungen zu finden, um die Energieeffizienz zu verbessern und ihren Energieverbrauch und die Treibhausgasemissionen zu minimieren.

Responsible Business Alliance
Formerly the Electronic Industry Citizenship Coalition
Advancing Sustainability Globally

D. ETHIK

Die Teilnehmer und ihre Beauftragten haben zur Erfüllung ihrer gesellschaftlichen Verpflichtungen und für eine erfolgreiche Positionierung am Markt die höchsten ethischen Standards einzuhalten, dazu zählen:

1) Geschäftsintegrität
Bei allen Geschäftsaktivitäten sind höchste Integritätsstandards zugrunde zu legen. Die Teilnehmer müssen beim Verbot aller Formen von Bestechung, Korruption, Erpressung und Unterschlagung eine Null-Toleranz-Politik verfolgen.

2) Verbot der unzulässigen Vorteilsnahme
Bestechungsgelder oder sonstige Mittel zur Erlangung eines unzulässigen oder unangebrachten Vorteils dürfen weder versprochen, angeboten, genehmigt, gezahlt/angewendet oder angenommen werden. Dieses Verbot bezieht sich auch auf das Versprechen, das Angebot, die Genehmigung, die Gewährung oder Annahme geldwerter Zuwendungen, sowohl direkt als auch indirekt durch Dritte, mit dem Ziel, ein Geschäft zu erhalten oder aufrechtzuerhalten, ein Geschäft an eine Person zu vermitteln oder anderweitig einen unzulässigen Vorteil zu erlangen. Verfahren zur Überwachung und Durchsetzung der Normen sind anzuwenden, um die Einhaltung der Antikorruptionsgesetze zu gewährleisten.

3) Offenlegung von Informationen
Alle Geschäftsabläufe sollten transparent sein und in den Geschäftsbüchern und Unterlagen des Teilnehmers korrekt widergespiegelt werden. Informationen zu den Verfahrensweisen des Teilnehmers in den Bereichen Arbeit, Gesundheit und Sicherheit sowie Umwelt, zu seinen Geschäftsaktivitäten, der Struktur, finanziellen Situation und Leistung sind im Einklang mit den einschlägigen Vorschriften und üblichen Verfahrensweisen der Branche offenzulegen. Das Fälschen von Aufzeichnungen oder die falsche Darstellung von Zuständen oder Verfahrensweisen in der Beschaffungskette sind inakzeptabel.

4) Geistiges Eigentum
Rechte an geistigem Eigentum sind zu respektieren; Technologie- und Know-how-Transfer haben so zu erfolgen, dass die geistigen Eigentumsrechte und die Kunden- und Lieferanteninformationen geschützt sind.

5) Faire Geschäftstätigkeit, faire Werbung und fairer Wettbewerb
Die Normen der fairen Geschäftstätigkeit, fairen Werbung und des fairen Wettbewerbs sind einzuhalten.

Responsible Business Alliance
Formerly the Electronic Industry Citizenship Coalition
Advancing Sustainability Globally

6) Schutz der Identität und Verbot von Vergeltungsmaßnahmen

Es sind Programme zu unterhalten, die die Vertraulichkeit, Anonymität und den Schutz von Informanten[2] auf Seiten von Lieferanten und Arbeitskräften gewährleisten, sofern dies nicht gesetzlich untersagt ist. Die Teilnehmer haben eine Verfahrensweise festzulegen, und ihre Mitarbeiter darüber zu informieren, die es ihnen gestattet, Bedenken zu äußern, ohne Vergeltungsmaßnahmen befürchten zu müssen.

7) Verantwortungsvolle Beschaffung von Mineralien

Die Teilnehmer müssen eine Strategie entwickeln, die in angemessener Weise sicherstellt, dass Tantal, Zinn, Wolfram und Gold in den Produkten, die sie herstellen, nicht direkt oder indirekt zur Finanzierung oder Unterstützung bewaffneter Gruppen dient, die sich in der Demokratischen Republik Kongo oder in angrenzenden Ländern schwerer Menschenrechtsverletzungen schuldig machen. Die Teilnehmer sollten bezüglich der Herkunft und der Überwachungskette dieser Mineralien gebührende Sorgfalt walten lassen und diese Sorgfaltsmaßnahmen ihren Kunden auf Verlangen offenlegen.

8) Datenschutz

Die Teilnehmer sollten sich verpflichten, bezüglich des Schutzes privater Informationen den angemessenen Erwartungen ihrer Geschäftspartner, einschließlich Lieferanten, Kunden, Verbraucher und Arbeitnehmer, gerecht zu werden. Die Teilnehmer haben bei der Erfassung, Speicherung, Verarbeitung, Übermittlung und Weitergabe von persönlichen Informationen die Gesetze zu Datenschutz und Informationssicherheit und die behördlichen Vorschriften zu beachten.

---

[2] Definition eines Informanten: Jede Person, die Angaben über das unzulässige Verhalten eines Mitarbeiters oder einer Führungskraft eines Unternehmens oder eines Amtsträgers oder einer amtlichen Stelle macht.

Responsible Business Alliance
Formerly the Electronic Industry Citizenship Coalition
Advancing Sustainability Globally

E.   MANAGEMENTSYSTEME

Die Teilnehmer haben ein Managementsystem anzuwenden oder einzuführen, dessen Anwendungsbereich sich auf den Inhalt dieses Kodex bezieht. Das Managementsystem soll so gestaltet sein, dass es Folgendes gewährleistet: (a) Befolgung der relevanten Gesetze, Vorschriften und Kundenanforderungen in Bezug auf die Betriebsabläufe und Produkte des Teilnehmers, (b) Einhaltung des vorliegenden Kodex und (c) Identifizierung und Minderung von Betriebsrisiken im Hinblick auf diesen Kodex. Es sollte darüber hinaus zur kontinuierlichen Verbesserung beitragen.

Das Managementsystem sollte die folgenden Elemente enthalten:

1)   Verpflichtung des Unternehmens
Grundsatzerklärungen zu sozialer und ökologischer Verantwortung im Sinne der Unternehmenspolitik, mit denen der Teilnehmer seine Verpflichtung zur Einhaltung von Gesetzen und Vorschriften und zur kontinuierlichen Verbesserung zum Ausdruck bringt. Die Grundsatzerklärungen sind von der Geschäftsführung zu bestätigen und sind in der Einrichtung in der jeweiligen Landessprache durch Aushang bekannt zu machen.

2)   Rechenschaftspflicht und Verantwortlichkeit der Geschäftsführung
Der Teilnehmer benennt eindeutig Führungskräfte und Vertreter des Unternehmens, die für die Einführung der Managementsysteme und der damit in Verbindung stehenden Programme verantwortlich sind. Die Geschäftsleitung überprüft in regelmäßigen Abständen den Zustand des Managementsystems.

3)   Gesetzliche Bestimmungen und Kundenanforderungen
Ein Verfahren zur Ermittlung, Überwachung und zum besseren Verständnis der einschlägigen Gesetze, Vorschriften und Kundenanforderungen, einschließlich der Bestimmungen dieses Kodex.

4)   Risikobewertung und Risikomanagement
Ein Verfahren zur Ermittlung der Rechtskonformität in den Bereichen der Einhaltung gesetzlicher Vorschriften zu Umwelt, Arbeitspraxis sowie Gesundheit und Sicherheit[3]. Festlegung der relativen Bedeutung für jedes Risiko und Einführung entsprechender Verfahrens- und physischer Kontrollen, um die ermittelten Risiken zu überwachen und die Einhaltung behördlicher Vorschriften zu gewährleisten.

---

[3] Zu den Bereichen, die in eine Bewertung der Umwelt-, Gesundheits- und Sicherheitsrisiken einzubeziehen sind, gehören die Produktionsbereiche, Lager und Aufbewahrungsorte, Hilfsanlagen für Werke/Einrichtungen, Labore und Prüfbereiche, sanitäre Anlagen (Toiletten), Küche/Cafeteria sowie Unterkünfte/Wohnheime der Arbeitskräfte.

Responsible Business Alliance
Formerly the Electronic Industry Citizenship Coalition
Advancing Sustainability Globally

5) Verbesserungsziele

Schriftlich formulierte Leistungsziele, -vorgaben und Umsetzungspläne zur Verbesserung des sozialen und ökologischen Verhaltens des Teilnehmers, einschließlich der regelmäßigen Bewertung seiner Leistungen zur Erreichung dieser Ziele.

6) Schulung

Schulungsprogramme für Führungs- und Arbeitskräfte zur Umsetzung der Richtlinien, Verfahren und Verbesserungsziele des Teilnehmers sowie zur Einhaltung einschlägiger Gesetze und behördlicher Vorschriften.

7) Kommunikation

Ein Verfahren, das dazu dient, den Arbeitskräften, Lieferanten und Kunden klare und exakte Informationen über die Richtlinien, Vorgehensweisen, Erwartungen und Leistungen des Teilnehmers zu geben.

8) Feedback und Beteiligung der Mitarbeiter; Beschwerdeverfahren

Fortlaufende Verfahren, einschließlich eines effektiven Beschwerdeverfahrens, zur Bewertung, inwiefern die Arbeitskräfte die Verfahren und Bestimmungen aus diesem Kodex verstanden haben, sowie zur Erfassung von Rückmeldungen oder Verstößen gegen die Verfahren, um so eine ständige Verbesserung zu fördern.

9) Kontrollen und Bewertungen

Regelmäßige Selbstbewertungen zur Gewährleistung der Einhaltung der gesetzlichen und behördlichen Bestimmungen, des Inhalts dieses Kodex und der Anforderungen aus Kundenverträgen im Hinblick auf die soziale und ökologische Verantwortung.

10) Verfahren für Korrekturmaßnahmen

Ein Verfahren zur rechtzeitigen Beseitigung von Unzulänglichkeiten, die im Rahmen interner oder externer Bewertungen, Inspektionen, Untersuchungen und Überprüfungen festgestellt wurden.

11) Dokumentation und Aufzeichnungen

Erstellung und Pflege von Dokumenten und Aufzeichnungen, um die Einhaltung behördlicher Vorschriften und die Erfüllung von Unternehmensanforderungen sicherzustellen. Gleichzeitig ist eine angemessene Vertraulichkeit zu wahren, um den Datenschutz zu gewährleisten.

12) Verantwortung der Zulieferer

Ein Verfahren, mit dem die Vorschriften dieses Kodex den Zulieferern deutlich gemacht werden und ihre Einhaltung überwacht wird.

Responsible Business Alliance
Formerly the Electronic Industry Citizenship Coalition
Advancing Sustainability Globally

REFERENZLITERATUR

Die folgenden Standards wurden bei der Erarbeitung des vorliegenden Kodex verwendet. Sie können eine nützliche Quelle für zusätzliche Informationen sein. Es steht jedem Teilnehmer frei, die folgenden Standards zu unterstützen.

Dodd-Frank-Gesetz zur Reform der Wall Street und des Verbraucherschutzes
http://www.sec.gov/about/laws/wallstreetreform-cpa.pdf

Umweltmanagement- und Auditsystem http://ec.europa.eu/environment/emas/index_en.htm

Initiative für ethischen Handel www.ethicaltrade.org/

IAO Verhaltenskodex Sicherheit und Gesundheit
www.ilo.org/public/english/protection/safework/cops/english/download/e000013.pdf

IAO Internationale Arbeitsnormen www.ilo.org/public/english/standards/norm/whatare/fundam/index.htm

ISO 14001 www.iso.org

Nationale Vereinigung für Brandschutz www.nfpa.org/catalog/home/AboutNFPA/index.asp

OECD-Due-Diligence-Leitsätze für verantwortungsvolle Lieferketten für Mineralien aus Konflikt- und Hochrisikogebieten http://www.oecd.org/corporate/mne/mining.htm

OECD-Leitsätze für multinationale Unternehmen http://www.oecd.org/investment/mne/1903291.pdf

OHSAS 18001 http://www.bsigroup.com/en-GB/ohsas-18001-occupational-health-and-safety/

Allgemeine Erklärung der Menschenrechte www.un.org/Overview/rights.html

Übereinkommen der Vereinten Nationen gegen Korruption https://www.unodc.org/unodc/en/treaties/CAC/

Globaler Pakt der Vereinten Nationen www.unglobalcompact.org

US Verordnung zu Beschaffungen www.acquisition.gov/far/

SA 8000 http://www.sa-intl.org/index.cfm?fuseaction=Page.ViewPage&PageID=937

Initiative Soziale Verantwortung (SAI) www.sa-intl.org

Responsible Business Alliance
Formerly the Electronic Industry Citizenship Coalition
Advancing Sustainability Globally

DOKUMENTENHISTORIE

Version 1.0 – Veröffentlicht im Oktober 2004.

Version 1.1 – Veröffentlicht im Mai 2005. In RBA-Format konvertiertes Dokument, geringfügige Änderungen am Seitenlayout, keine inhaltlichen Änderungen.

Version 2.0 – Veröffentlicht im Oktober 2005 mit Überarbeitungen an mehreren Bestimmungen. Version 3.0 – Veröffentlicht im Juni 2009 mit Überarbeitungen an mehreren Bestimmungen.

Version 4.0 – Veröffentlicht im April 2012 mit Überarbeitungen an mehreren Bestimmungen. Version 5.0 – Veröffentlicht im November 2014 mit Überarbeitungen an mehreren Bestimmungen.

Version 5.1 – Veröffentlicht im März 2015 mit Überarbeitung von A1, die am 1. Januar 2016 in Kraft tritt.

Version 6.0 – Veröffentlicht im Januar 2018 mit Überarbeitungen an mehreren Bestimmungen.

Der RBA-Verhaltenskodex wurde ursprünglich zwischen Juni und Oktober 2004 von einer Reihe von Unternehmen, die elektronische Produkte herstellen, entwickelt. Unternehmen sind eingeladen und werden ermutigt, diesen Kodex zu übernehmen. Weitere Informationen sind unter responsiblebusiness.org erhältlich.